知のトレッキング叢書

地図マニア 空想の旅

今尾恵介

Keisuke Imao

集英社インターナショナル

地図マニア　空想の旅

はじめに

「地形図は景色が見える地図です」と、私はあちこちで機会あるごとに触れ回っている。今は多くの人がスマホを持つ世の中になっていて、人類始まって以来、最も地図が閲覧されている時代に違いない。しかしネットで見られる地図には、町ごとの色分けがわかりやすく示されていたり、マンションやレストランの名前が詳しい代わりに、植生を示す記号も等高線もない。私がおそらく異常なのだろうが、そのような地図だと、いろいろと親切な配慮があったとしても、どうしても目の前に霞がかかったように、地域の様子がぼんやりとしか見えないのである。私が地形図をあちこちで勧めている理由は、まず植生記号で土地の利用状況がわかり、かつ等高線で起伏が明らかにされることで、その土地の景色が手に取るように見えてくるからだ。集落の描写ひとつとっても、農村集落か家屋が密集した市街地か、あるいはニュータウンの団地か戸建ての郊外住宅かの違いを、さまざまな記号のパターンでわかりやすく教えてくれる。もちろんその情報を読みとるには一定の習熟は必要であるが。

慣れてくれれば「グーグルアース」を含む空中（航空）写真などより、現地の様子ははるかにクリアにわかる。なぜなら写真は何もかも平等に再現しているのに対して、地形図は世の中を記号化＝抽象化しているため、読み取りに際しての不要なノイズが除去されていると同時に、重要なものが強調されているので、土地の風貌《ふうぼう》がよく把握できるからだ。

このように適切な取捨選択が行われた地形図は、実に雄弁に、必ずしも目に見えるものだけとは限らない広義の「風景」を提示してくれる。その地形図の流儀や語法は国によって異なるけれど、その手法はたとえ言語がわからなくても、少し観察すれば理解できるはずだ。また、地形図は過去の土地の様子を時代ごとにおさめたアーカイブでもある。今は失われた風景もその中に記号化されているので、記号を読むことでそれを「解凍」してやれば、かなり昔の風景でもアクセスすることが可能だ。一〇〇年前や半世紀前の地形図には、たとえば今はなき地名も記されており、明治期の大縮尺の地形図なら、今日の地図では到底表現されていない「煉瓦《れんが》塀か竹垣か」といった区別さえなされているので、ひょっとして夏目漱石や谷崎潤一郎にだって妄想の中で出会うことができるかもしれない。

本書で試みたのは、昔や外国、それから未来という、自分が住んでいる世界から少しばかり離れたところを旅することである。持参したのは、地形図という「景色が見える地図」だ。何もかも便利で、どんな疑問も簡単にわかってしまう（かのように思える）今だからこそ、記号化された紙の地形図から、それぞれの土地の風景を、ひょっとして独特な風も感じながら空想する楽しみ、というのがあってもいいはずだ。

目次

海外編

キャラクター(トレックくま)イラスト●フジモトマサル
カバー地図●1:200,000帝国図「長野」昭和11年修正
装丁・デザイン●アルビレオ
地図作成(P.26, P.65, P.116, P.129, P.142, P.155, P.166, P.177, P.188, P.200, P.211, P.222, P.236)●タナカデザイン

凡例

一、各空想紀行における「現在」「現代」という表記は、本書が刊行された「二〇一六年現在」を指し、「今」「今年」「昨年」「最近」という表記はそれぞれの旅をした年を基準とした。

二、海外編における空想紀行の年代は、特に記載がない場合はすべて掲載地図の発行年とする。

三、地図上の、地名の丸囲み（◯など）、矢印、Ⓐなどの記号および部分的な拡大は編集部による。

四、地名は基本的に新字体に改め、必要に応じて〔　〕内に旧字体を表記した。

五、引用文の旧字体はすべて新字体に改めた。

六、地図の拡大、縮小率は各地図名の末尾に記載した。

戦前の地形図の記号

神社

寺院

キリスト教会

内国公署

外国公署

陸軍所轄

道府県庁

市役所

町村役場、市内の区役所

学校

病院

避病院、隔離病院

憲兵隊

警察署

裁判所

刑務所

税務署

専売局または同局工場

郵便電信（電話）を兼ねる局

郵便局

（郵便局 明治16年　明治24年　明治42年
集配郵便局 昭和17年　郵便局 昭和40年　平成14年）

工場

水車房

発電所

記念碑

立像

立標

独立樹（広葉樹）

独立樹（針葉樹）

△ 97,1　三角点（海面よりの高さ）

□ 345,27　水準点（海面よりの高さ）

鉱泉（温泉）

材料貯蓄場

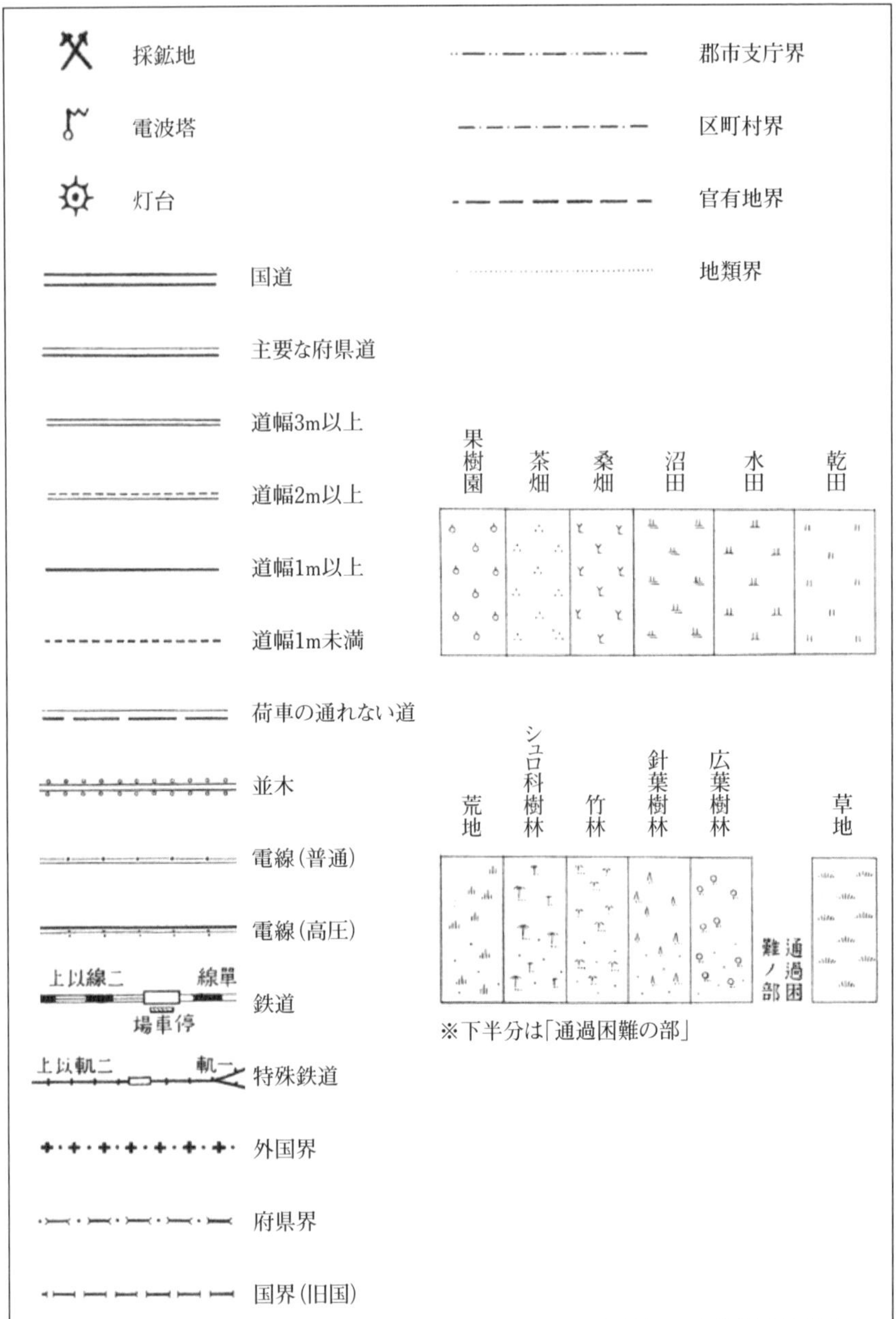

採鉱地
電波塔
灯台
国道
主要な府県道
道幅3m以上
道幅2m以上
道幅1m以上
道幅1m未満
荷車の通れない道
並木
電線(普通)
電線(高圧)
二線以上
単線
停車場
鉄道
二軌以上
一軌
特殊鉄道
外国界
府県界
国界(旧国)
郡市支庁界
区町村界
官有地界
地類界
果樹園
茶畑
桑畑
沼田
水田
乾田
荒地
シュロ科樹林
竹林
針葉樹林
広葉樹林
通過困難ノ部
草地
※下半分は「通過困難の部」

大正6年(同14年加除)図式を基に作成。
現代に合わせて名称を一部改変。

国内編

中央本線 425列車の旅

昭和一〇（一九三五）年春。私は陸地測量部の地形図を愛好する者だが、五万分の一「上野原《うえのはら》」で見当をつけた、景色のよさそうな相州与瀬《よせ》（現神奈川県相模《さがみ》原《はら》市緑区）へ行くことにした。外国船員から絶賛されている横浜水道の水源の地でもある。その相模川上流の山風景の中に足を延ばして新緑を味わうべく、松本行き425列車の乗客となった。

六時二〇分、発車時刻だ。平日であることもあって、間際に駆け込んでくる客

地図右上「たかだのばば」の文字の北側を通り、中央線に向かって南下する黒い線が神田川。
1:50,000「東京西北部」昭和7年要部修正×1.5

もおらず、私の乗った車両《ハコ》はわりと空いている。この中央本線は「汽車区間」（中長距離列車の走る区間）でも電化されているので、トンネルの連続する浅川《あさかわ》（現高尾《たかお》）駅以遠も煤煙に悩まされることなく風景を楽しむことができる快適な路線となった。

日本でも有数の混雑となる新宿駅（10頁地図）も、まだ早朝のこの時間には電車のホームに客はまばらだ。甲高《かんだか》い電気機関車特有の警笛が一声。遠くの先頭から近寄ってくる連結器の音を前打音《ぜんだおん》として列車は動き出した。普通列車だが、甲《こう》府《ふ》方面に直通するこの列車は立川《たちかわ》まで停まらない。

新宿を出てスピードを上げる車窓の左側から淀橋《よどばし》浄水場からの引込線が合流し

てきた。この浄水場が半世紀の後には超高層ビル街になるなど、この時の私はまだ知らない。電車専用駅の大久保《おおくぼ》を過ぎると徐々に左にカーブを切り、今から一二年前の関東大震災の後に急激に住宅が増えた柏木《かしわぎ》の町（現北新宿）を見ながら少し下り坂になる。

電車専用駅の東中野《ひがしなかの》駅を通過する手前で神田川《かんだがわ》を渡るのだが、近頃はだいぶ汚れが目立つようになってきた。ひと昔前なら少し上流側に水車小屋が見えたものだが、今はない。急速な都市化の波に都市計画が追いつかず、もとは農道だった狭い道の両側には家がぎっしりだ。このあたりは昭和七（一九三二）年の秋に、東京府豊多摩《とよたま》郡淀橋町・中野町、そして杉並《すぎなみ》まで含めた広い地域が一挙に東京市内に編入された。全部で三五区、大東京市はとんでもなく広くなったものだ。

東中野駅を過ぎると立川まで二五キロほどの長い直線区間になる。中野駅は中野の市街からは北西のはずれに位置するが、それでも今の駅前はだいぶ賑《にぎ》やかになった。北口は土塁の向こうに電信連隊がある。地図にはいまだ反映されていないが、そこもやはり昭和七（一九三二）年に東京市に編入され、中野区囲町《かこいちょう》（現在は中野四丁目）となった。囲町という地名の通り、ここにはかつて、かの「生類憐れみの令」で有名な第五代将軍綱吉が設けた野犬収容施設があった。お犬屋敷である。「中野御囲《おかこい》」などとも呼ばれた一六万坪の広大な敷地には各二五坪の犬小屋が二九〇棟、子御犬養育所が四五九か所と、信じられない大規模な施設だったそうで、何万匹ものお犬様が、江戸の町民や関東の村々の拠出金により悠々と暮らしていたそうだ。まったく畏《おそ》れ入るしかない。

高円寺《こうえんじ》、阿佐ケ谷《あさがや》の駅はどちらも大正一一（一九二二）年に新設され、その頃から沿線人口は大幅に増えた。いずれも電車専用駅で、駅の周囲は近郊住宅地として最近は人気が高い。少し列車が速度を落としたところで左手に西武電車（のちの都電杉並線）の小さな車両を見て、青梅《おうめ》街道の踏切を通り過ぎれば荻窪《おぎくぼ》の駅。このあたりまで来ると農村の雰囲気が濃くなるが、ここも豊多摩郡井荻町《いおぎまち》といったのを昭和七（一九三二）年の大東京市誕生で杉並区という新しい区になった。それにしても「井荻」など、井草《いぐさ》と荻窪の頭文字をとった、どうにも情けない地名である。

電車の運転がまだ万世橋《まんせいばし》（神田〜御茶ノ水間）から中野までだった頃は荻窪駅にも汽車が停まったのだが、歴史あるこの駅も大正八（一九一九）年からは電車専用駅となり、この列車は通過する。高円寺、阿佐ケ谷と同じく大正一一年開業のまだ新しい西荻窪駅（14頁地図）を過ぎると、やがて五日市《いつかいち》街道と交差。踏切から見ると古い農家が多いのがわかる。

次の吉祥寺《きちじょうじ》の駅も通過だ。この駅は明治三二（一八九九）年の開設だから、中央本線の前身たる甲武《こうぶ》鉄道が同二二（一八八九）年に開業してからの一〇年間は中野から武蔵境《むさしさかい》（開業時は境）まで一一キロも駅がなかったという。まさに隔世の感だ。この駅からは郡部となる。吉祥寺村は明治二二年に隣の境村などと合併して武蔵野村となり、昭和三（一九二八）年に町制施行して武蔵野町となった。

三鷹《みたか》駅も昭和五（一九三〇）年の開設だから、私の持っている以前の版には載っていない。いやはや、この一〇年ほどの東京郊外の変化は、それ以前の一〇〇年分に相当するといっても大袈裟《おおげさ》ではないだろう。三鷹駅はちょうど玉川上水を渡るところにあるが、開業当初は何のためにつくったのか理解に苦しむほど、何もないところだった。

武蔵境駅を過ぎ、畑（図上では記号のない部分）と農家、雑木林（広葉樹林○:）が交互に現れる武蔵野の典型的な田舎風景の中を一直線に進むうち、武蔵小金井《こがねい》駅を通過。ここも最初はお花見の時期だけ開く臨時駅だったのを、大正一五（一九二六）年に常設にしてまだ一〇年経っていない新駅である。小金井村はどこと

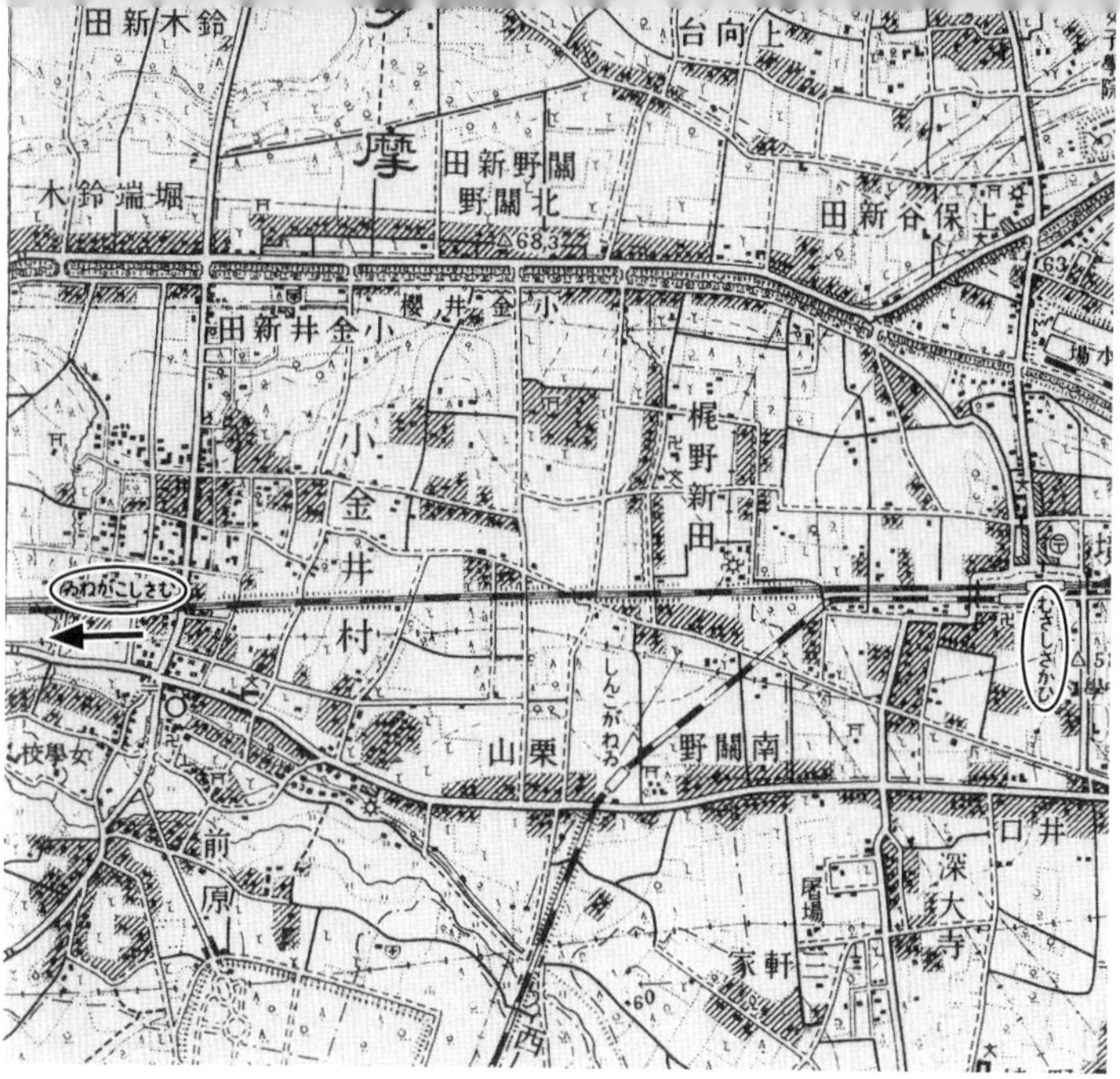

まだ畑が目立つ北多摩郡を一直線に西へ向かう中央本線。現在、中央特快が停車する三鷹駅は2年前に開業したばかり。1:50,000「東京西北部」昭和7年要部修正×1.27

いって中心のない村だが、南に下ると土地の人がハケと呼ぶ「国分寺《こくぶんじ》崖線」が東西に連続していて、その崖下には野川《のがわ》という小さな流れに向かって澄んだ湧水が無数に注ぎ込んでいるという、府下では隠れた桃源郷のような場所だそうだ（16頁地図）。ワサビ田などもあるらしい。

間もなく国分寺駅。この駅からは北に多摩湖鉄道のマッチ箱のような電車が、昭和二（一九二七）年に完成したばかりの東京府民の水瓶、村山貯水池（多摩湖）に向かっているが、神田区（現千代田区）の一ツ橋から移転した東京商科大学（現一橋大学）の予科が最近になってその沿線に設けられたと聞く。省線（国鉄）のプラットホームに隣接しているのは川越鉄道、いや今は西武鉄道の川越線（現国

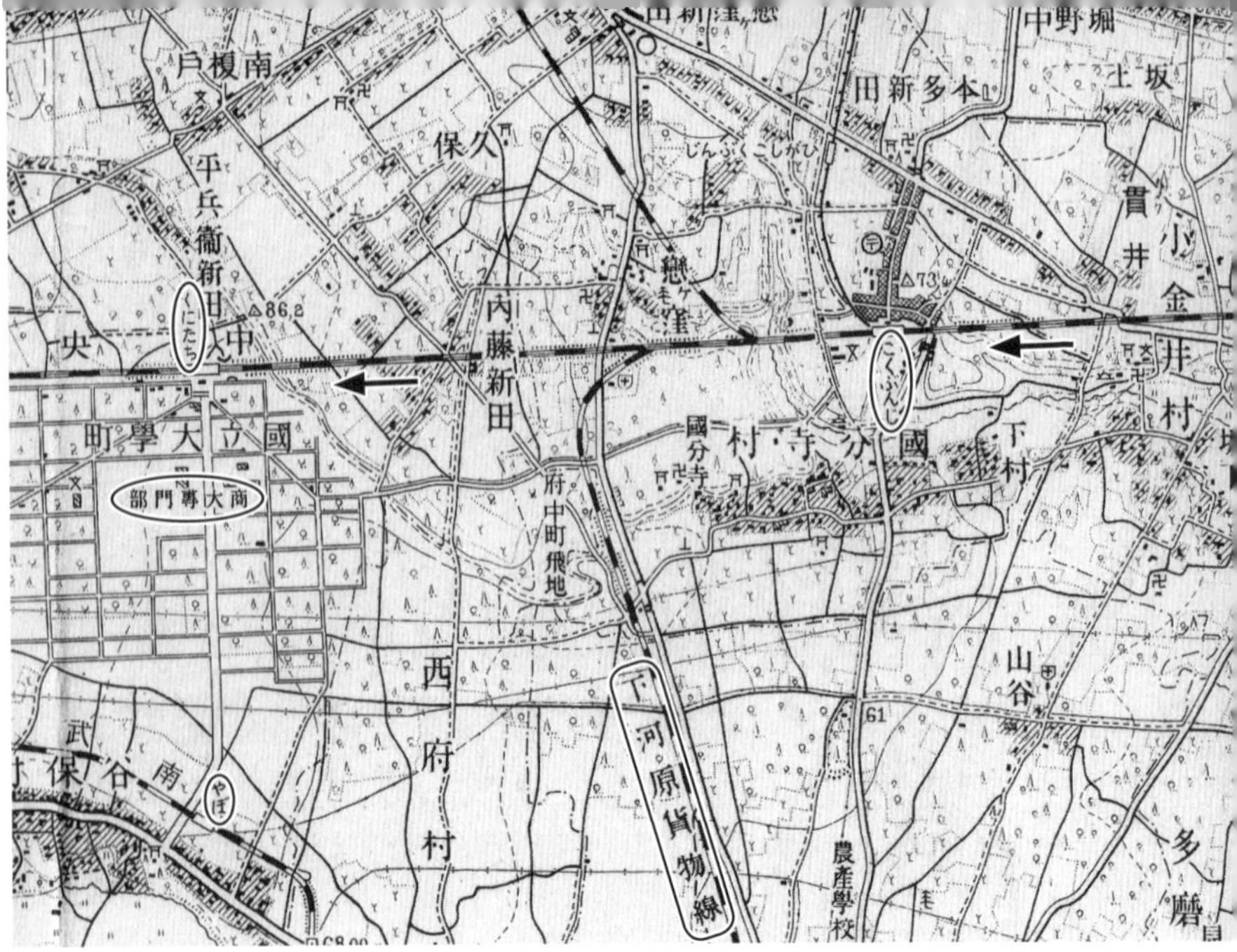

分寺線）であるが、その線路はしばらくこちらと並走した後、北へ分かれていく。やがて多摩川の砂利を運ぶ下《しも》河原《がわら》貨物線が左に分かれてゆき、すぐに鎌倉街道（府中街道）の踏切を越える。この下河原線もつい昨年には東京競馬場前へ行く旅客列車が走るようになったそうだ（現在は一部武蔵野《むさしの》線として活用）。

国立《くにたち》駅は大正一五（一九二六）年にできた新しい駅だが、三角屋根のモダンな駅舎は、駅前の大きなロータリーとともに話題になった。箱根土地（のちのコクド）という会社が線路南側の広大な土地を買い、立派な大学都市を計画したのが始まりで、前述の東京商科大学の専門部が最近ここに移り、その前には東京高等音楽学院（現国立音楽大学）も移転して

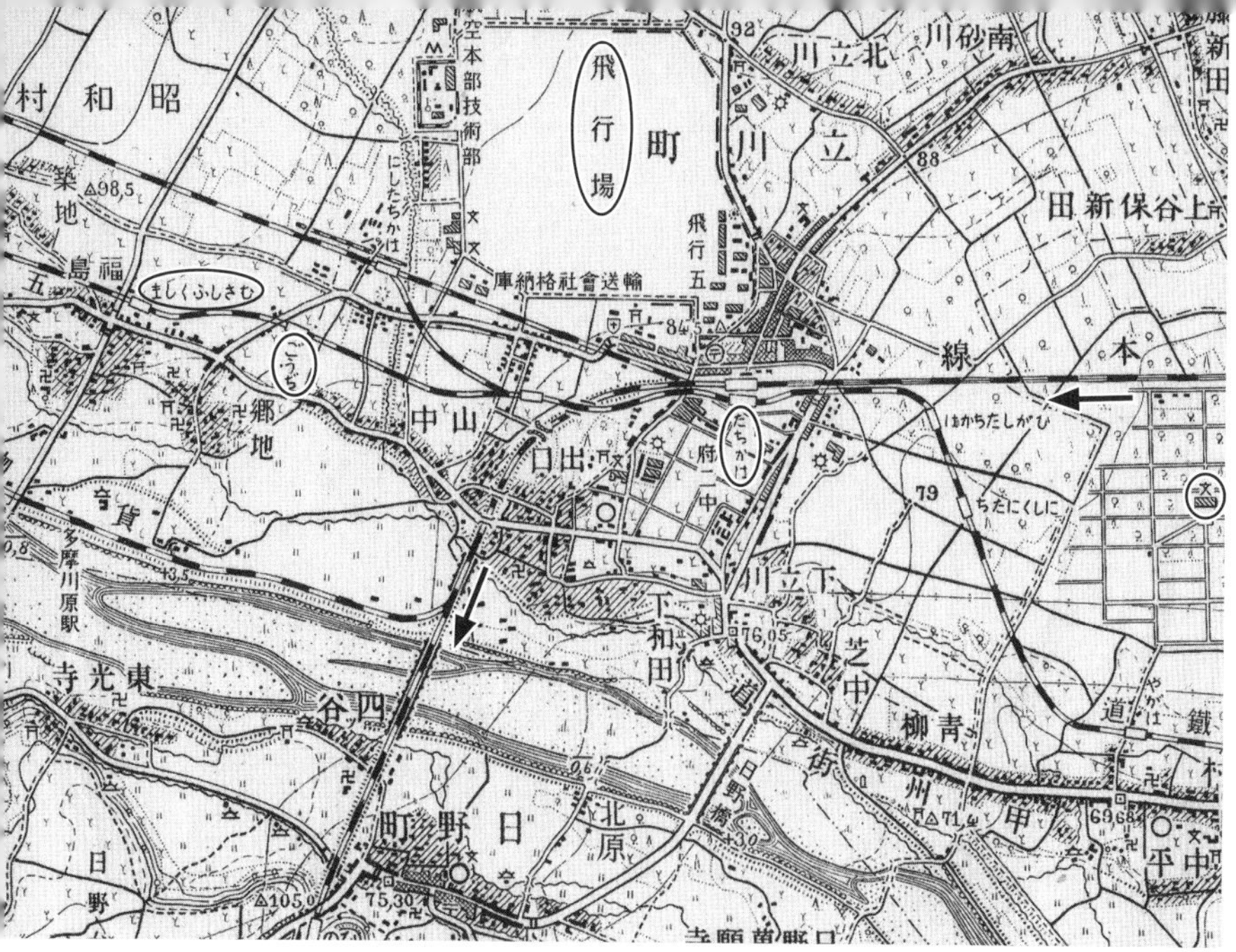

国立駅南側に広がる「国立大学町」の計画的街路が目立つ。一橋大学の前身である東京商科大学は進出したが、家はまばら。1:50,000「青梅」昭和10年鉄道補入×1.27

森の中に校舎を構えている。駅前から南西にまっすぐ延びる通り（富士見通り）がちょうど富士山に向かっている、というのもなかなか洒落《しゃれ》ているではないか。

ここは分譲される住宅地がすべて二〇〇坪以上という広いもので、私のような安月給では手が届かない。ちょうど開発時期が不況と重なってしまい、あまり売れなかったそうだが、最近は大学の教授など、少しずつここに住む人も増えてきたと聞く。南側を走る南武鉄道（現ＪＲ南武線）谷保《やほ》駅（図中の「やぼ」は誤り）に向けて京王電気軌道（現京王電鉄）の路面電車が走る計画があるそうだが、これだけ人口が少ないと実現はまだ遠いだろう。しかし、そのためにメインストリートの幅員は広くとってある。

一面の桑畑

新宿から約三五分で立川駅に到着した（17頁地図）。立川といえば飛行場である。大正一一（一九二二）年に陸軍飛行第五大隊がここに置かれて以来、立川町の人口も今は約二万人と急増している。民間の日本航空輸送の飛行機もつい最近までここから大阪、関東州の大連（現中国）を結んでいたのだが、昭和六（一九三一）年に多摩川河口の羽田に新しく飛行場が完成し、同八年には民間航空はすべてそちらに移ってしまい、また軍用飛行場に戻ったのである。

時刻表で調べると、東京の羽田飛行場から名古屋経由で大阪までは二時間五〇分という速さではあるが、運賃はなんと三〇円もする。三等の鉄道運賃が五円九七銭だから約五倍、二往復半できる値段だ。私も飛行機には乗ったことがないが、とても普通の人間に縁のある乗り物ではない。

立川を定時六時五七分に発車した425列車は一直線区間を脱し、久しぶりのカーブを左に切った。ここから多摩川の河岸段丘を下るための切通しに入っていくが、ここで五日市鉄道の線路が上を跨《また》いでいった。この線は青梅電鉄（現JR青梅線）の南に並行して拝島《はいじま》に至り、そこから五日市へ向かうローカル線だ。かわいいガソリン車が走っているということだが、この鉄道は人間の輸送より五日市の先で採れる石灰石が主力のようである。

急にあたりが開けて土手の上で砂利運搬線を分ける多摩川信号場を過ぎると、列車は轟音

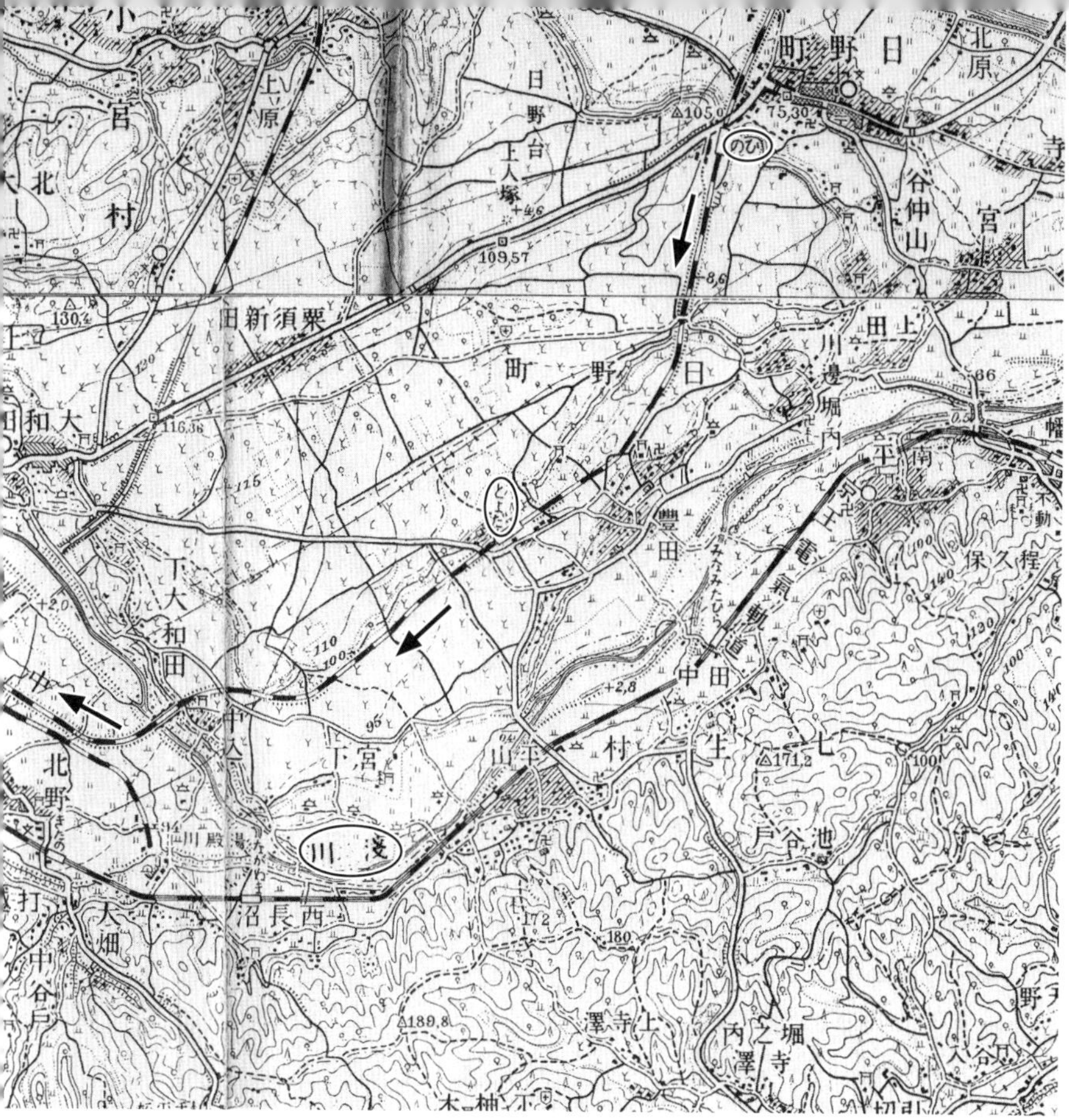

養蚕が盛んだった日野台地には桑畑が目立つ。そこを中央本線は切通しで抜けている。
1:50,000「青梅」昭和10年鉄道補入＋「八王子」昭和4年鉄道補入×1.08

を立てて多摩川を渡った。鉄橋上からの車窓右側は山々の展望が実によい。いよいよ旅に出たという感覚を以前にもここで味わったのを思い出した。高い築堤をしばらく走ると、昔ながらの甲州街道が左側に寄り添ってきた（19頁地図）。甲州街道の踏切を過ぎると日野《ひの》駅だ（当時は現在より南側にあった）。ガイドブック『旅窓に学ぶ』では日野駅周辺の様子を「もはや帝都の文化気分より遠く離れた感じの古き街路を駅前に展開してゐる」と表現しているが、納得できる。

　次の豊田《とよだ》駅付近にかけての台地はあたり一面が桑畑Yである。のちに日野ヂーゼル（現日野自動車）がここに進出した。いよいよ桑都《そうと》・八王子が近づいた。浅川《あさかわ》を渡り、京王電車が下をくぐると間もな

甲州街道上の路面電車・武蔵中央電気鉄道は、図の翌年に現高尾山口駅付近と国鉄八王子駅まで延びた。
1:50,000「八王子」昭和4年鉄道補入×1.19

く八王子《はちおうじ》駅だ(20頁地図)。七時一一分着、ここで八分停車する。横浜線原町田《はらまちだ》(現町田)行きは乗り換え、という案内があった。南側に停まっている気動車である。この線はいずれも途中の原町田行きで、その先横浜方面へ向かう人は原町田で電車に乗り換える。

八王子を出た列車は市街地の南縁を西へ向かう。八王子市は人口六万に近く(現在は五六万を超える)、さすが多摩地区で唯一の市だけあって市街の規模が大きい。千人町《せんにんちょう》あたりを過ぎると甲州街道が近づき、路上を走る武蔵中央電気鉄道の電車も見えてきた。昭和四(一九二九)年から五年かけて開通した新しい路面電車で、高尾山のケーブルカーの駅近く(図では未開業)まで行くという。

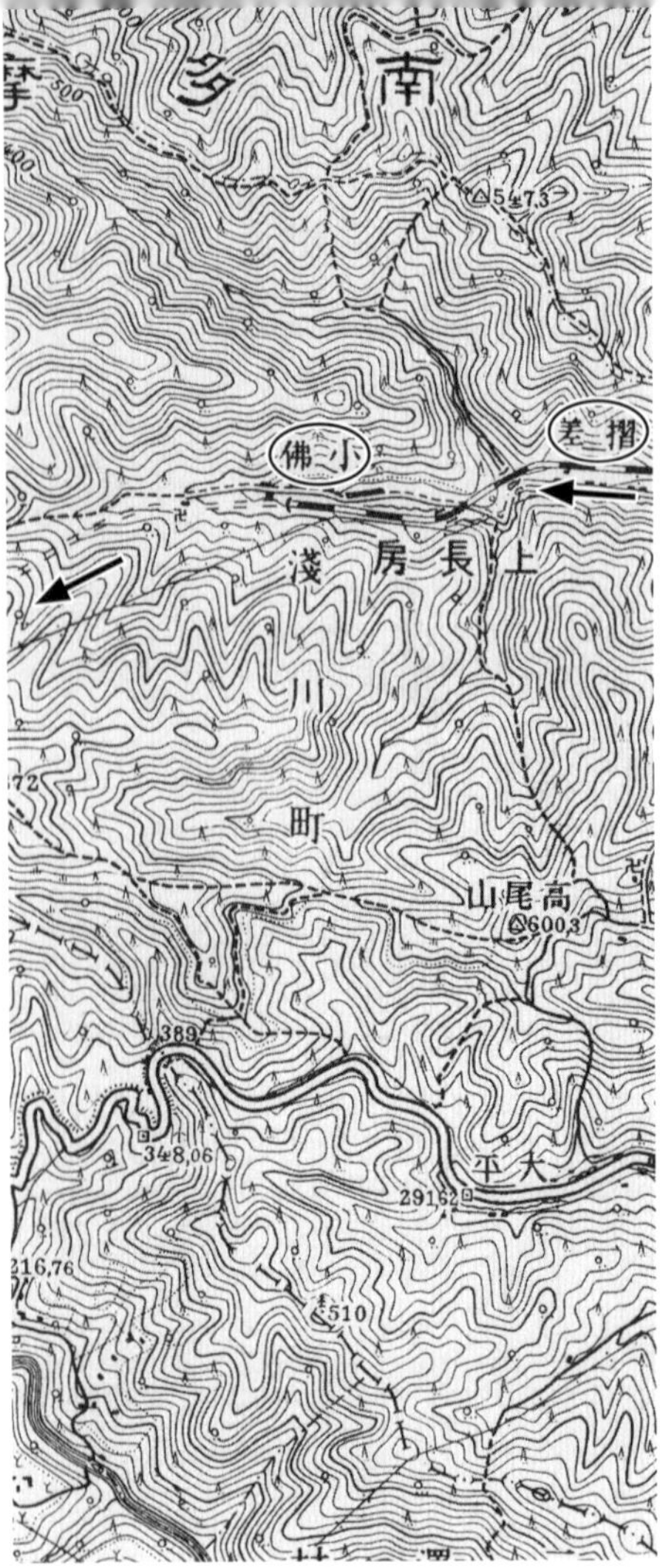

浅川駅の少し手前には皇室専用駅がある。東浅川駅で、これは時刻表にも載っていない。多摩御陵に皇族が参拝するためのものなので、一般人には関係がない。地形図ではちょうど浅川駅の東、甲州街道とある「道」の字の下に短い線路が描かれた部分がそれである。本線は勾配の途中だから、駅の部分を平坦にするための工夫だ。

七時二九分に浅川駅を発車した４２５列車はここから山の中に入る（22頁地図）。与瀬（與瀬）まであとひと駅とはいえ、駅間は九キロ、一五分ほどもある。前出のガイドブックには「車窓は早や峰岳重畳、一溪細くその間を流れてゐる。やがて山嘴《さんし》を穿《うが》てる一トンネルを通り、

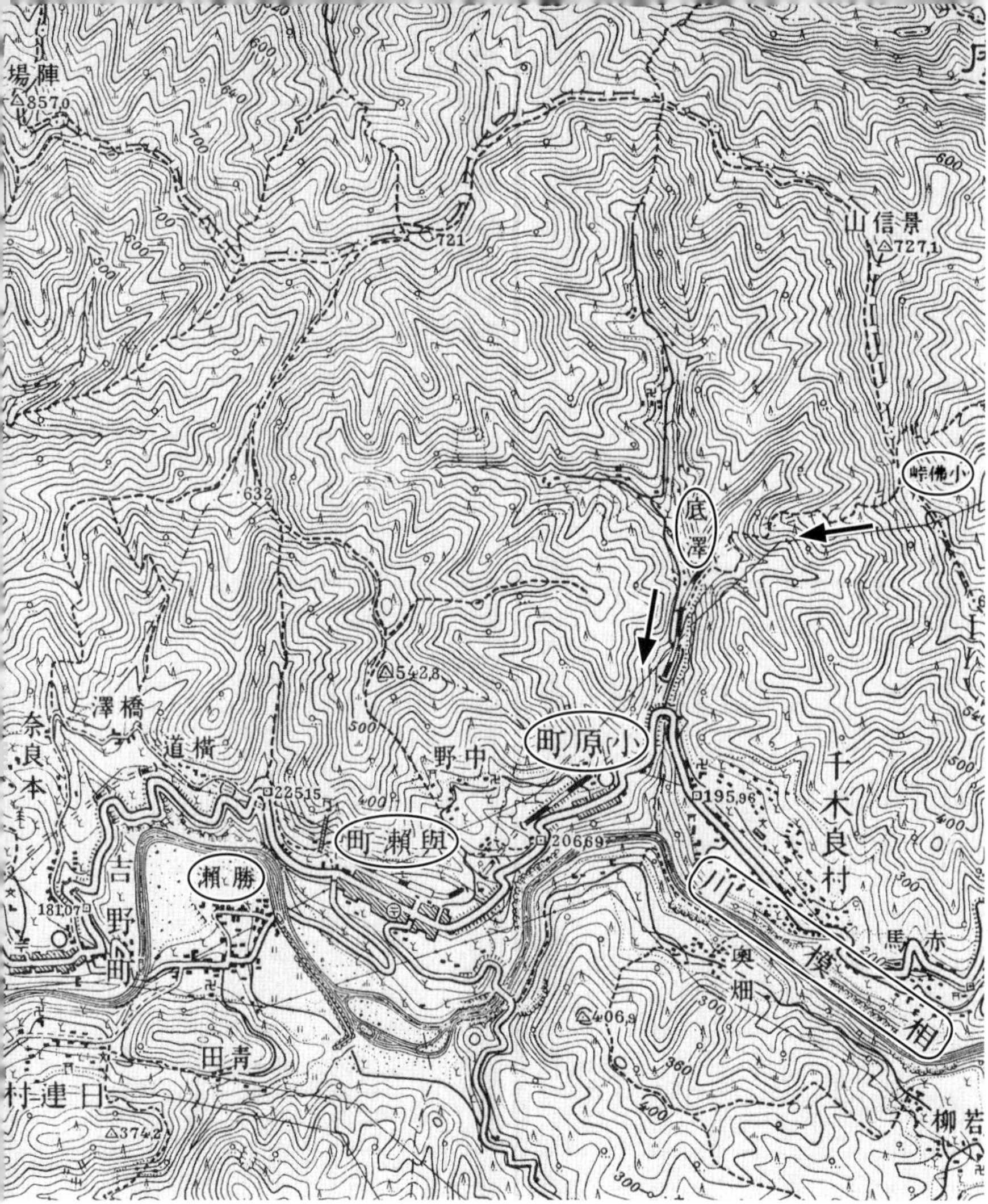

相模川のすぐ北を通る街道が甲州街道。現在の相模湖駅近くの与瀬町と東隣の小原町はかつて別の自治体で、宿場の馬継ぎも西行きは小原、東行きが与瀬と二宿で業務を分担していた。甲州街道には小規模な宿場が多く、このような「合宿」が目立つ。1:50,000「上野原」昭和4年鉄道補入×1.37

前方小仏峠《こぼとけ》の高き山腹にあたる陽の光りを仰ぎつゝ、右に寂寞として僅かに梭の音《ひね》を聞く小仏の宿場を見て、此処に東京・神奈川の県界、小仏隧道《ずいどう》を通る」とある。

街道筋からはずれた古い宿場のさびた雰囲気がよく伝わってくる。ちなみに梭の音とは機《はた》織りの響きである。地形図では甲州街道はずっと南の方を迂回しているのがわかるが、江戸期の本来の甲州道中は線路に沿った道だ。駒木野《こまぎの》、摺差《するさし》などの小集落を経て小仏〔小佛〕の宿場に至ると、ここが武蔵国最後の集落となる。ここから昔は小仏峠を歩いて越えていたのである。列車はやがて全長二五四五メートルの長い小仏トンネルに入る。トンネルの中でも窓を開けていられるので、爽やかな風が顔に心地よい。電気機関車のありがたさである。

何分くらい経っただろうか。ようやくトンネルを抜けると、緑の谷底だった。その名も底《そこ》沢《さわ》〔底澤〕である。相模国・神奈川県に入った。小仏の水は浅川から多摩川を経て東京湾に向かったが、ここ底沢を流れる水は相模川から相模湾に注ぐ。

まもなく与瀬だ。いくつかのトンネルを抜けると小原《おばら》の宿場で、これを合図に網棚から荷物を降ろすうち、小さなトンネルを二つ抜けると与瀬の町並みが見えて駅に着いた。七時四四分の定刻である。改札を出て小さな駅前商店街を南へ進むとすぐに甲州街道にぶつかった。地形図によれば、ここを西へ四〇〇メートルほど行って左に折れれば相模川の河原に下りられるはずだ。

地形図の通りに交差点で西へ向かい、その先を左折して東に戻るような形で桑畑の斜面を下りて行き、標高一二〇メートルほどの川岸に着いた。駅の場所が二〇二メートルだから、八〇メートルも下りてきたことになる。相模川は深く青く澄み、水量は多い。川岸に腰掛けて目の前の新緑の山と雲を仰ぎ見た。勝瀬《かっせ》に渡る舟が待っていた。

その後八〇年が経った二〇一六年、最後に私が桑畑の中を下りた道は現存する。ただし現行地形図では途中で途切れ、その先は相模湖の中だ。ためしに潜ってみたら、相変わらず勝瀬への道があるだろうか。ちなみに昭和二二（一九四七）年に完成したこのダムの水没地域は勝瀬の九三戸、山梨県側の島田《しまだ》村二二戸など合計一三六戸に及ぶものであったが、このうち勝瀬の人たちの多くは県内の海老名《えびな》村（現海老名市）へ移転、新天地に勝瀬という集落を作った。

相模湖は日本の多目的ダムの第一号である。このあと、戦後の高度経済成長に伴って、全国各地の多くの山あいの村が水の底に沈んでいったことは言うまでもない。

大正時代測量の現役地形図でゆく
二〇三八年　択捉島紀行

国土地理院の地形図といえば全国くまなく網羅されていると思いがちだが、いわゆる北方領土と竹島だけは、衛星画像による測量で平成二二～二六年に刊行されるまで二万五〇〇〇分の一が出ていなかった。理由は周知の通りだが、北方領土については平成三年（一九九一）に五万分の一地形図が相次いで刊行された。ただし内容については大正末期に測量刊行された地形図の複製で、右書きの文字を左書きに直したぐらいの事実上の復刻版だ。したがってロシア人が住んでいる現状にはまったく関係ないものだった。

それが翌平成四年、この基図の上に衛星写真で得た情報を別の色で加刷して再び発行された。その結果、全国の他の地域にはまったく見られない異例の地形図が誕生した。図の欄外には次のような文言が刷り込まれている。

1　この図は、基図（大正11年測量平成3年資料修正5万分1地形図）を茶色で印刷し、その上に地球観測衛星スポット1号による平成2年9月7日観測及び地球観測衛星ランドサット5号による平成2年5月24日観測の画像上で判読できた道路、建物及び飛行場を黒色で、大規模な改変地（地形又は植生を人工的に変化させた土地）を灰色で、水面を青色で加刷したものである。なお、現地調査は行っていない。

ロシア連邦が「自国領土サハリン州の一部」として実効支配している以上、現地調査ができないのは当然だ。国土地理院は宇宙からのぞき見るしか方法がないのである。

択捉島《えとろふ》は大きい。千島列島最大の面積をもつこの島は三一六七平方キロ、鳥取県の一割引き、神奈川県の三割増しほどもある。島でいえば沖縄本島が二つ半といったところで、もちろん「日本最大の島」である。東西に細長いので、その距離は約二〇〇キロにおよぶ。ところが自然条件の厳しさゆえに人口は昔から非常に少なく、昭和二〇（一九四五）年八月の時点で七三九世帯、三六〇八人という閑散としたありさまだった。産業の面では圧倒的に漁業が中心で、豊富な森林資源がありながらも、市場からのあまりの遠さが林業を発達させなかったようだ。

今日は島の西南部を歩いてみよう。

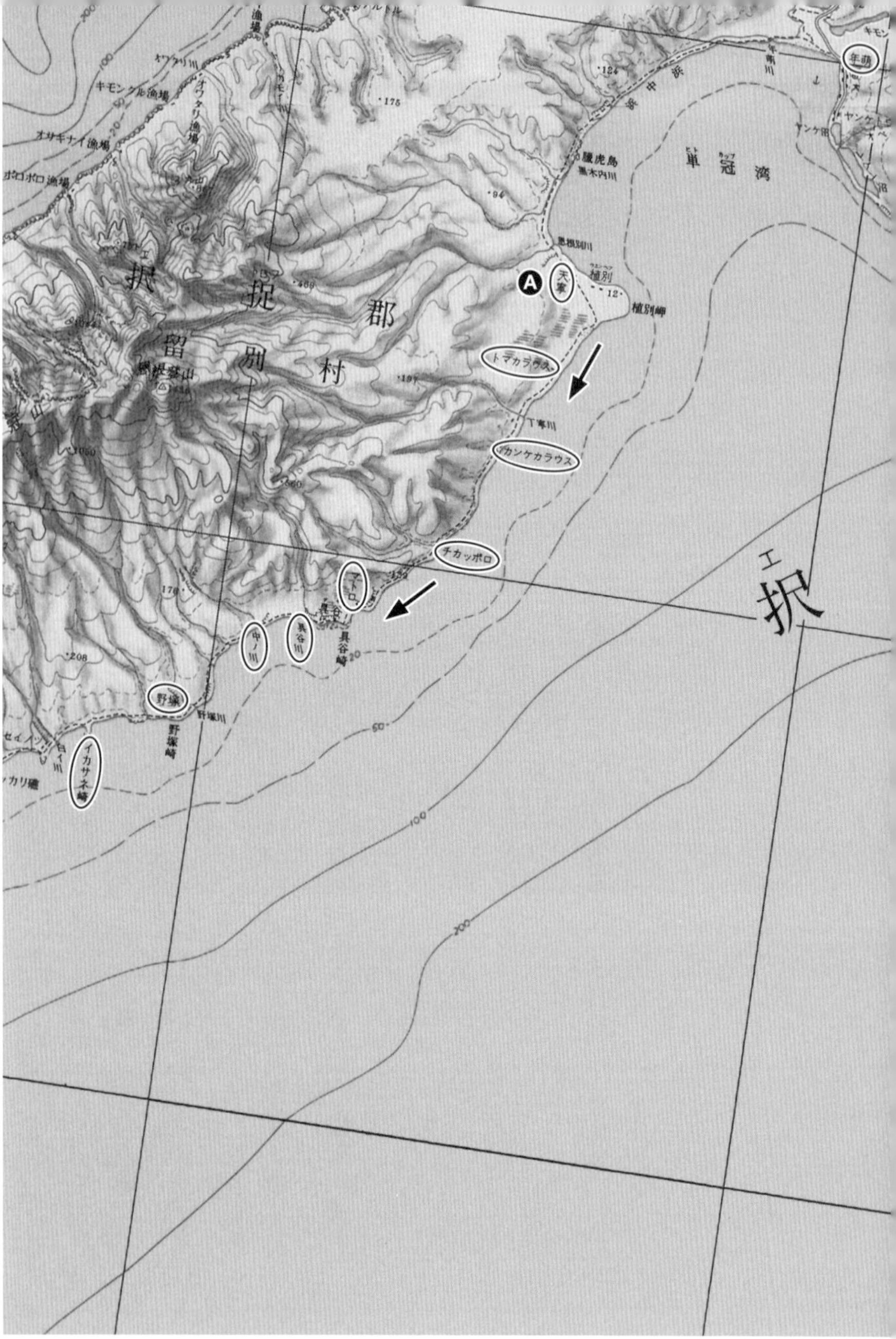

A
天寧
トマカラウス
イカンケカラウス
チカッポロ
マトロ
具谷川
中ノ川
野塚
イカサネ崎
年萌
択捉郡留別村
単冠湾
植別
植別岬
具谷崎
野塚崎
野塚川
中浜
臘虎島
キモンクル漁場
オサキナイ漁場
ポロポロ漁場
択

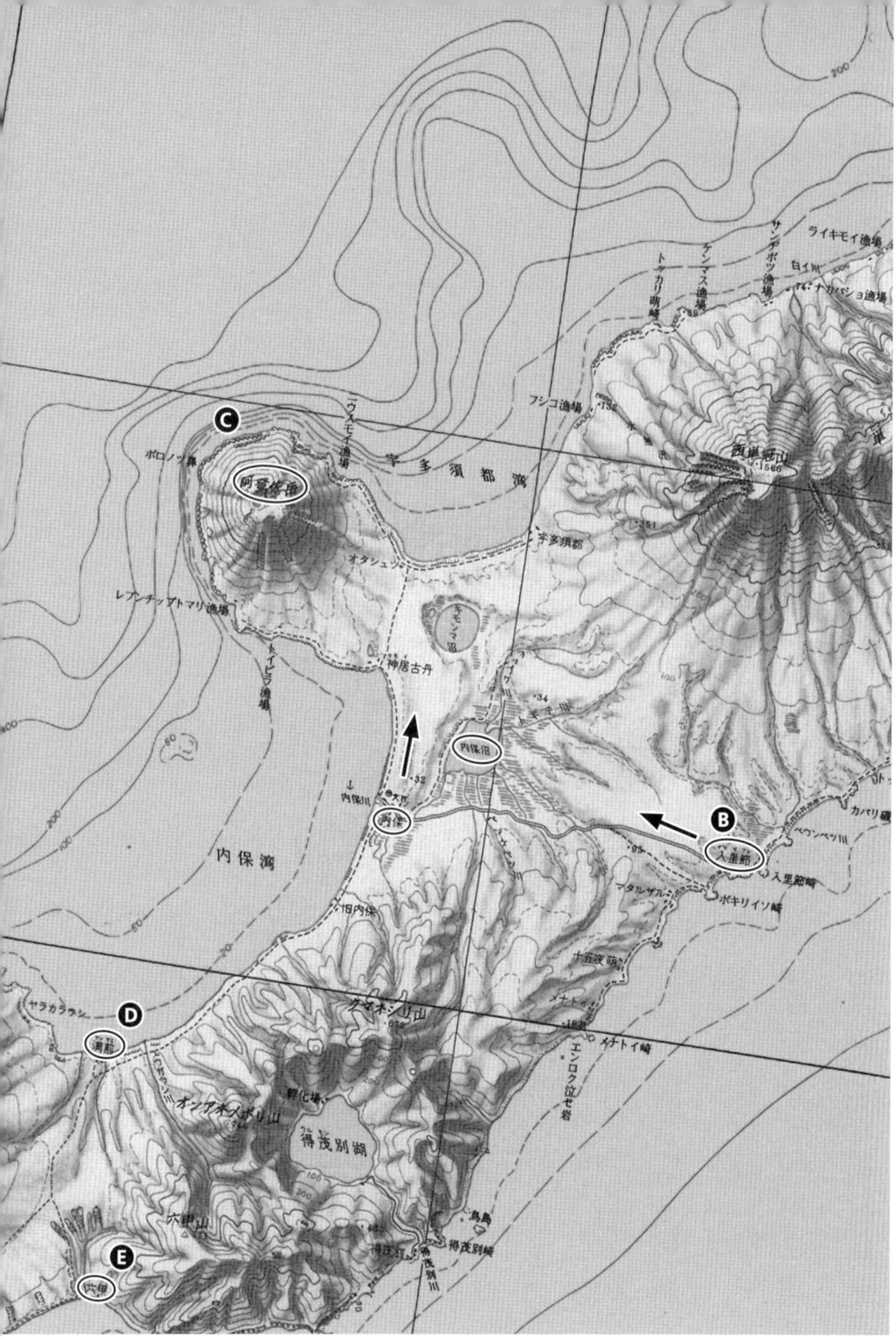

択捉島の面積は約3167㎢と、神奈川県の3割増し。Aの天寧からDの満前までは直線距離で54㎞だから、東京〜平塚とほぼ同じ。1:300,000「北方四島」平成3年編集×1.37

唐突ではあるが、日ロ間で択捉島に関する問題が解決した（これはフィクションである）二〇三五年からしばらく経った二〇三八年の夏の朝、私は新千歳空港からの小型機で、択捉（イトゥルプ島）のまん中にある天寧《てんねい》ブレヴェストニク空港〔1〕（28頁地図上Ⓐ）に到着した。少し岬状になった平坦地で、着陸する時には単冠湾《ひとかっぷ》がきれいな弧を描いているのが見えた。空港は第三セクターの田舎の小駅を連想するささやかなもので、その玄関先には、細長い島内の端から端を結ぶバスが待っていた。一日わずか二本の便が、飛行機の時間に合わせてこの空港に立ち寄るのである。

阿登佐岳《あとさぬぷり》（29頁地図上Ⓒ）を見たいので、島の西部太平洋岸にある「六甲《ろっこう》ロッコー」（同地図上Ⓔ）行きのバスに乗った。天寧ブレヴェストニクという空港の名は、日本の戦前の集落が天寧、そして戦後のロシア人の集落がブレヴェストニクというので併記地名としたところで、今ではロシア人世帯七軒、日本人世帯二軒が暮らしている。

空港を後にしたバスはまず天寧の数軒の集落に入るのだが、最初のバス停が「天寧学校跡」だった。車内アナウンスはもちろん日ロ両語である。戦前はここに小学校の分校があったところだ。現在はロシア人の小学生の二人兄弟が年萌《としもえ》の小学校へバスで通学している。年萌というのは単冠湾の東端にある集落で、太平洋に面しているために不凍港として、戦前からの択捉島の重要な役割を担っていた。

ここは実は、かの真珠湾攻撃の前月に多くの空母や戦艦などが集結したところで、何も知らされていなかった当時の島民は、湾内に夥《おびただ》しく浮かぶ赤城、蒼龍、瑞鶴《ずいかく》などの空母の姿を見て仰天したという。しかしそのことを誰にも口外できなかったのは言うまでもない。昭和一六（一九四一）年一一月二六日にはここを出発、そして運命の一二月八日、彼の地で何が起こったかは世界中が知るところである。

その単冠湾も今は静かだ。アホウドリのような大きな鳥が数羽旋回しているのが見える。そんな風景の中、バスは湾に背を向けて南に向かった。トマカラウス、カンケカラウス、チカッポロ、マトロと片仮名の停留所を次々と通過、太平洋を見ながらバスは快調に走る。これらはロシア語ではなくて先住民アイヌの言葉である。右前方には恩根登《おんねと》山（一四二六メートル）が聳《そび》えている。そういえば、つい最近の山岳雑誌でこの山と隣の単冠山、西単冠山を縦走する記事があったのを思い出す。

「具《ぐ》谷《や》オトリヴニイ」という日ロ併記地名のバス停では、病院通いと思われるロシア人のおばさんと小さな女の子の手を引いた日本人のお母さんが乗ってきた。この二人はご近所同士らしく、北海道訛りとロシア語がまざったような独特の「択捉方言」ともいうべき言葉を話していた。

大正時代の標石

具谷川、中ノ川などの小さな川を渡っていくと、対向のバスが来た。「紗那《しゃな》クリリスク」

行きだ（26頁地図）。紗那村（クリリスク村）は戦前もソ連・ロシア時代にも択捉島の中心で、紗那川の河口には小さいながらも市街地があり、坂道の両側に箱のような家が建ち並ぶ。川を遡ったところでは、大正時代からのサケ・マス孵《ふか》化場が今も操業を続けているそうだ。

野塚《のづか》という日本人の名前を付けたと思われる集落を過ぎ、太平洋に突き出たイカサネ崎などを過ぎると少し坂道を上がって入里節《いりぶし》崎の根元を越える。このあたりは少し標高が高いので崖と海岸が一望のもとに眺められるのがいい。振り返れば西単冠山のなだらかな斜面が豊かな原生林を擁して裾を引いている。山頂付近には残雪がアクセントを添えており、バス道の両側はお花畑のようになっている。思わず途中下車したくなるところだ。

入里節イオドニイ（29頁地図上Ⓑ）に着く。ここもソ連時代からロシア人の集落があった場所で、バスは島を横断し、今度はオホーツク海側にある内保《ないぼ》を目指す。入里節イオドニイから内保までの間は戦前から車道が通じていたところで、ソ連・ロシア時代にもそのまま使われていたのを、バスが走るようになる数年前に改修された区間だ。島を横断するといっても大した起伏があるわけでもなく、家が一軒もない深い森の中を一三キロほど走れば内保に到着する。

市街の少し手前で内保川を渡った（34頁地図）。湿原の中を深い色の流れが静まり返っている。このあたりは護岸工事もされず、原始のままの蛇行を続けている。その上流の内保沼から海までは標高差が六メートルしかないので、流れは止まっているかのようだ。橋を渡ったところに内保沼入口というバス停があるが、沼までは細く延びた歩道を二キロほど歩かなければならないので、ここからは何も見えない。沼畔は丈の高い草が密生している湿原なので、近寄っても水面はなかなか拝めないのだが、この遊歩道にはその全貌が見渡せるポイントが何ケ所かあって、最近では形のよい成層火山である阿登佐岳をこの沼とからめて写真を撮る人が増えているそうだ。

内保に着いた。バスは左に折れて満前《まんまえ》マンマエ（29頁地図上Ⓓ）、六甲ロッコー（同地図上Ⓔ）〔いずれも日ロで地名が共通〕方面へ向かうが、私はここで降りて、阿登佐岳を見てこようと思う。三年ほど前にバス停近くに択捉観光協会が経営するレンタサイクル屋が開店して、阿登佐岳を見に行く人には重宝がられているようだ。

バス停はT字路にあるが、私の他に三人の乗客を降ろしたバスは漁師顔の胡麻塩頭の男を一人乗せて左折していった。エンジンの音が遠ざかっていくと、小さな集落はまたしんと静まり返った。バスを降りた場所で地形図と現地を見比べていたら、南東の角には大正時代に埋められたはずの水準点の標石が残っていて驚いた。ソ連、ロシアもこれを利用して測量を行っていたのだろうか。戦前の地形図によれば七・一七メートルという標高になっている。

ささやかな市街地である。北海道の僻村《へきそん》では、数軒でも人家が集まっていると「〇〇市街」という地名になっていることが多いが、ここもそうだ。小学校は古い。一八九七（明治三〇）年開校の内保尋常小学校である。その何軒か隣には郵便局もある。ここはもちろん集配局で

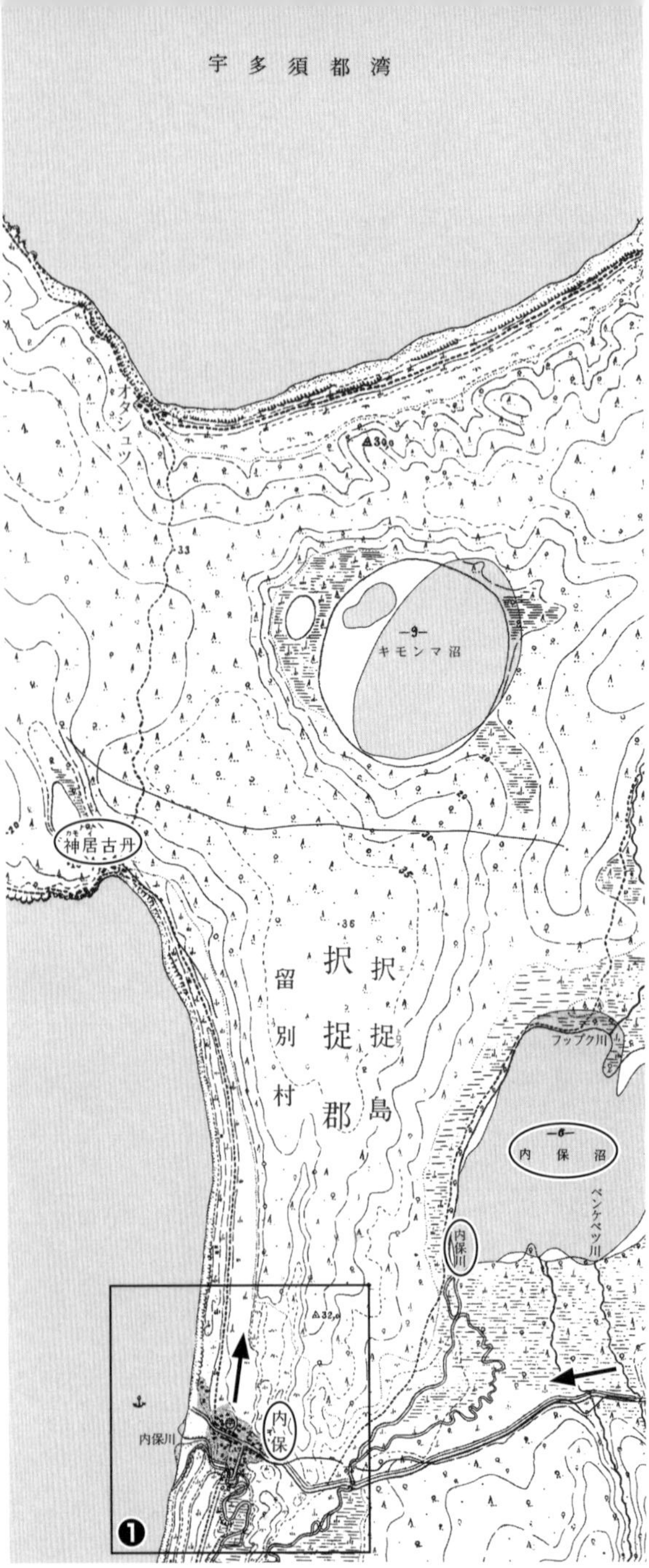

大正11（1922）年に測量、同13年に発行されて1度も更新されないまま終戦を迎え、そのままソ連に占領されたため、大正時代が「冷凍保存」された貴重な図となっている。平成に入ってからその図を基に、その後の衛星画像で補正したものがこの地形図。1:50,000「内保」平成4年資料修正×0.88

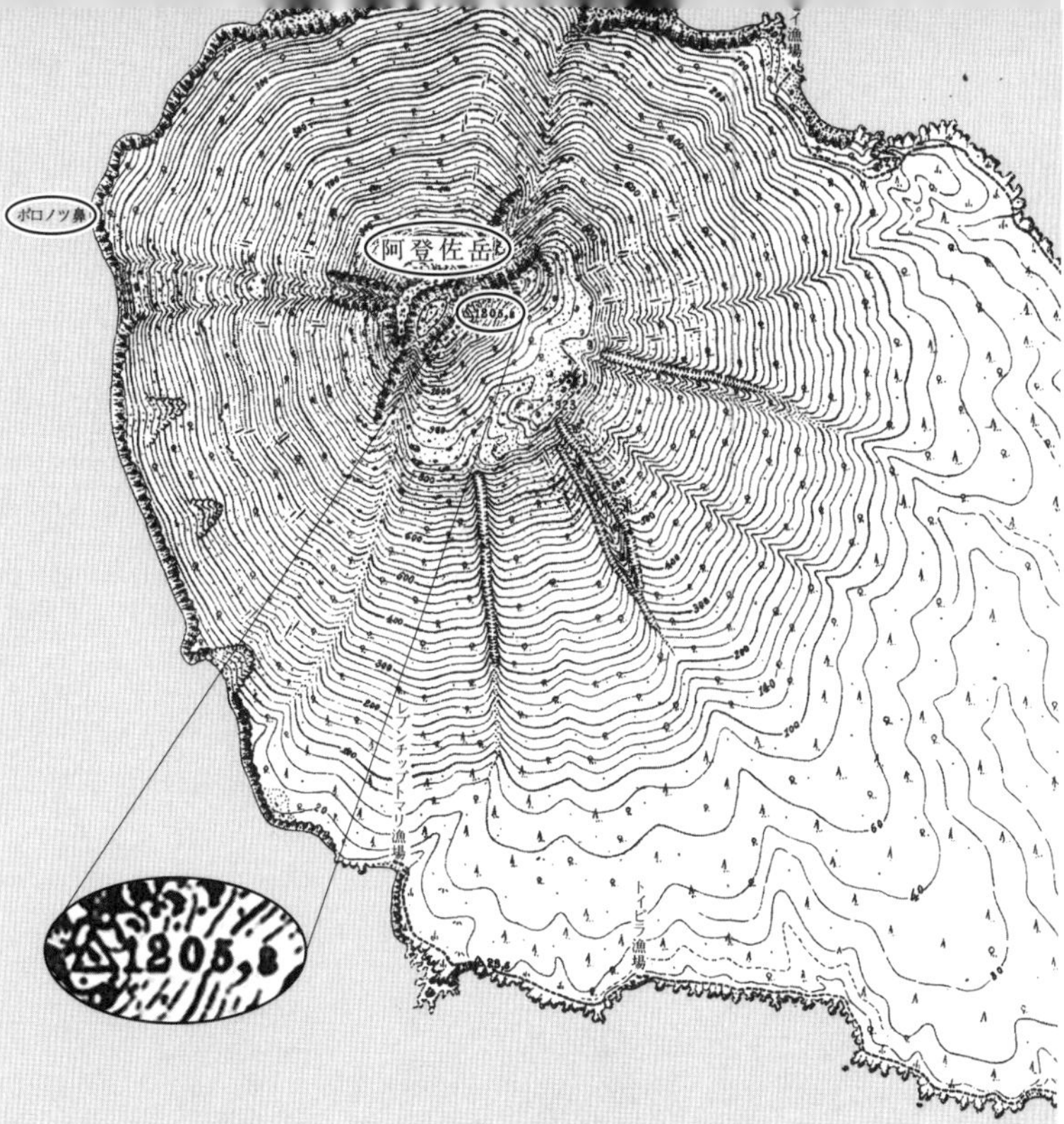
ポロノツ鼻
阿登佐岳
1205,8
レブンチップトマリ漁場
トイピラ漁場
1205,8

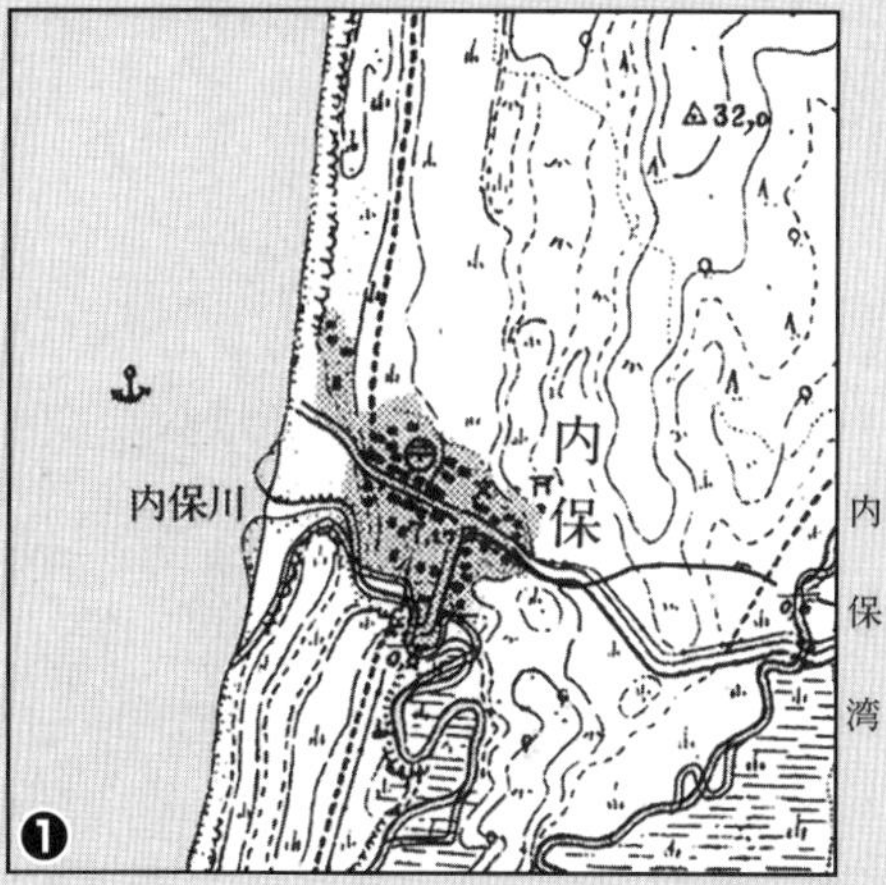
32,0
内保川
内保
内保湾
❶

はなく、紗那にある択捉局の管轄である。明治時代の地理学者、吉田東伍は『大日本地名辞書』にこの内保の集落のことを次のように記している。

戸数五十、寄留内地人は冬期に減し、夏期漁業の節に多しと云ふ、全村皆漁業を専とし、住民の食料は多く之を内地に仰ぐ、郵便電信局あり、(中略)沙那《ママ》に往復する定期船、隔月此《ここ》に寄港す、其他小汽船の、函館より直航するものありと雖《いえども》、全く不定期なり(後略)

一軒だけ蕎麦屋《そばや》があったので暖簾《のれん》をくぐった。「阿登佐屋」とある。択捉名物ピロシキ蕎麦で昼食にしよう。日ロ両国民の混住が実現してしばらく経つが、両国文化の融合を象徴する、などとマスコミでもてはやされたメニューも、最近は少し下火のようで、やはり蕎麦は蕎麦、ピロシキはピロシキで食べた方がいい、という当然の結末に落ち着いているようだ。

オホーツク海の荒波に削られた崖

店を出ると西の浜から潮と昆布の匂いのする風が吹いてきた。すぐ海岸だ。海沿いに遊歩道を北へ向かう。内保の最後の家を過ぎると、それまで意識していなかった阿登佐岳が突然目の前いっぱいに現れた。優美な裾野を長く引き、山頂付近に険しい岩が見えるとはいえ、絵に描いたような成層火山だ。三角点の標高は一二〇五・八メートル(戦前の図式の小数点は、大陸ヨーロッパ式でカンマが用いられていた)。たしかここも択捉富士と言われたのではなかっただろうか。いや、それは紗那の北にある散布山《ちりっぷさん》(一五八七メートル)だったか。前述の『大日本地名辞書』には阿登佐岳のことを「跡狭山《アトサノボリ》」と表記し、次のように記している。

アトサは裸形の義なり。邦人鶏冠山《トサカ》といふ、又梓山《アズサ》につくる。
アトサノボリは内保湾の北角を成せる孤峰にして、高三九五三呎《フィート》の死火山なり、内保より望めば恰好富嶽の如し。其山嘴はボロノツ鼻(「ボロ」は大、「ノツ」は鼻の義)と称し(後略)

ノボリはアイヌ語で、よくヌプリと表記される。これは山の意味で、梓山というのはアトサと発音が似ているということだろう。なお、山の高さは米国防総省作成のONC航空地図(一〇〇万分の一)では三九五七フィート(一二〇六メートル)になっていてなぜか若干数値が違う。ちなみに陸地測量部の地形図の標高の基準は、もちろん平成四(一九九二)年発行の地形図でもそうだが、「東京湾の平均海面」ではなくて択捉島の中心・紗那村のあるナヨカ湾の平均海面となっている。

オホーツク海の荒波に洗われ続けた西から北にかけての海岸は、地形図でもわかるように切り立った崖になっている。歩いて向こう側へ行くことはできないが、地形図によれば北側の崖には二〇〇メートルに達するものもあるようだ。遊歩道は少しずつ左側へ弧を描きながら神居《かむい》古丹《こたん》の集落へ向かっている。ここにはほんの数軒があるだけだが、ここからの阿登佐岳の眺望がすばらしいと、別荘を建てる人も何人か出てきたという話を、先ほどのレンタサイクル屋の主人に聞いた。集落のすぐ北にあった沼に映る阿登佐岳の姿は知る人ぞ知る風景だったそうだが、ソ連時代に埋め立ててしまったのか、それとも自然に干上がってしまったのか、今は草の繁るちょっとした窪地になっている。

ここから先の登山道などはまだ整備されておらず、大学山岳部などのレベルの高いアマチュアしか近づけないようだが、この優美な山は俗化せずに残っていてほしい。私は見るだけで十分だ。神居古丹の集落の北のはずれに設けられた「望岳台」と手書きされた札の付いたベンチに座り、しばらく飽きずに阿登佐岳を眺めていた。エトピリカが鳴いて飛んでいった。

【1】文中に登場する地名は国土地理院の地形図・地勢図、および米国防総省発行の航空地図、(ONC)などを参照したものです。バス路線、空港、施設、登場人物その他の記述について、将来の状況とこの文章は当然異なっているでしょうが、少しは似ていてくれると嬉しいものです。

昭和三一年　高度経済成長前夜の京葉を行く

ヘルスセンターブームの火付け役

　平成に入った頃からだろうか。昭和三〇年代が注目されている。新横浜駅前には、日本初のインスタントラーメンが誕生した昭和三三（一九五八）年当時の夕暮れの町並みを再現した新横浜ラーメン博物館があるし、映画『ＡＬＷＡＹＳ 三丁目の夕日』も大ヒットした。もちろん当時の住宅地にそこはかとなく漂っていた汲み取り式便所のニオイは再現されていないけれど。いずれにせよ、発展途上のアンバランスさを抱えたこの高度経済成長期前夜の空気が、かえって斬新なものに感じられているようである。

　この成長期を通じて日本で最も大きく変貌を遂げた地域といえば、大都市圏を中心としていくらでも挙げられるかもしれないが、その代表格のひとつが東京から千葉にかけての京葉地域ではないだろうか。その中央部に位置する船橋から千葉までを、昭和三一（一九五七）年のある冬の日曜日、千葉街道や京成電車でたどってみた。

御茶ノ水から茶色の国電に乗って約三〇分。この頃は快速などという気の利いたものは走っておらず、１０１系と呼ばれる通勤電車のベストセラー、黄色い電車が登場する少し前の話である。

うたた寝しそうになりながらも、「次はふなばしー、東武野田線はお乗り換えー」というアナウンスに我に返った私は網棚のリュックを降ろし、扉の方へ向かった（43頁地図上Ⓐ）。この頃の網棚が、凧糸《たこいと》をより合わせたようなホンモノの網でできていたのをご存じだろうか。

それはともかく、私を含めてこの時代に関東地方で生まれ育った人にとっての船橋といえば、「船橋ヘルスセンター」を筆頭に挙げなければならない。もちろん地元の人はその限りでないだろうが。テレビコマーシャルで小学生時代の柔らかい脳味噌に刷り込まれた結果、ヘルスセンター以外の船橋の側面を知るようになった今でも、「船橋ヘルスセンター、船橋ヘルスセンター、長生きしたけりゃチョトおいで」というあの曲が、今も脳裏に明滅してしまう。

今日はヘルスセンターに来たわけではないのでここは軽く通過するつもりだが、昭和三〇年代前半と思われる船橋ヘルスセンターのパンフレットを入手したので引用させていただく。

皆様の船橋（ヘルス）センター

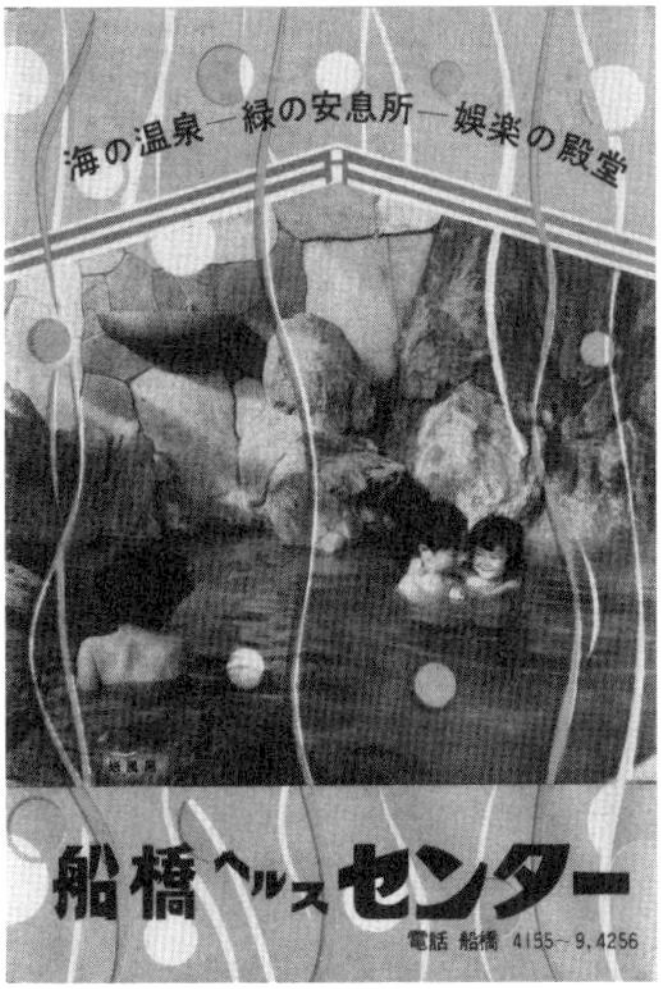

船橋ヘルスセンター発行のパンフレットより
（昭和32年発行と思われる）

「さあ一風呂浴びよう」

何んという魅力ある言葉でしょう。快い天然温泉の肌触りは、あなたの心身を癒しましょう。

熱海に往復する汽車賃ほどの費用で気楽に保養していただける、ここ「船橋（ヘルス）センター」は

東京からほんの一足の近さで碧い海、緑の芝生に恵まれた**天然温泉！**

広々した大庭園

御子様方の遊園地

そして近代的な**豪華施設**…**娯楽の殿堂**

……上品で御気楽な楽天地！

然しここは所謂歓楽境ではありません。ここは、飽くまで大衆のための保養場であり、**健全な娯楽場**として造られた施設であります。

共に歌い、共に踊り日頃の憂さを晴すも此処。

童心に立帰って、野外の遊戯、室内のピンポンなどに、文化の尖端をゆくシネビジョンや映画に、終日飽く事を知らぬも此処であります。是非一度、御出掛け下さいませ。

時代の気分が大いに出ているので、ついつい全文披露してしまった。ちょうど売春防止法ができる前後の時代であり、温泉という言葉には、たとえばストリップ小屋などのある男中心の歓楽街のイメージがともすれば濃厚に漂うこともあったようで、家族で楽しめる明るいリゾートをゴシック体で強調しつつ懸命に演出している。そうか、天然温泉だったのか。しかし厳密に言えば「普通の温泉」とは違う。地中深くの鉱泉水を天然ガスで温めているからなのだそうだ。

そういえば千葉県は知る人ぞ知る天然ガスの産地で、外房の茂原《もばら》あたりでは、畑の中からガスが自噴していて、自宅にガスを取り込む設備を作ればガス代が無料だったりするらしい。しかし天然だから臭いもなく、床下にいつの間にか溜まったガスが何らかの理由で引火して大爆発、という事故もたまに起きている。とにかく「ガス充満したる千葉県」なのである。

さて、船橋旧市街の南側に広がるこの場所は、もともとは工場用地として埋め立てられたのだが、諸般の事情によりヘルスセンターが建つことになったのだそうだ。とにかくこのセンターは大当たりし、全国にヘルスセンターブームを巻き起こし、類似の施設を数多く誕生せしめた。しかし時代は移り、天下に冠たる船橋ヘルスセンターも昭和五二（一九七七）年、

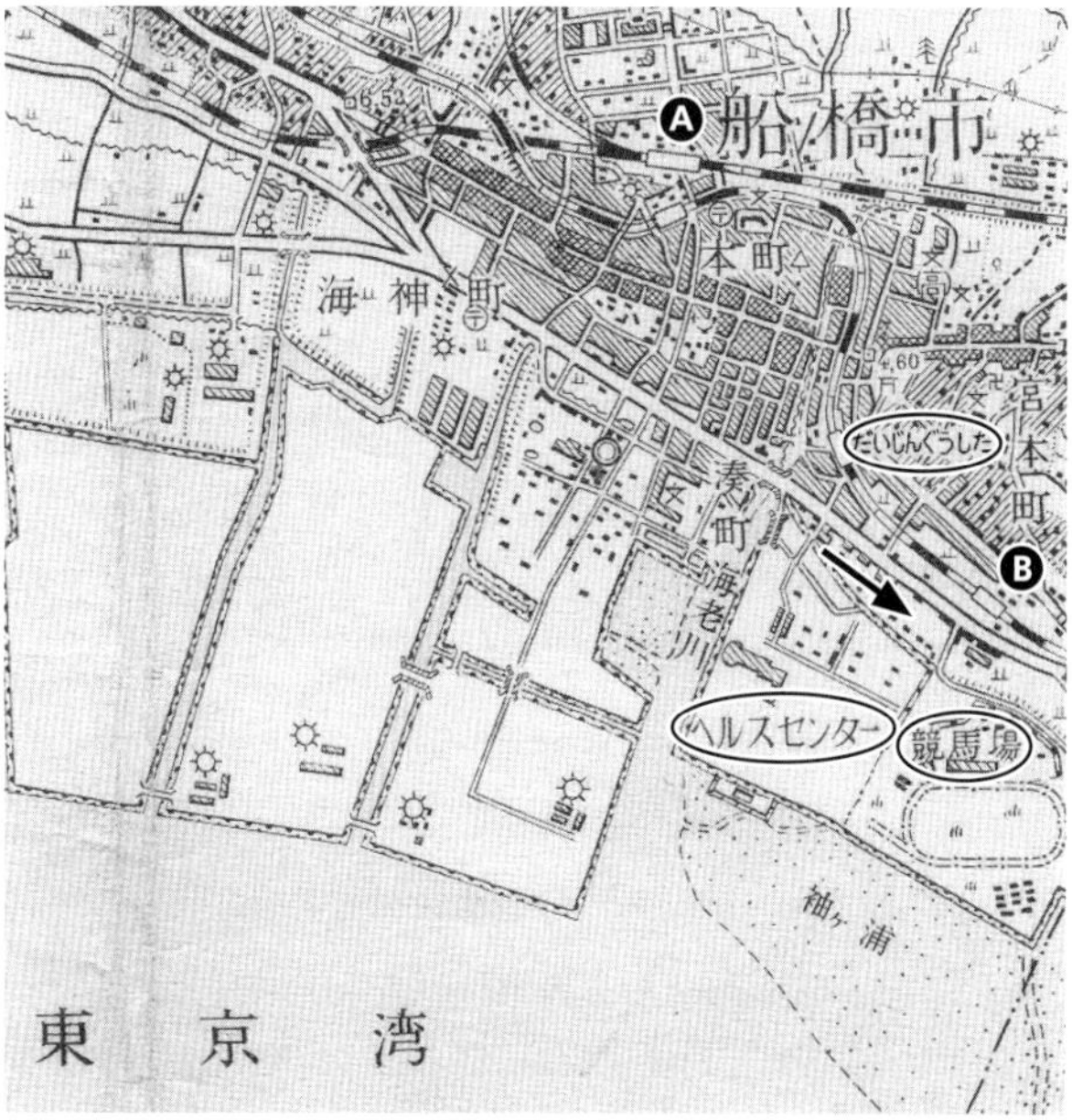

「ヘルスセンター」が明記された図。その下の「袖ヶ浦」は千葉県側の東京湾を表す旧称。
1:50,000「東京東北部」昭和36年資料修正×1.42

ついに二二年の歴史に幕を閉じたのであった。跡地は後になって当時としては全国最大級のショッピングセンター「ららぽーと」に姿を変えることになる。

船橋の旧市街を北から東に大神宮下《だいじんぐうした》駅（43頁地図）までぐるっと回り込むのが京成電車だが、ここから京成の鈍行に乗ろう。大神宮とは船橋大神宮のことで、正式には「意富比《おおひ》神社」というが、明治時代にはここに洋式灯台（灯明台）が置かれたそうだ。それほど高い建造物であったわけでもないので、いかに船橋の旧市街地が海に近かったかがうかがえる。

大神宮下は下町情緒の漂う古錆びた小駅だが、緑とベージュの電車がブイーンと古モーターの唸《うな》りを上げて近づいてきた。床のニスとブレーキの鉄粉が混じり合った、まさに伝統的な電車のにおいが鼻をつく。

「次はー、船橋競馬場前」という車掌の

案内放送が聞こえた。船橋競馬場とヘルスセンターの最寄り駅である（43頁地図上Ⓑ）。その後昭和三八（一九六三）年には「センター競馬場前」と改称されるが、ヘルスセンターなき後は、船橋競馬場駅（「前」はつかない）に変わった。この駅は昭和二五（一九五〇）年以前は京成花輪《はなわ》駅といったが、意外にもここから一・二キロのひと駅の支線（京成谷津《やつ》支線）が谷津遊園地駅まで延びていたそうだ。ただしこの線は昭和二（一九二七）年から同九年までと非常に短命であったためか、地形図上にもほとんど載らなかったようで（昭和四年修正のものにもなぜか載っていない）、そのルートの詳細はわかりにくい。一万分の一市街図などを見るとかつての遊園地近くに京成電鉄総合体育館があるのだが、このあたりが駅だったのだろうか。

谷津遊園（45頁地図上Ⓒ）はヘルスセンターのように工業用地として埋め立てられたのではない。こちらは塩田だったそうだ。初代津田沼村長の伊藤彌一《やいち》さんが中心となって開拓したので伊藤新田と呼ばれていたのだが、大正六（一九一七）年の台風被害で壊滅状態となり、そのまま放置されていた土地を京成電気軌道（現京成電鉄）が大正末に買収して遊園地を造ったのが始まりである。しかし昭和五七（一九八二）年に閉園、現在ではその前にわずかに残った谷津干潟が野鳥の楽園としてラムサール条約登録湿地となり、にわかに有名になった。

その何百倍もの広大な干潟が残っていた昭和三二（一九五七）年に話を戻そう。谷津遊園の駅（千葉街道の「道」の字の右下の駅、現谷津駅）で子供連れのたくさんの客が賑やかに

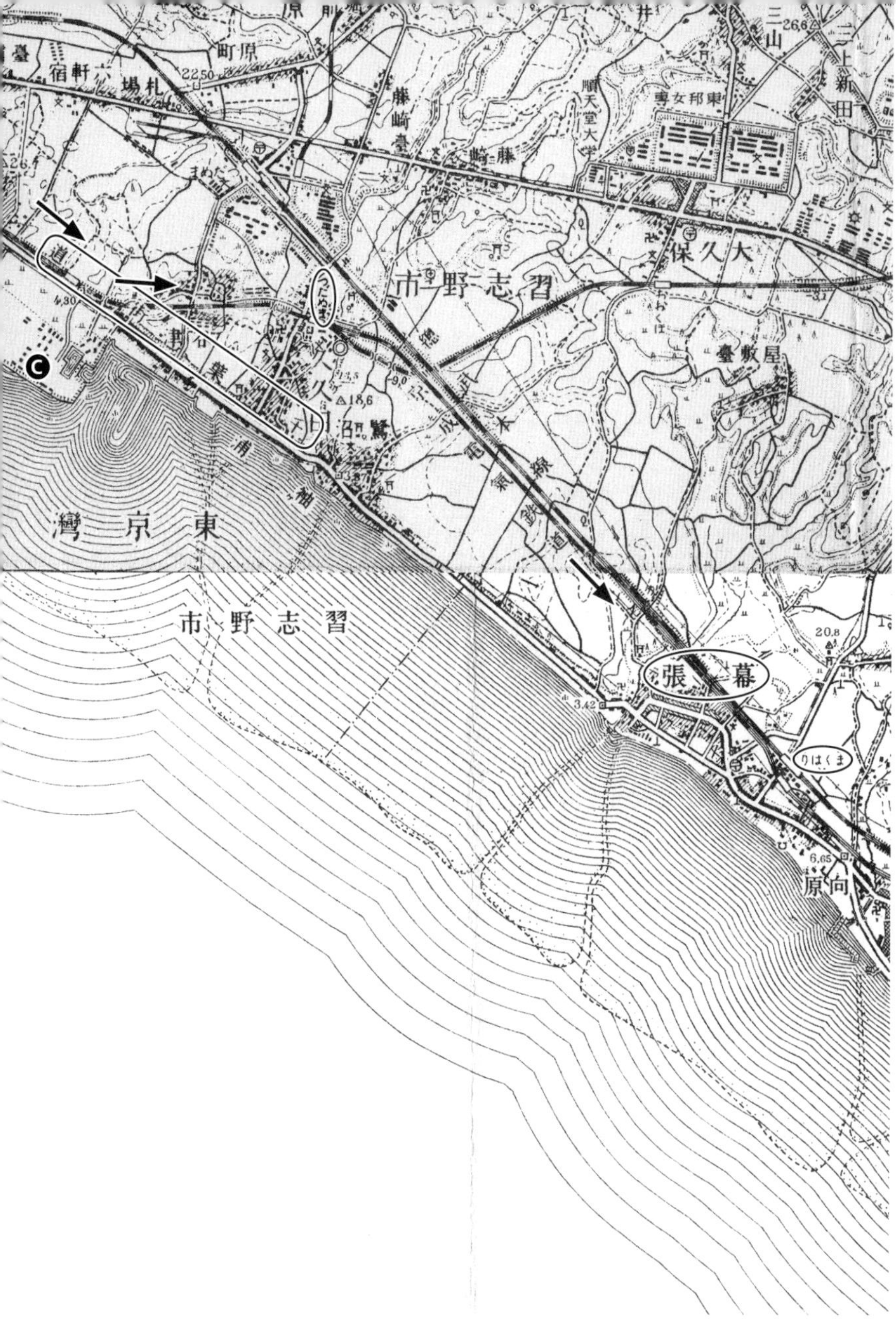

谷津海岸から千葉市までまったく埋立地が存在しなかった頃。千葉街道（現国道14号）は潮風に吹かれる道であった。
1:50,000「佐倉」昭和26年応急修正（同29年発行）＋「千葉」昭和26年応急修正（同32年発行）×1.05

降りていった後、車内は急に静かになった。

幕張という名の由来

次は京成津田沼《つだぬま》駅である（45頁地図）。ここで京成千葉行きに乗り換え、京成幕張《まくはり》の駅で降りた（47頁地図）。図に「まくはり」とある国鉄駅の南にあるのがそれだ。平成の諸氏には信じられないことかもしれないが、ここからは歩いて数分で遠浅の海である。駅に降り立つともう潮の香りはまぎれもなく海辺で、思わず早足になったものだ。メッセのメの字もない頃だ。今はオフだが、海水浴や潮干狩りのシーズンにはたくさんの人でごった返す。群馬、長野、山梨県などの内陸県からの人も含め、年間数十万人がここへ集まってくるという。半端な数ではない。

小さな商店が何軒か並ぶ通りを二〇〇メートルばかり行くと千葉街道にぶつかるが、その向こうはすぐ海だ。ここで左折して千葉方面へ歩いてみることにした。最近はだいぶ自動車も増えたようで、ダットサンやマツダのオート三輪が何台か続いて目の前を通り過ぎていった。自動車交通用にはできていない道だからとにかく狭い。パッパカパーとクラクションを鳴らされるたびに道の脇へよけなければならないのは煩わしいが、それでも広々とした海が街道沿いのどっしりした構えの家の向こうにずっと眺められるのは悪くない。

さて、幕張は昔は「馬加《まくわり》」と書いたこともある。そもそもの大昔は「幕張」だったそうだ

東京湾は昭和40年代から大々的に埋め立てられ、海岸線は約2.5〜2.8㎞ほど前進した。
その埋立地が現在の美浜区である。経緯を考えるとなかなか微妙な区名である。
1:50,000「千葉」昭和26年応急修正（同32年発行）×1.3

が、室町時代前期に千葉（馬加）康胤《やすたね》という人が幕張大明神を馬加大明神と改号、郷名も馬加郷に変えてしまったのだそうだ。その後は馬加村としてずっと地図にも記載されていくのだが、明治以降、また幕張に戻った。

地名事典には「幕張」復活の理由について触れていないが、私としては馬加が「バカ」と読まれるのを防ぐ配慮だと推察している。そういえば、津軽半島の十三湖あたりの地形図をつらつら眺めていた時、まさに馬鹿川というのを発見したことがある。何と読むのか地元の中里町《なかさとまち》（現中泊町《なかどまりまち》）役場に確認したところ、こちらはそのものズバリ、「ばかがわ」だという。その由来は「ほとんど流れがなく、風向きによってどちらにも流れるから」とのこと。ひとつ利口になった。

さて、千葉街道である。ほどなく花見川《はなみ》（武石の「石」の字を通って南下する黒線）を渡って検見川《けみがわ》〔検見川〕の集落に入った。平成四（一九九二）年からは花見川区という区名にもなっているが、この川は昔、「けみがわ」と読んだらしい。神戸の六甲山《ろっこう》と武庫川《むこ》が元はどちらも「むこ」であったという説を思い出す。花見川はもとは流域も狭い小さな川だったのだが、古くは江戸時代から印旛沼《いんば》の干拓のために沼の水をここへ流す計画があったという。

結局は工事半ばで断念されていたのだが、戦後になって洪水防止と京葉工業地域への用水確保のために上流部をさらに開削、印旛沼に接続した。その際、本来北流して沼に注いでいた新川という小さな川は南に逆流させられ、これを分水界越しに花見川の上流と結び、印旛沼から東京湾へ水を流せるようにしたのである。上流部は今でも新川というが、そこには逆水橋などという橋も架かっていて、それとなく歴史を教えてくれる。

また脇道へそれたが、先へ行こう。千葉街道は検見川から先、まっすぐに砂浜の海岸に沿ってずっと千葉市街まで続いていく。陸側は崖が続いていて、左側に分岐していく道はすべて坂道だ。気分転換にそれらの坂を少し登れば、海の景色が大きく広がってとても気持ちがいい。

相変わらず交通量は多いが、ずっと海沿いの千葉街道を西登戸《にしのぶと》の駅（47頁地形図では総武本線「にしちば」駅のすぐ下の無名の駅）まで歩いた。浜には大きめの休憩所がある。これは地形図にも載っている。海岸からにょきっと突き出したものがそれだ。カコミの線が途切れているのは「壁のない建物」の記号である。今の季節は閉まっていて人影はない。

さて、そのひとつ手前の黒砂《くろすな》（現みどり台）駅は四回も駅名を変えた駅である。まず大正一二（一九二三）年に「浜海岸駅」として開業、その後第二次世界大戦中の昭和一七（一九四二）年に東京帝国大学第二工学部が進出したのに伴って千葉寄りに移転して駅名を「帝大工学部前」と改称、戦後の昭和二三（一九四八）年には「工学部前」、そして同二六年に「黒砂」となり、さらに同四六年に「みどり台」と四回の改称を経て現在に至っている。

ちなみに第二工学部は普通の工学部とは異なり、軍事技術者養成のために軍部の要求に従って開設されたものだ。現在は千葉大学のキャンパスの隣の敷地に東大生産技術研究所千葉実験所として存続している。

ずっと海を見ながら歩いてきたが、少し疲れたのでこのへんで電車に乗ることにしようか。誰もいない浜の葭簀《よしず》に砂がさらさら飛んできて音を立てている。海の見える坂道を上れば京成電車の西登戸駅だ。一〇メートルも上ればずっと沖まで広がっている干潟が見える。たくさんの鳥が舞い降りて、ゴカイだか何だか、餌をついばんでいるようだ。それにしても、この風景が後の世には見渡す限りの団地に変貌するなど、誰が想像しただろうか……。

ちなみに、この広大な干潟が埋め立てられてできたのが千葉市美浜区（平成二八年一月現在の人口は約一四・八万人）である。全国広しと言えど、全域が埋立地の区はここだけだ。

昭和26年の地図(47頁)と比べると、どれほど埋め立てられたかがわかる。
1:50,000「千葉」平成12年修正×1.32

西南西へ進路をとれ

西国街道に見た阪急の戦略・行基の足跡

関西の鉄道は、大阪を中心に放射状に延びている。東京や名古屋でもあてはまるように、これが鉄道の常道である。しかし、はるか昔から存在する街道の中には、大阪には関心がありません、という進み方をする主要街道もある。たとえば西国《さいごく》街道がそうだ。

西国街道とは、京都の東寺口《とうじぐち》から西宮《にしのみや》へ向かう道だ。そのルートだが、京都を出発した西国街道は、まず山崎の隘路《あいろ》を抜けて高槻《たかつき》に入る。ここからは東海道線などの鉄道がいずれも大阪へ向かうのに対して、西国街道だけは一路箕面《みのお》を目指すのである。街道はそのまま西南西の方角を指したままゆるやかに弧を描きながら猪名《いな》川と武庫《むこ》川を渡り、西宮で大阪から来た山陽道（中国街道）と合流、ここからは東海道線や阪急、阪神の線路に沿って神戸方向を目指す。西宮から西側も含めて西国街道と称することもあるので少々紛らわしい。

江戸の雰囲気漂う街道

昭和一〇（一九三五）年春のことである。陸地測量部発行の五万分の一地形図を見ながら、以前から気になっていた西国街道を箕面村から西宮市まで歩いてみようと思い立った。この区間は細かな曲折はあるものの、ほぼ一直線のルートだから地形図の中にあって実に目立つ。古い道だから最近の東海道のように近代化も激しくなく、江戸時代の雰囲気が随所に残っているることが期待できるのである。

梅田《うめだ》駅からは宝塚《たからづか》行きの阪急電車に乗ろう。正式名称は阪神急行電鉄（現在は阪急電鉄）の宝塚線で、たしか大正の中頃までは「箕面有馬電気軌道」といったはずだ。今日は石橋《いしばし》駅で箕面行きに乗り換える。駅に着く直前で分岐するのは珍しく、いわゆるマタサキ駅という。阪急は沿線観光地の売り込みが積極的だ。梅田駅には次のような文面の自社ポスターが掲げてあった。

桜に紅葉に四時の興味深き
　—みのお公園
壮快無比のロープウエイで
　—六甲登山
我国唯一の家族的大遊覧場
　—宝塚新温泉
世界的に名を謳はれた

平尾
箕面村
新稲
西小路
牧落
中尾
園藝校
中町
櫻井
箕面線
待兼山
△77.3
浪花高校
野畑
櫻井谷村
小路
内田
柴原
刀根山
豊能
千里
中學
藥學專門校
女學校
麻田
箕輪
豊中
南新免
豊中町
能勢街道
走井
山ノ上
岡町
櫻塚
勝部

南東から北西へ走る宝塚線は阪急のルーツ・箕面有馬電気軌道が明治43（1910）年に開業した最初の路線。
現豊中市・箕面市での宅地開発は、私鉄沿線開発のビジネスモデルとなった。
1:50,000「大阪西北部」昭和7年要部修正×1.43

石橋の次が桜井《さくらい》〔櫻井〕駅だが、駅前を西国街道が通っているので、起点はここにしよう（54頁地図）。小さな桜井駅に降り立つと、もう西国街道だった。さっそく西へ向かう。駅前は新興住宅地だが、ここが大正一一（一九二二）年に大正住宅改造博覧会が行われた桜井か、と思い出した。しかし街道は間もなく典型的な摂津《せっつ》の農村風景となる。ここは半町《はんじょ》の村で、歴史はだいぶ古いが、今は箕面村の大字になっている。

しばらく行くと、右手にお寺卍が二軒見えた。地形図によれば、この寺の脇の細道は果樹園〇の中を通って園芸学校へ通じている。近くの桜〔櫻〕村が中世からの林檎の産地として知られているように、このあたりは近年桃や無花果《いちぢく》、葡萄《ぶどう》などの果樹栽培がだいぶ盛んだ。果樹園芸農家の子息たちの育成のために創立された学校なのだろうか。

ひと連なりの農家が途切れた田んぼの先で道が分かれている。右は池田町への道である。ここで北豊島《きたてしま》〔北豊島〕村に入ったはずだ。この村は今は豊能《とよの》郡に属するのだが、郡の統合前は豊島郡と能勢《のせ》郡だった。郡名も頭文字をつなげた安易なものだが、村名も「豊島郡の北部」というだけのことで、きわめて便宜的だ。もちろん豊中《とよなか》町（のち豊中市）も「豊島郡のまん中」である。

ここから街道は南下し、すぐに阪急箕面線の踏切を渡る。近頃の高速電車は、こんな郊外でもみんな複線だ。設備過剰ではないかと心配になるが、将来の大発展を見越しての投資ということなのだろう。なるほど最近は沿線の分譲住宅の売り出しが目立つ。箕面村の人口も大正九（一九二〇）年に四五二〇人だったのが、昭和一〇年には九八九五人という激増ぶり。宝塚少女歌劇を大成功させた阪急の小林一三《いちぞう》さんのやることはいつも革新的だから、やはり勝算あってのことだろう。聞くところによれば、昭和二（一九二七）年に開通した小田原急行も、相当な田舎を走るのにもかかわらず全線複線だそうだ。

標高七七・三メートルの待兼山《まちかねやま》の裾を通るあたりに石橋の駅がある。宝塚線と箕面線の分岐点で、つい先ほど乗り換えてきたばかりである。ここからは西国街道をずっと西宮まで走るバスもある。一五・四キロを五〇分で結び、運賃は五五銭ナリであるが、もちろん私は歩いていく。溜池のある谷間に奥まった浪速高校（のちの大阪大学教養部。地図中の「浪花」は誤り）への細道を左に分けて街道は少し南へ回り込み、また阪急の踏切を渡るとすぐ能勢街道との交差点になる。能勢街道は江戸時代から除厄開運で有名な妙見山《みょうけんさん》詣での人で賑わう道で、阪急宝塚線や能勢電気軌道（現能勢電鉄）もこの道に沿って敷かれた。

二つの重要な街道が交差するわりには意外に寂しい四辻をさらに西へ向かう。中之島《なかのしま》、北《きた》轟木《とどろき》、北今在家《きたいまざいけ》と小さな集落が続くが、その北今在家からひょろひょろと南に延びている農道を行けば小阪田《おさかでん》の村に至る。このあたり、昭和一〇年では見渡す限りの水田が続く広々とした眺めの土地だが、その後激変する。木津川尻《きづがわじり》にあった旧大阪飛行場が煙霧多発のため不適とされ、その代替地としてここに昭和一三（一九三八）年、新飛行場の建設が始まるのである。そして翌年大阪第二飛行場として完成、戦後の米軍接収解除後は大規模に拡張され、大阪国際空港（伊丹空港）として頻繁に飛行機を飛ばすことになるのだが、この当時は誰もそんなことを、普通の人が飛行機に乗る世の中が来ることなど予想もしていない。全域が空港ターミナルの敷地となった小阪田の村は、昭和一三年の飛行場工事の際に解村した。

北今在家の村を抜けるとすぐ箕面川の木橋を渡るのだが、地形図に砂地のような点々で表示されているように、水は流れていない。竹藪《たけやぶ》で覆われた土手のあちこちに、菜の花の黄色が彩りを添えている。木橋の欄干にもたれて春の小景に見とれていると、自転車に乗ったおかみさんがチャリンチャリンとベルを鳴らして通り過ぎていった。この川はふだんは砂礫《されき》層に浸透した伏流水となっているが、雨が降ると地面の上も流れるようになるのだろう。

天下の台所と作物

いつの間にか府県境を越えて大阪府から兵庫県に入っていた。このあたりはずっと摂津国なのだが、府県境は同国内の豊島郡と川辺《かわべ》郡の境に定められた。下河原《しもがわら》の集落を抜けて猪名川を軍行橋《ぐんこう》で渡る。近所のおじさんに尋ねたところによれば、この橋の名前は、彼がまだ二〇歳前後だった明治四四（一九一一）年にこのあたりで行われた陸軍大演習で架けられたことによるそうだ。江戸時代などは歩行《かち》渡りだったそうで、なるほど地形図によれば橋直下の水深は七〇センチとあり、水が少なければ裾を端折ってじゃぶじゃぶ渡れたのだろう。

街道は堤の上を少し南下し、やがて福知山線の踏切を渡り、伊丹町《いたみ》への道を南に分ける、北村《きたむら》、伊丹坂、大鹿《おおじか》、千僧《せんぞ》の集落を経ると昆陽《こや》の村だ（60頁地図）。今は稲野《いなの》村（のち伊丹市）の中心で、役場○もこの街道沿いにある。

このあたりも果樹園が目立つ。大消費地の阪神地区をすぐ近くに控えた地の利に支えられた近郊農業といっていい。近郊農業といえば、江戸の昔も大坂（大阪）周辺では油を採るための菜の花畑や綿の畑がたくさんあったが、これも天下の台所を間近に控えていたからこその土地利用だ。もちろん、これらの畑には蝦夷《えぞ》地から北前船で運ばれた魚肥がふんだんに使われていた。司馬遼太郎流に言えば「経済はすでに全国規模で沸騰していた」のである。

昆陽村の北側には、数ある溜池の中でもひときわ大きな昆陽池が広がっている。ちょっと池まで寄り道してみた。岸の芦原が春の風にそよぎ、足元は蓮華《れんげ》の群落が広がっている。昔から歌枕の地として有名だったそうで、豊かに水を湛《たた》えた池の向こう岸には子供が三人、釣糸を垂れている。池が築造されたのは天平三（七三一）年の昔で、かの行基が造ったという。その先の寺本《てらもと》にある昆陽寺（60頁の地図で「寺本」の「本」の字の下の卍）もやはり行基の創建だそうで、江戸初期の絵図にはその名もズバリ「行基堂村」として載っている。

この私の徒歩旅行から何十年も経った後、昆陽池は大変身を遂げた。半分ほどが埋め立てられ、残った池の周辺も自然公園となり、池の中には何と日本列島の形をした「野鳥の島」

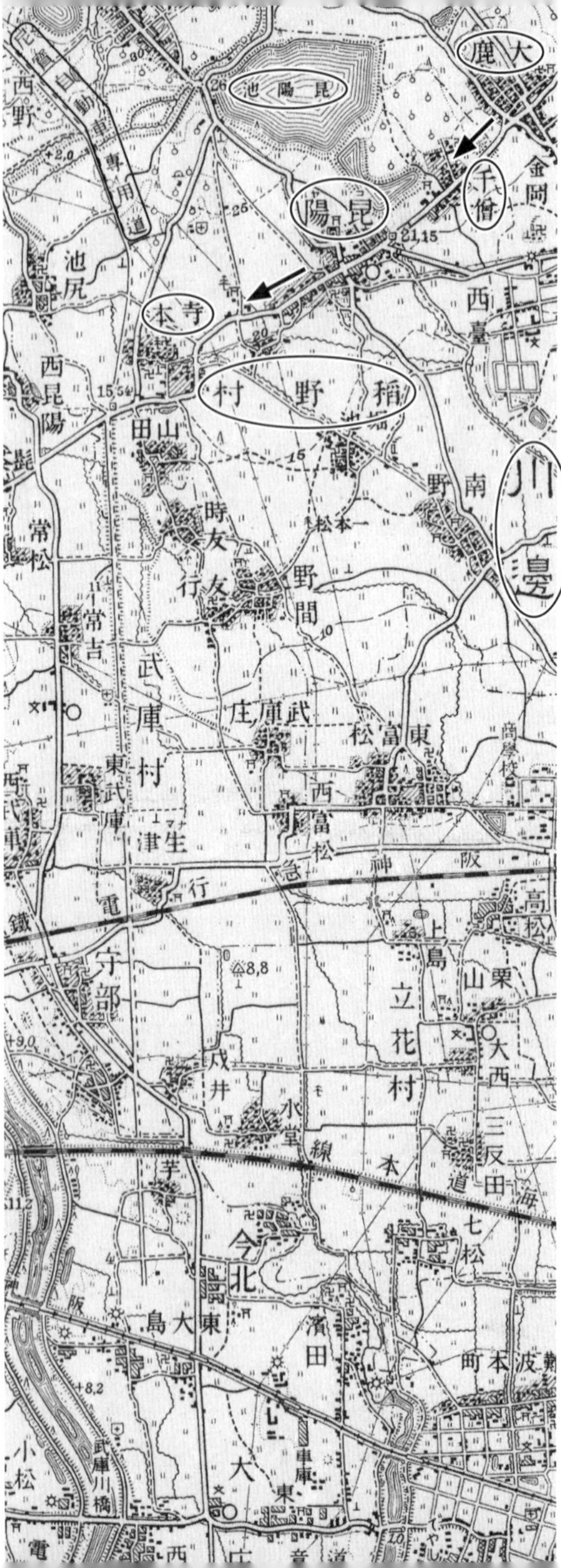

右ページ左側を南北に貫く直線的な道路が、阪急vs阪神のバトルにからんで未成に終わった宝塚尼崎電鉄の「夢の跡」。1:50,000「大阪西北部」昭和7年要部修正×1.13

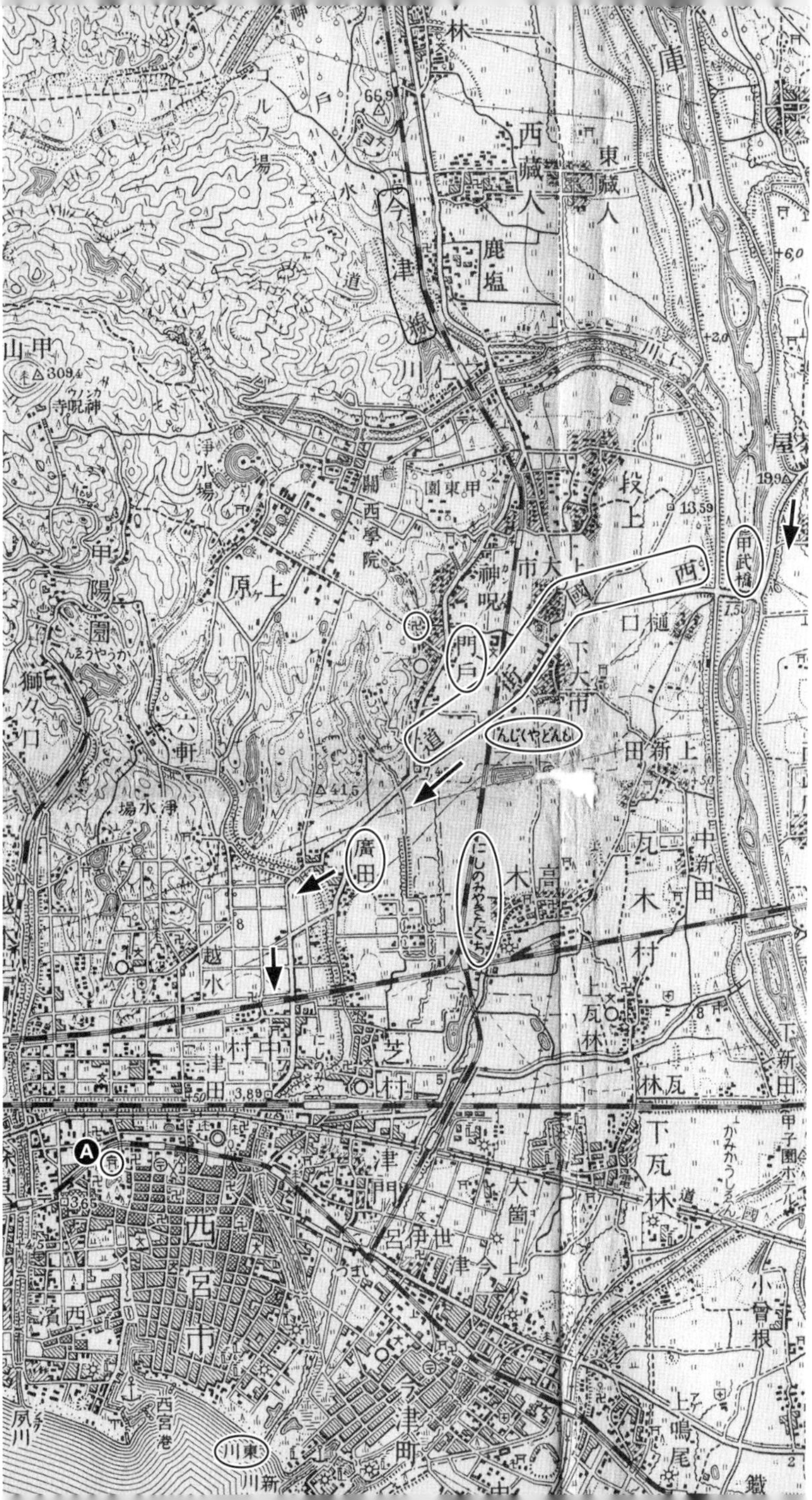

今津線
西國街道
門戸
廣田
にしのみやきたぐち
もんどやくじん
甲武橋
東川
ゴルフ場
西藏人
東藏人
鹿塩
甲山
309.4
神呪寺
浄水場
関西學院
甲東園
上ヶ原
段上
大市
神呪
樋口
下大市
上新田
甲陽園
かうやうゑん
獅子ヶ口
六軒
41.5
高木
瓦木村
中新田
上瓦林
越水
中村
津田
芝村
にしのみや
瓦林
下瓦林
津門
大箇
西宮市
今津町
鳴尾
小曽根
甲子園ホテル
かみかうしえん
西宮港
夙川
新川

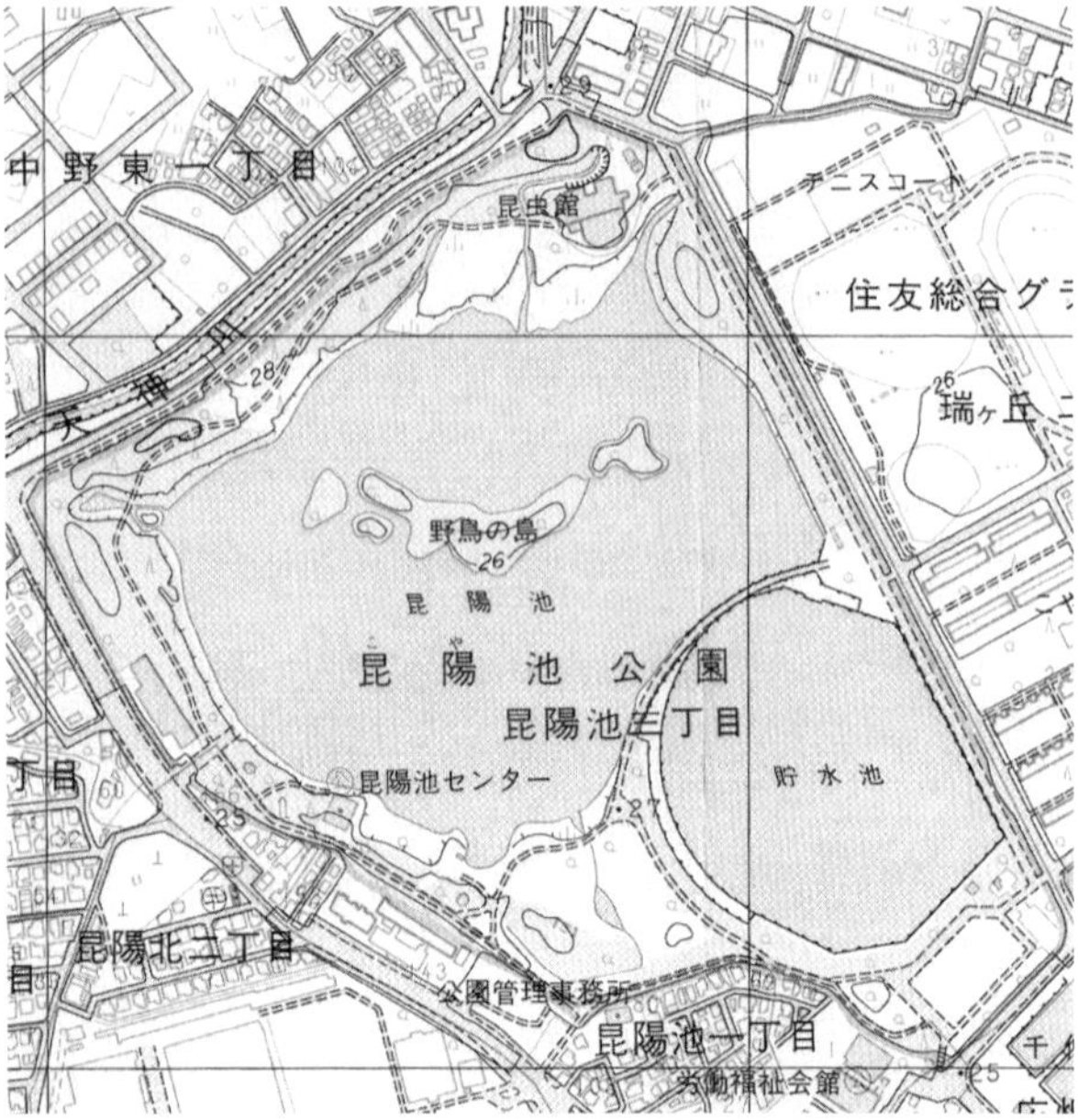

空から日本列島を鑑賞してもらうために……。
1:10,000「伊丹」平成3年修正×1.23

が造られている。伊丹空港を離着陸する飛行機の乗客に見てもらおうと、あえて日本列島の形にこだわったそうだ。

さて、「稲野村」の「野」と「村」の字の間を通り、南東方向に延びる荷車道にご注目いただきたい。一見何の変哲もない農道にしか見えないし、また現実もその通りだが、飛鳥時代に造られた国家的な重要路だったのだそうだ。

のちに京都大学の足利健亮《あしかがけんりょう》教授が一九九七年のＮＨＫ「人間大学」のテキストに書くのだが、これは大阪の長柄《ながら》橋からまっすぐ宝塚付近へ直線で向かい、有馬温泉に至る古道の痕跡なのだそうだ。長柄橋もやはり行基が造ったというから、この直線道路の存在はいよいよ確かなものらしい。その道の「終点」にあたる有馬温泉は蘇我馬子《そがのうまこ》の時代に発見されたという由緒あるものだ。大化改新の少し前の時期には舒明《じょめい》天皇が、大化改新後には孝徳《こうとく》天皇が湯治に赴いたそうで、その際にもこの直線道路が使われたのではないか、と足利教授は推察している。

寺本の村を過ぎてさらに進むと南北に走る建設中の道路が交差するが、地形図の注記の通り尼宝《にほう》自動車専用道（現兵庫県道42号尼崎宝塚線）で、すでに昭和七（一九三二）年秋に開通している（この地形図は昭和七年要部修正）。関西初の有料自動車専用道で、ここを走るバスは宝塚大劇場の前まで直行している。しかし見ての通り直線的なのは、当初は線路を敷くつもりだったからだ。もともと「阪急のナワバリ」に殴り込みをかけるための鉄道路線として、阪神電鉄が出資する宝塚尼崎電気鉄道が出屋敷《でやしき》（尼崎の西側）から宝塚への路線を計画したのだが、阪急から甲子園方面への新線計画で逆襲されるなど、いろいろあって結局は実現せず、バス化した経緯がある。

武庫川を甲武《こうぶ》橋で渡る時に、春の明るい緑色が鮮やかな六甲の山並みがだいぶ近くなったことに気がついた。しばらく進むと阪急今津《いまづ》線の門戸厄神《もんどやくじん》駅だ。田んぼの中を西へ行けば厄神さんである。東光寺《とうこうじ》の境内にある厄神堂で、「日本三大厄神明王」として参詣者が多いという。61頁地形図では門戸にある甲東《こうとう》村役場○の上に見える卍がそれだ。

門戸厄神駅から阪急今津線に乗れば、阪急神戸線と平面交差する西宮北口駅は隣の駅だ。何の変哲もない農村の、それも目立った集落もないところに複線の電気鉄道の大交差点ができたことは特筆に値しよう。西宮と名が付いているとはいえ、西宮市街とはかなり離れた場所であり、アメリカの大陸横断鉄道の平面交差もかくや、と思える風景なのである。

実は私、この交差点を通過する電車のガタタン、ガタタンという独特の響きをひそかに愛している。この交差点ははるか後年の昭和五九（一九八四）年まで、全国的にも珍しい高速鉄道のダイヤモンド・クロッシングとして、多くのファンに愛された。ここでの電車の通過音を録音したテープを持っている人は意外に多い。

しかし西宮を目指す私は西国街道に従って西南西に進路をとる。広田《ひろた》〔廣田〕という集落からクランク状の道筋になるが、古代の山陽道は西宮などに頓着せずまっすぐ西南西に芦屋《あしや》の方角へ向かっていたようだ。昔はその方角にまっすぐだが細い道が続いていたらしい。阪急本線、省線（JR東海道本線）、そして路面電車の走る新しい阪神国道と阪神電車の線路を相次いで越えると東川《ひがし》という細流に沿った道を歩きながら、西宮の市街地に入る。

間もなく大阪からの山陽道にぶつかった。江戸積みの酒造業がもたらした大きな富を象徴する黒光りした甍《いらか》の波は、西宮のまん中に来たことを教えてくれる。ここから西宮戎《えびす》神社（61頁地図上Ⓐ）にかけてが中心街だ。どれ、「福の神の総本社」に参ってから帰るとしようか。

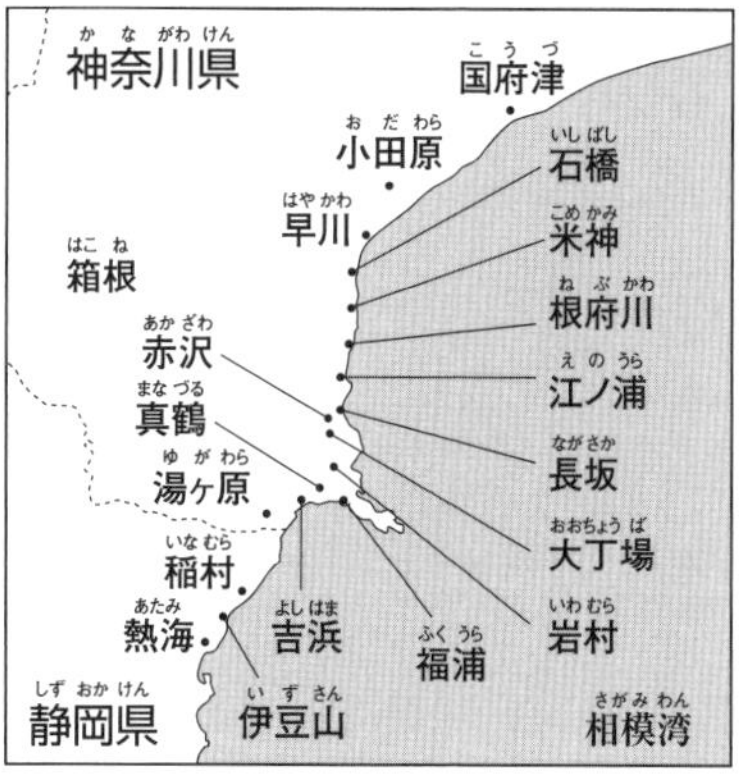

大正時代の軽便鉄道で旅する
芥川龍之介『トロッコ』の舞台

大正一一（一九二二）年三月、三〇歳ながらすでに大家の作風のある芥川龍之介が『トロッコ』という新しい短編を発表したので、鉄道趣味とりわけ小鉄道には目がない私は題名に誘われてさっそく読んでみた。

主人公は雑誌社の二階で校正の朱筆を握っている良平で、この物語は、彼が八歳の時に行われていた小田原～熱海間の海沿いの軽便鉄道の工事現場が舞台だ。

良平は毎日村はずれまで行き、土工たちがトロッコで土を運ぶ様子を飽かずに眺めていた。乗りたい。しかしダメだろうな。乗れないまでもせめて押すことができれば。

ある日良平は「トロッコを一緒に押してもいいか」と土工に恐る恐る尋ねたが、幸運にも許され、それどころか乗ることもできた。

快適にレールを走るトロッコ上で有頂天になって風を感じる良平。

しかし土工たちは途中の茶店で休憩しつつも、どんどん先へ進む。

なかなか元の場所に戻ってくれないのを心配しているうちに、だんだん日も傾いてきた。

そして茶店で土工たちは「われはもう帰んな。おれたちは今日は向う泊まりだから」と宣告する。ガーン。突然取り残されてしまった。涙をこらえて夕暮れの線路を走る良平。

こんな風にあらすじ的に書いてしまうと元も子もないが、子供の頃、日常の領域を越えた時に感じる心細い風景などが見事に描写されている。

良平はどこを通ったか

今回はこの軽便鉄道に乗ってみようと思う。この軽便は当初は熱海《あたみ》鉄道、のちに大日本軌道小田原《おだわら》支社と名を変え、今は熱海軌道組合という。東海道本線の国府津《こうづ》駅から小田原行きの汽車に乗り換えた。小田原の終点までたったひと駅一〇分の道のりだが、これが大正九（一九二〇）年にできたばかりの熱海線で、今年の暮れには真鶴《まなづる》〔眞鶴〕まで開通するらしい。計画では熱海を経由して五マイル（約八キロ）にもなる丹那《たんな》山隧道（のちの丹那トンネル）で沼津《ぬまづ》へ抜け、これが新たな東海道本線になるという。隧道工事は数年前に始まったが、最初から難航しているようだ。小田原の駅前で小田原電気鉄道（のちの箱根登山鉄道）の電車に乗れば軽便乗り場の目の前に停まるらしい。小田原の市街を城を回りながら屈折して進めば、ほどなく「熱海方面はお乗り換え」という車掌の声で我に返り、降り口へ向かった。

軽便の路面軌道は、電車道たる東海道から左へ直角に分かれているが、この街道が今後軽便とつかず離れず終点までつき合う「熱海道」である。古来数多くの湯治客たちがこの六里あまりの険路を歩いたはずだ。二五キロほどだが、徒歩の昔は悪路だったこともあり、ほぼ丸一日かかったという。

それが明治になって人力車が登場すると五時間に縮まり、さらに熱海鉄道の前身たる豆相《ずそう》人車鉄道が登場して三時間五〇分ほどに短縮された。しかも運賃は人力車時代の一円が、「人車鉄道」の下等なら半額の五〇銭と格安になって喜ばれたそうだ。

人車鉄道というのを後世の人々に説明しなければならないが、何のことはない、人力客車である。この豆相人車鉄道こそ日本初の人車鉄道なのだが、四〜六人乗りの小さな客車を二、三人の人夫が押し、下り坂になると彼らは飛び乗り、ブレーキをかけつつ下っていく。ブレーキのタイミングが悪いと急カーブで簡単に脱線転覆してしまったというが、普通の汽車などと違って、人力車に毛の生えたようなものだから、脱線しても「イテテテ、おい君、気をつけてくれたまへ！」「ヘエ、すんません」ぐらいで済んだ。

しかし人車鉄道は予想以上に人件費がかさんで収益が上がらなかったので、会社は動力化を計画し、小型の蒸気機関車の導入を決定した。同時に軌道もこれまでの六一〇ミリから七六二ミリに広げ、軽便鉄道に変身させたのである。工事の完成は明治四〇（一九〇七）年だが、『トロッコ』はこの改良工事中の話だ。

さて、『トロッコ』の舞台を特定してみよう。具体的な地名があまりないので難しいが、「去年の暮母と岩村《いわむら》まで来たが、今日の途《みち》はその三、四倍ある」という記述と、「左に海を感じながら」家へ帰ったことから、良平の家は岩村より南であることがわかる。七、八歳の子供が母親と歩いてくるのだから、家は福浦《ふくうら》か吉浜《よしはま》〔吉濱〕にあったとみていい（69頁地図）。

また、「毎日村外れへ、その工事を見物に行った」のだから、きっと村の通りを路面軌道が走る吉浜よりは、村はずれを走っている福浦と見るのが妥当だ。もっと熱海寄りの村かもしれないが、すぐに山道が控えている村らしいので、その可能性は低い。

さて、良平の村を福浦と見当をつけてみると、土工たちが最初に休憩した茶店は赤沢《あかざわ》〔赤澤〕、そして、土工たちと別れた茶店のある村は「岩村の三、四倍」の距離を勘案すれば江《え》之浦《のうら》しかない。その先の根府川《ねぶかわ》では遠すぎるし、トロッコを停めた目の前に茶店があるといえば併用軌道と考えられる。やはり江之浦だろう。今日これから行くのは下り方向だから、良平が涙をこらえて走った帰りのルートになる。

軽便の小田原駅には一〇時ちょうど発の熱海行きの列車が待機していた（71頁地図）。聞きしにまさる小さな機関車である。軽便だから当然であろうが、高さは省線機関車の半分もないだろう。小さな半径のボイラーの上には細長い煙突、その突端の煤煙除けも異彩を放っている。その機関車はたった一両、たしか二四人乗りと記されていた客車を従えてしゅー、しゅー、と息を吐いている。一〇時ちょうど。ピーという汽笛とともにわが軽便汽車はゆっくり発車した。

まだ人車鉄道であった頃の真鶴〜門川（湯河原）付近。現在のJR湯河原駅はBの西方「城堀」のあたり。
1:50,000「熱海」明治29年修正×1.42

時刻表によると、駅は小田原から順に早川・石橋《いしばし》・米神《こめかみ》・根府川・江ノ浦（江之浦）・長《なが》坂《さか》・大丁場《おおちょうば》・岩村・真鶴・吉浜・湯ヶ原《ゆがわら》（湯河原）・稲村《いなむら》・伊豆山《いずさん》・熱海の一五駅で、途中の根府川には一〇時四〇分、湯ヶ原一一時四五分、終点熱海が一二時二六分という。

これをはるか後世、平成一一（一九九九）年の普通列車と比べてみよう。小田原〜熱海間は急カーブが無数に続いた軽便よりだいぶ短い二〇・七キロではあるが、所要時間の違いは劇的だ。たとえば小田原を一〇時一七分に発車する普通電車は熱海にわずか二三分後の一〇時四〇分に到着する。新幹線「こだま」ならわずか九分だ。まさに神をも恐れぬスピードではないだろうか。大正時代の私がそんな弾丸列車に乗ったら気分が悪くなること必定である。

東京あたりの電車ならこのへんでだいぶ加速しているところだが、この小さな汽車はあくまでゆっくりだ。なにしろ一五・八マイル（約二五・四キロ）を二時間半で走るということは、表定時速六・五マイル（一〇・四キロ）という鈍足である。

箱根の水を全部集めてくる早川の清冽《せいれつ》な流れを専用橋で渡ってまた街道上に戻ると早川停留場に到着する。街道沿いの小さな村だ。早川村の役場を右に見るといつの間にか右側に山が大きく迫っていた。それも見上げる限りミカン山である。浜との間は松の木が点在しているので海は見にくい。村はずれになると急にそれが途切れて岩場の海岸を見下ろして走るようになった。相模灘の太陽はだいぶ高く、漁船が逆光で数艘浮かんでいる。古戦場で知られる石橋の停留場も早川と同様、街道の上だ。その名と関連するのか、このあたりの浜に

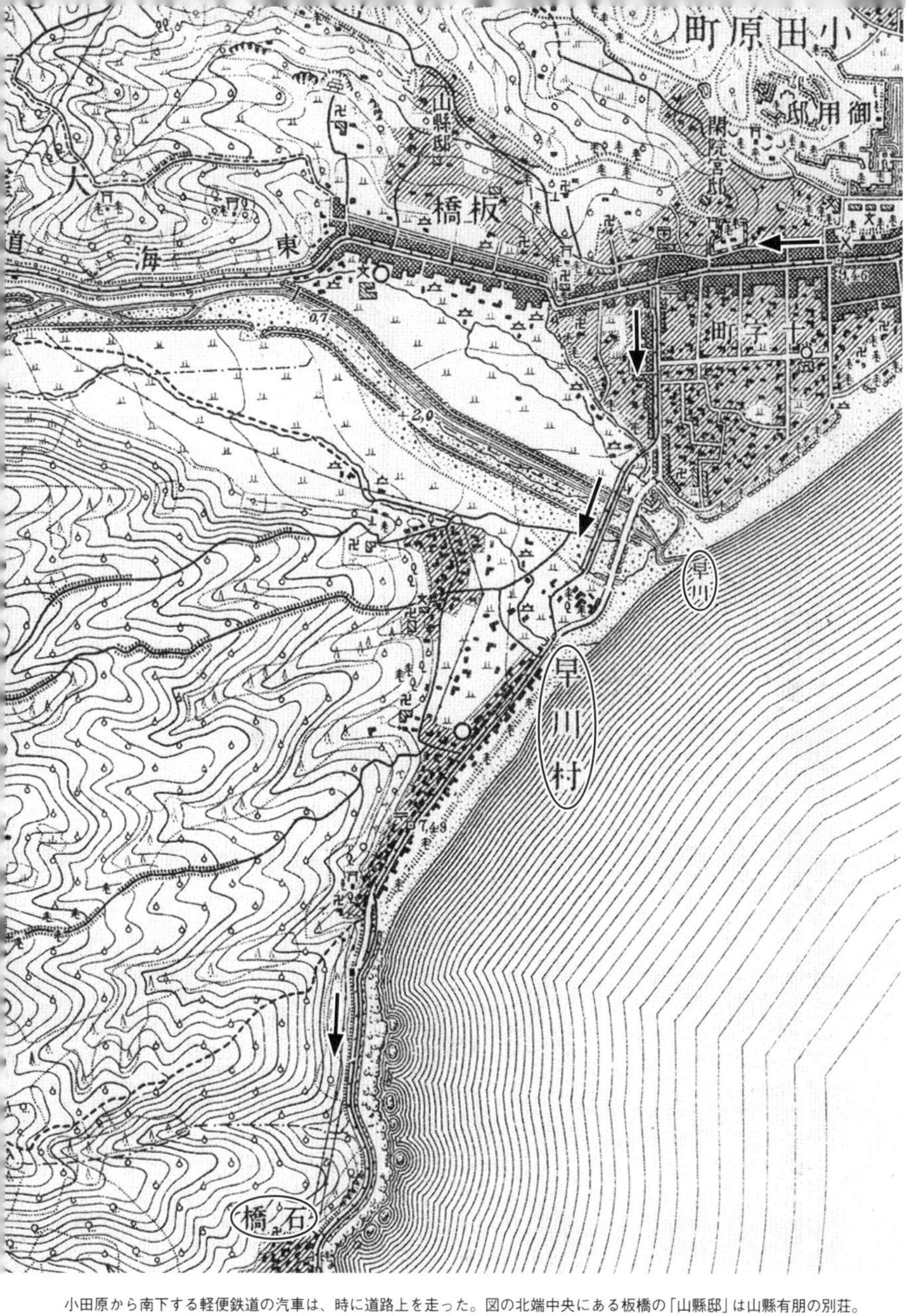

小田原から南下する軽便鉄道の汽車は、時に道路上を走った。図の北端中央にある板橋の「山縣邸」は山縣有朋の別荘。
1:25,000「小田原」大正5年測図×1.55

は尾張徳川家の採石場があったそうだ。石材はこのあたりの名産で、以南の村々もやはり採石業が盛んだという。山側はさっきからずっとミカン山が途切れない。

次の米神からはだんだん高度を増し、海を見下ろす山の中腹の道になってきた（73頁地図）。それとともに車窓には絶景が展開する。米神の村の中ではウソのような急カーブが連続していて、曲がるたびにだんだん高度が上がっていくのがわかる。ここから根府川まではほとんど専用軌道で、まさに龍之介の『トロッコ』の世界である。汽車は止まりそうになりつつも短い息を弾ませながら着実に高度をかせいでいった。

根府川では、集落ごと谷を越える国鉄熱海線の高い鉄橋が完成間近である。ちなみにここははるか後世、鉄道写真の撮影名所となる、あの白糸川橋梁である。朝日に映える上りのブルートレインなどが定番で、見れば「ここか」とうなずく人はきっと多いはずだ。

軽便はそんな高い橋は架けられないから、根府川の村を左に俯瞰《ふかん》しながら深い谷に沿っていったん谷の奥へ西進し、奥まで行ったところで左に急カーブし、再び対岸を戻ってくるといった具合で「遅々として進んでいく」（75頁地図）。この村が大正一二（一九二三）年九月の関東大地震による津波で壊滅することなど、私はまだ知る由もない。

線路が街道上に戻ったところで八八・六七メートルの水準点を通過する。カーブが連続する、上も下もミカンばかりの山の中腹を、はるかに海を見下ろしつつ南へ向かっている。まさに湘南の典型的風景だ。いくつかのカーブを抜けると江ノ浦停留場（村名は江之浦）に着

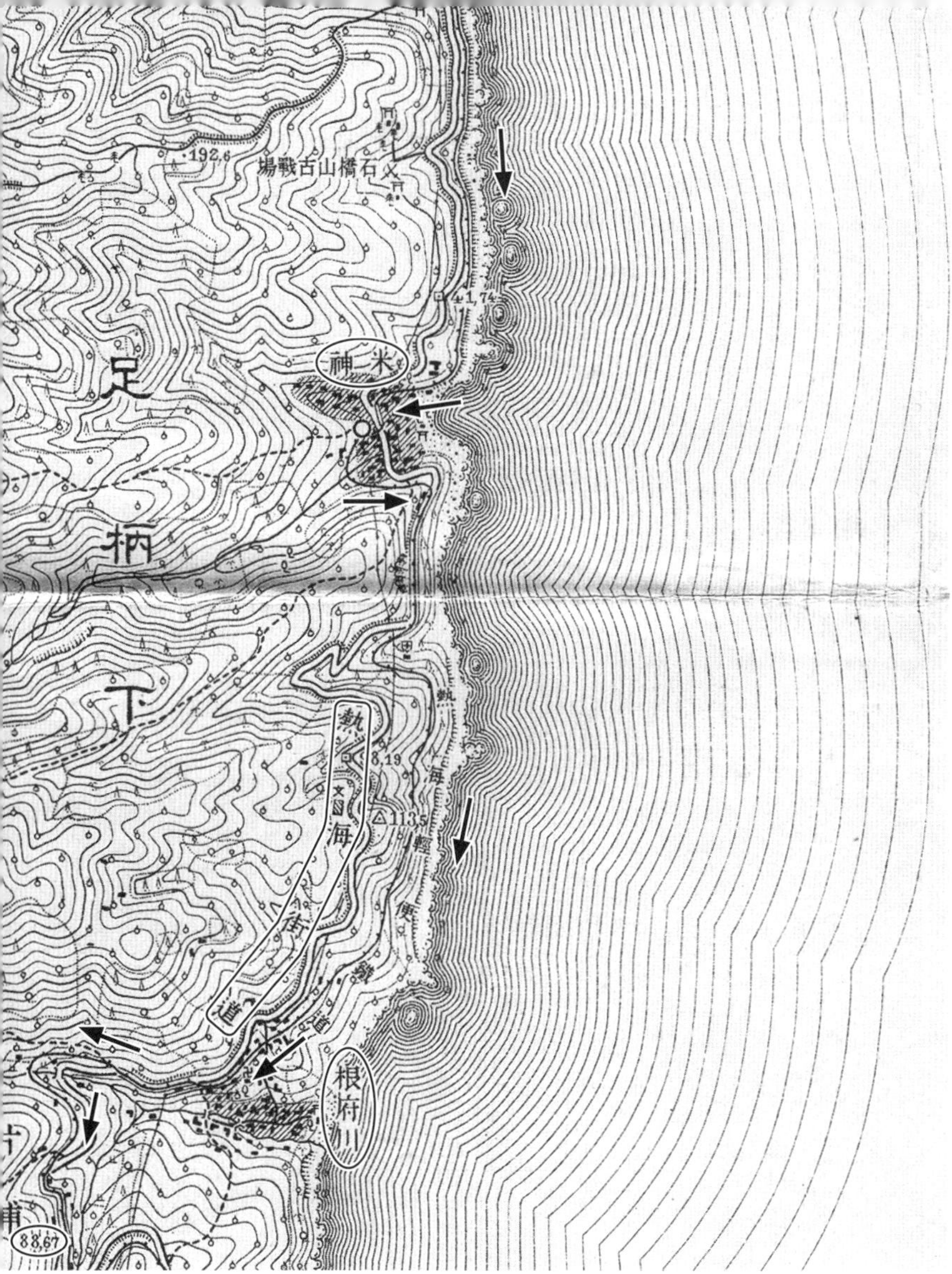

図の下端近くに見える根府川の集落は、図の7年後に起きた関東大震災の山津波（山体崩壊）によって壊滅、その後集落は高台に移転した。1:25,000「小田原」大正5年測図×1.47

く。地形図によればすでに標高一二〇メートルを超えているはずだ。熱海線はずっと下の標高五〇メートルあたりをトンネルをくぐりながら走るので、ここからは工事現場も見えない。

江ノ浦は、ここで『トロッコ』の良平が土工たちと別れた、と私が推定した停留場だ。茶店だったらしいよろず屋的な店もある。すぐ山側には小さな学校文があって、唱歌の時間か、オルガンの音がかすかに響いてくる。停止した列車の中は静かだ。乗客は私の他に一〇人ほどだが、いずれも年輩で熱海や湯河原へ湯治に、といった雰囲気の夫婦連れが目立つ。

車掌の笛がオルガンの音を遮り、機関車の汽笛もひときわ高く響いて発車。熱海線が江之浦トンネルで越えるはずの小さな鼻を越えた先は、沿線で最も高いところを走る。ここにある「相翁《あいおい》ノ松」は、かつて東京帝国大学の学生だった三人が熱海旅行の途次ここで一休みした際、将来の立身出世を誓い合った場所だ。のちに神戸市長、大蔵大臣、日本興業銀行初代総裁となった三人が碑を建てたという美談は私も聞いている。このあたりはミカン畑ごしにはるか下に相模湾を俯瞰する絶景が続く。

小さな鞍部を越えると、岩村の集落に向かって蛇行しながら下っていく（69頁地図）。車窓の山側には石切場がいくつも見えるが、これは石橋と同じように、このあたりの重要な地場産業だ。線路は街道とは分かれて右左にいくつも急カーブをきりながら坂道を下っていく。『トロッコ』の土工たちも、この坂道で土を満載したトロッコを押すのは大変だっただろう。八歳の良平の力でも加われば少しはありがたかったかもしれない。

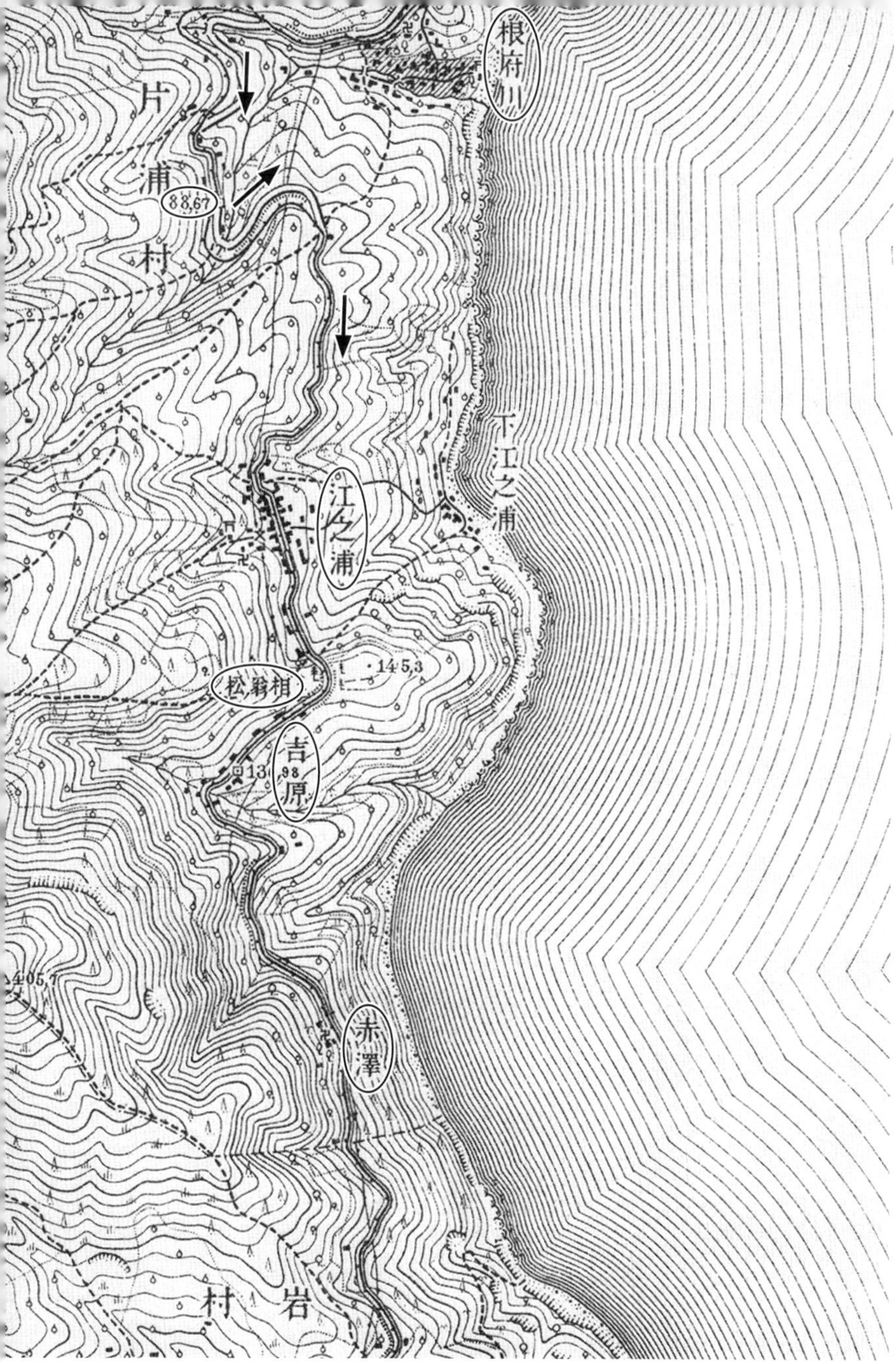

1:25,000「小田原」大正5年測図×1.63

湯河原へ

真鶴の停留場（69頁地図上Ⓐ）はやはり村はずれで、海に面した村に向かって細い坂道が続いていた。駅からは福浦の方が最寄りの村で、この村は当初荒井《あらい》村と称されたが、領内に同名の村があるというので貞享《じょうきょう》三（一六八六）年に改称されたという。

ここで私の『トロッコ』の旅は終わるのだが、泊まるところがなさそうなので、二つ先の湯ヶ原（同地図上Ⓑ）までもう少し乗るとしよう。海がすぐ目の前に迫ってくると、家並みの連なる吉浜の村だ。中心には役場○も郵便局🖂もある。ちなみにこの時代の地形図で郵便局のマークは封筒形だった。電信も扱う局は〒記号である。

江戸時代の加藤曳尾庵《えびあん》という人が『我衣《わがころも》』という紀行文にこのあたりの風景を次のように書いている。「是山下の波打際也。江戸にていふ五郎太石を通歩行す。大成るは茶釜ほど、小なるは焼飯程の石也。甚歩行に難儀也。其間少しの砂道あり。其砂黒くして鉄砂の如し」

海岸の石ころの大きさを茶釜と焼飯（これは焼きおにぎりか？）に喩《たと》えるのも時代である。なるほど砂は黒い。湯ヶ原の停留場は門川《もがわ》の村の湯河原道が分岐するあたりにあった。二組の夫婦客とともに降りて振り返ると、あの小さな機関車が熱海に向けて発車するところだった。軒を接した門川の家並みに煙がかかり、砂利道の上の二本のか細いレールの上を、小さな機関車はゴトゴトと遠ざかっていく。良平君ならずとも、思わず手を振ってみたくなった。

アプト式鉄道と草軽電車を乗り継いで北軽へ

昭和一四（一九三九）年も早いもので盛夏を迎えた。北京近傍の盧溝橋《ろこうきょう》で衝突が起きたのが二年前の七月七日、大陸の情勢は膠着《こうちゃく》状態が続いており、事変がこれからどんな風に展開していくか予断を許さないけれど、内地にはどこか他人事のような泰平の空気も漂っていて、大きな声では言えないが私にも畢竟《ひっきょう》よそ事だ。それより地図愛好家として楽しみにしているのは、五万分の一地形図の「軽井沢」の、新しい昭和一二年修正版を購入、これを見ながら北軽井沢にある叔父の別荘まで、草軽《くさかる》電気鉄道に乗って行こうというものである。

上野から汽車に揺られてしばらく、行けども行けども関東平野の車窓は眠気を生じせしめたけれど、高崎を過ぎて安中《あんなか》、磯部《いそべ》あたりになると、巍峨《ぎが》として聳《そび》ゆる妙義山《みょうぎさん》などが間近に迫ってきて目も醒める(78頁地図)。松井田《まついだ》駅で汽車がゆるゆるとスイッチバック[1]を始めると、おお来た来た！　と期待感が膨らんできた。尋常ならぬ坂道の碓氷《うすい》峠からすれば四〇分の一勾配（二五パーミル。一〇〇〇メートル進んで二五メートルの高度差を生じる勾配）などま

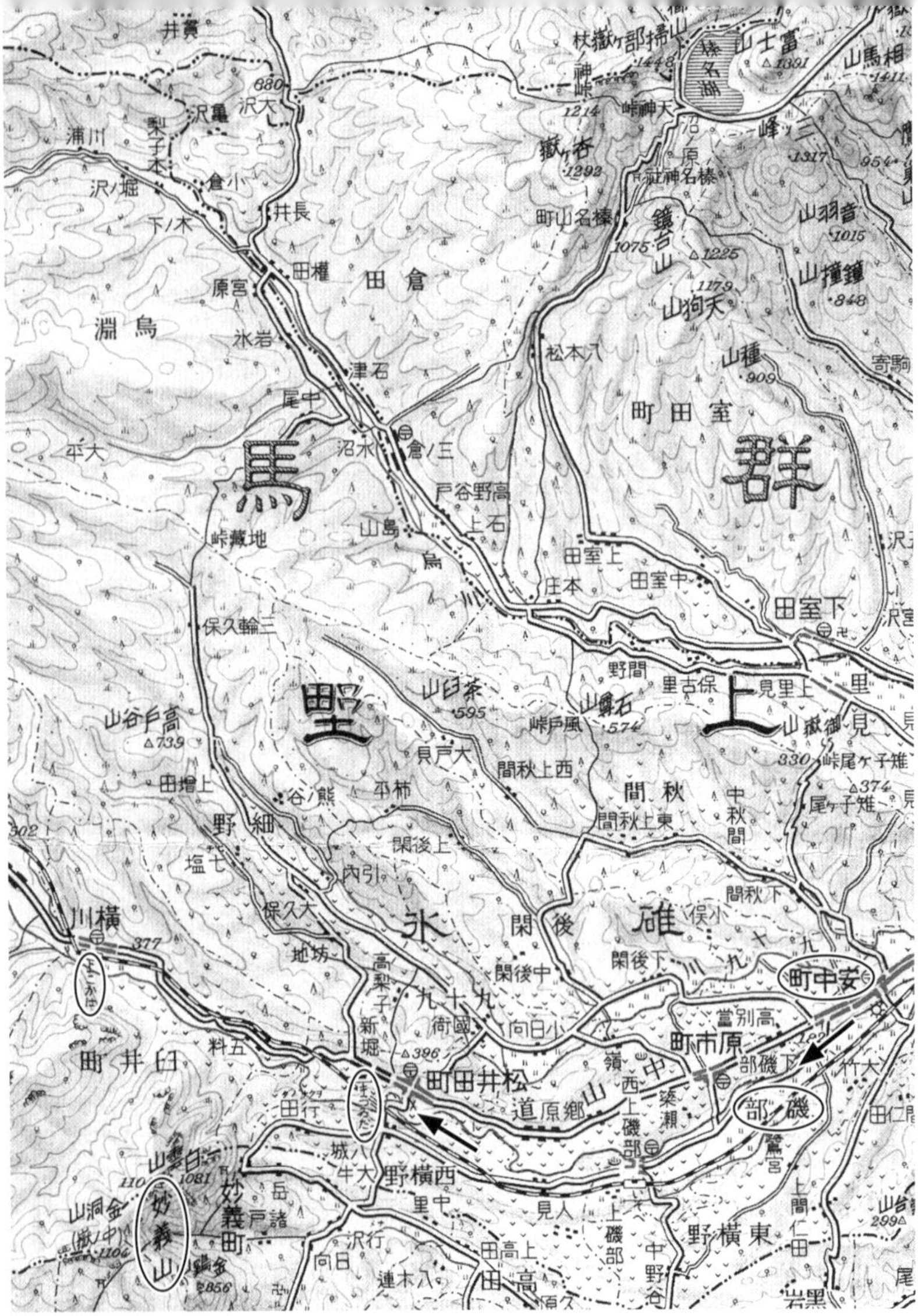

群馬
上野
碓氷
榛名湖
榛名富士山
掃部ヶ嶽
相馬山
天狗山
烏川
倉渕
室田町
榛名山町
三ノ倉
横川
松井田町
原市町
安中町
磯部
妙義山
妙義町
臼井町
秋間
後閑

今回の旅の全体図。松井田駅を通って軽井沢へ行き、そこから草軽電鉄で北上する（カバー参照）。
1:200,000帝国図「長野」昭和11年修正×1.26

だ序の口ではあるが、さしずめ「お山入り」への準備運動であろうか。ここを過ぎてぐんぐん高度を増していくと、次はいよいよ登り口の横川《よこかわ》駅だ。中学時代に信州出身の友人がさんざん歌っていたので覚えてしまった長野県歌「信濃の国」の六番の歌詞。

吾妻はやとし日本武《やまとたけ》　嘆き給いし碓氷山《うすいやま》
穿つ隧道《トンネル》二十六　夢にもこゆる汽車の道
みち一筋に学びなば　昔の人にや劣るべき
古来山河の秀でたる　国は偉人のある習い

だから信州人はこの区間のトンネル数を諳《そら》んじている。汽車の道がいつの間にか「勉強一筋」の話にすり替えられるのは理解し難いが、まあこの歌が作られたのは明治三三（一九〇〇）年、何といっても立身出世物語の時代である。まあいいか。横川駅ではいつものように尻押しの「アプト式電気機関車」[2]を連結するのだが、その間に昼飯として「峠の釜めし」を購入しよう。販売開始が昭和三三（一九五八）年だからこの時はなかったはず？　細かいことは言わないことにしよう。いずれにせよ、販売元は創業明治一八（一八八五）年という由緒正しいお弁当屋さんで、ひんやりと山の気に満ちたプラットホームに降り立ち、煮染《にし》めた声の弁当売りからこれを購入するのは、信州入りに際して欠くことのできない恒例行事だ。

上野から四時間以上もずっと乗りづめでいささか尻が痛く、手足も伸縮を欲している。

ここから軽井沢までの一一・二キロの間に歌詞の通り二六のトンネルをくぐりながら、約五五〇メートルもの高度差をよじ登っていく（82頁地図）。所要時間は途中の熊ノ平《くまのたいら》での列車行き違いを含めれば五〇分程度であるが、開通したばかりの頃はこのアプト式の区間も蒸気機関車、しかも平均時速九キロという超鈍足だったために、七五分も要したという。まるで煤煙地獄だったと先人たちは記録しているが、それに比べれば今は空気清浄で顔もシャツも汚れない天国だ。多くのトンネルに際しても木曽路を走る中央本線などと違って慌てて窓を開け閉《た》てする必要もなく、高原の涼風をほしいままに味わうことができる。

そういえば昨晩は妙な夢を見た。自分が羽の生えた汽車に乗っていて、東京からわずか一時間で軽井沢へすっ飛んでいく夢だ。軽井沢に着く直前で浅間山《あさまやま》を右手に仰ぐところで目が醒めた。それにしても荒唐無稽すぎてお話にもならない。飛行機の速さで線路を走る汽車など、逆立ちしたって実現しようはずもないではないか。

携えてきたのは三年前の昭和一一（一九三六）年に出たダイヤモンド社の『旅窓に学ぶ』東日本篇である。車窓風景や沿線情報を実に詳細に書き上げた労作で、駅はもちろん、トンネルや橋梁の長さなども細かく載っていて資料的価値が高く、旅行好きの間では結構な評判になっている。続いて中日本篇が昭和一二年、西日本篇が昨年一三年に出て完結したのだが、まだ行ったことのない満洲や朝鮮のことも詳しく出ているので、私もいつの日かこの本を携

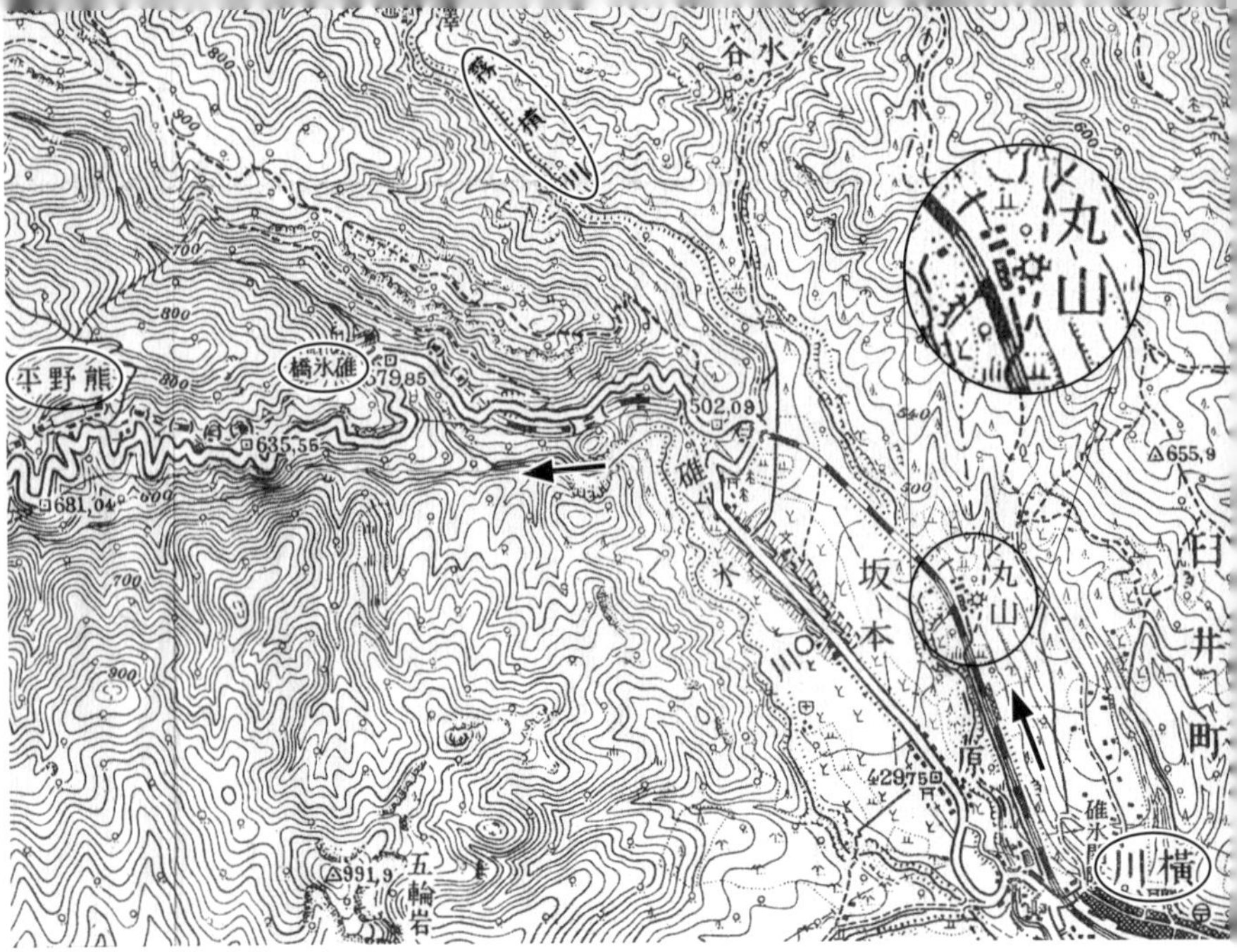

え、かの地の発展をこの目で確かめてみたいものである。その『旅窓に学ぶ』の碓氷峠のページを読んでみよう。少し長いが引用する。横川駅を発車する場面からだ。

暫時停車して、特色のある電気機関車の汽笛を山麓の森に響かせて発車し、中仙道《（ママ）》坂本宿地内四十分一急勾配線を上つて漸《ようや》く山深く進み入り、間も無く鉄道省碓氷丸山変電所を前に丸山信号所（海抜一、四〇四呎《フィート》六三）を過ぎる。左折して霧積《きりづみ》川の山峡を瞥見、中山道を越へて十五分ノ一アプト式軌道上を進行し、第一碓氷トンネルに入る。トンネルは一、三、四、五と続き五号トンネルと六号ト

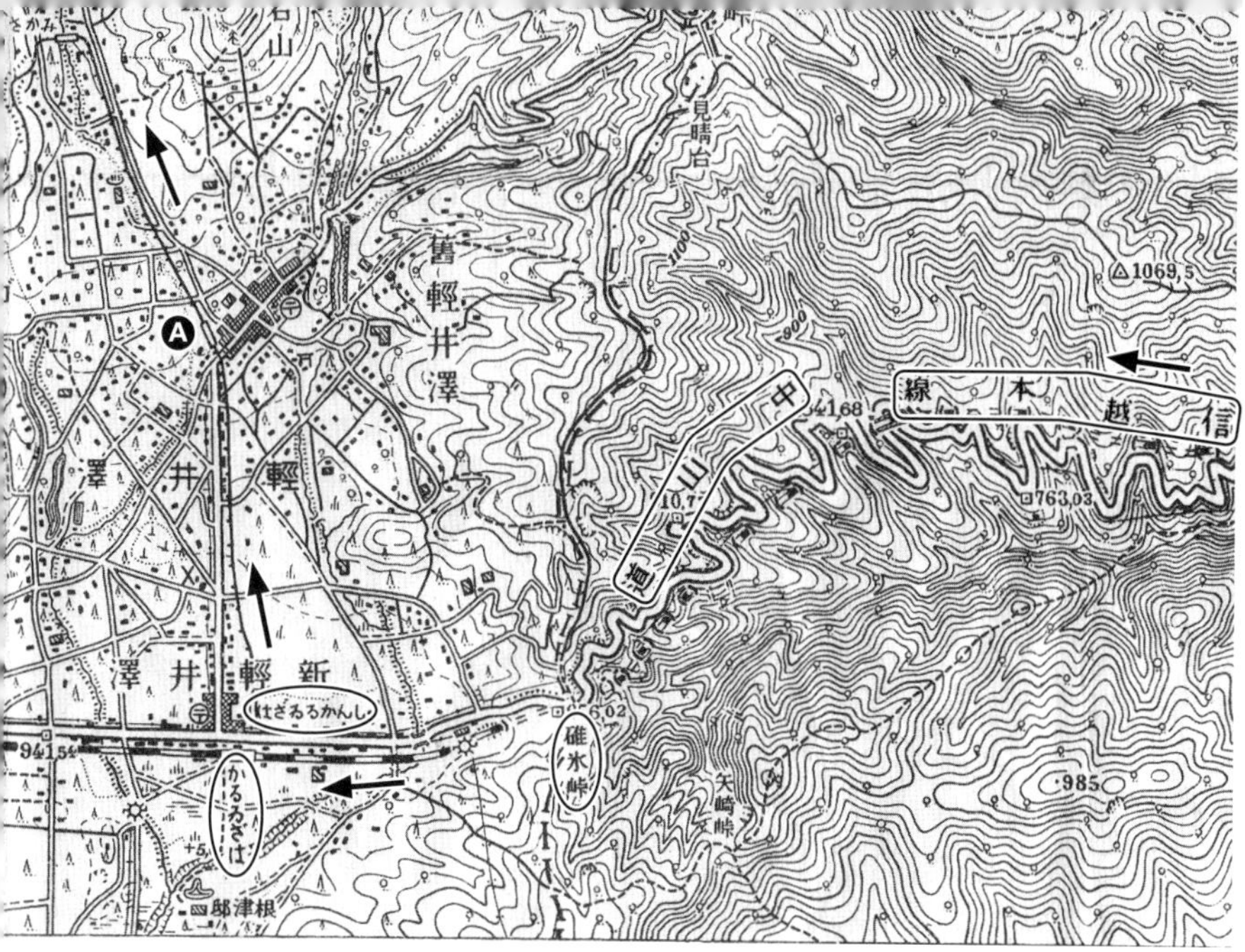

かつてJRでダントツの最急勾配（66.7パーミル）を誇った信越本線の横川〜軽井沢間。これに沿って煩悩の数と同じ108のカーブで曲がりくねる現国道18号は、明治19（1886）年に開削された新道。
1:50,000「軽井沢」昭和12年修正×1.16

ンネルの間で碓氷拱橋を渡る。俯瞰すると直下谷底までは約三十三メートル、よく絵葉書などに碓氷線の景として写真に紹介されてゐる処である。

六号トンネルは延長五百四十三米、碓氷廿六個のトンネル中で一番長い。丸山・熊ノ平間高低差八百五十四呎七〇、トンネルは十個所。熊ノ平停車場は碓氷嶺中腹の中山道に沿ふ重畳せる山岳を見渡す絶勝の地にある。駅ホームには名物力餅を寂しく売り歩く信越線中最も印象に残る駅の一つであらう。構内の側線・待避線は平坦地狭隘でいづれも線の末尾は特設のトンネル内に延びてをり甚だ風変りである。

停車一分位で再び汽笛長く崖の樹々に響かせて発車、断続する大小十六個所の隧道を抜けて漸く碓氷嶺の頂上に登りつめ（海抜三、〇八六呎四四）矢ヶ崎信号所を通る。峰《ほう》巒《らん》錯《さく》聳《しょう》の風景は俄《にわ》かに一転して夜の明けし如き一《いち》望《ぼう》開《かい》濶《かつ》の高原となり、アプト式軌道は終つて聊《いささ》か降り、長野県軽井沢町の軽井沢停車場に着く。

その丸山変電所の傍らにあるアプト式の線路に入る場所では最徐行になって、前後の電気機関車同士がピーピーと合図をしながら歯車と線路の歯とをゆっくり噛み合わせる。二六番目のトンネルを抜けた後は、まさにこの引用の形容通り、まことに「夜の明けし如き」印象だ。落《か》葉《ら》松《まつ》の林と右手前方の雄大な浅間山、そのずっと手前にある離《はなれ》山《やま》の景色も何年ぶりだろうか。思えば実業家の息子であるK君の別荘にお邪魔した時以来だ。当時は運転手つきの自動車に乗せられていったので、別荘の場所がどこであったかまるで記憶にないが、その時にまるで玩具に思えるほど遠くを走る電気機関車を見た。叔父の別荘というのは口実で、電気機関車に牽《ひ》かれたその列車に乗りたかったというのが本音である。

新《しん》軽《かる》井《い》沢《ざわ》駅は省線軽井沢駅のすぐそばにあった。今年の四月までは草津電気鉄道と称していたのだが、今は両終点一字ずつ採って草軽電気鉄道と社名を変更したそうだ。駅舎前には宣伝のためのアーチが拵《こしら》えてあり、「東洋唯一の高原電車」「登る山道四千尺」と大書きしてある。このゴテゴテ趣味は軽井沢の風致にあまり似合うとは思えないが、プラットホームへ赴くとすでに小さな電気機関車にオープンデッキの客車を連結した「白樺納涼号」が停まっていた。後で聞いたところによれば、この車両は貨車を改造したものだそうである。

何はさておき、うだる暑さの東京を抜け出してきた身に高原の風は実に心地よい。時刻表によれば運転は七月一〇日から九月二〇日までの夏季限定で、旧軽井沢〔舊輕井澤〕までの一・七キロを二〇分間隔という都会並みの頻度で運転している。今回の目的地は草津《くさつ》より手前の北軽井沢なのだが、草津行きの発車時刻までは一時間ほど間があるので、旧軽井沢からひと駅ほど散策でもしてみよう。

線路がくねくねしている理由

「白樺納涼号」は発車するとわずか五分で旧軽井沢駅（83頁、87頁地図上Ⓐ）に到着した。乗客の大半は別荘族らしいが、私のような物見遊山客も交じっている。小さなホームからひょいと旧中山道に降りると、駅の東側は街道沿いにちょっとした商店街になっていて、西洋風のパン屋などもあり、さすが外国人が先導して開発した別荘地だけのことはある。ここでおやつのパンを買った。次の三笠《みかさ》駅までは一・三キロと近い（87頁地図）。

空気が透《す》き通った落葉松林の道は実に心地がいい。立派な構えの別荘はそれぞれ道から奥まったところにあるが、門には別荘番号が記されており、軽井沢ではこれが地番の代わりだそうだ。右手の小山は愛宕山《あたごやま》で、ほどなく三笠ホテルの入口に差しかかる。格式の高いホテルなので泊まった経験はないが、以前にここへ来た際に散策で通りかかったものだ。

ホテルの最寄り駅である三笠駅から草津行きの列車に乗った。先ほどの白樺納涼号とは違って硝子《がらす》窓が入った客車だ。これで北軽井沢まで一時間一五分ほどの旅である。発車するとすぐ左へゴリゴリと急カーブするが、この先は勾配もぐっと急になり、にわかに登山電車風になっていく。見通しの利かない森の中で幾度も幾度もカーブを曲がる。なるほど『旅窓に学ぶ』に「高原地域を九十九折して行く草津軽鉄があり」と記されているのは誇張ではない。

ほどなく鶴溜《つるだまり》駅に到着した。ここは信越線の沓掛《くつかけ》駅（昭和三一〈一九五六〉年に中軽井沢と改称。位置は79頁の地図参照）にもほど近い。沓掛の住民が熱心に誘致したからこれほど迂回しているのだ、という伝説もあるらしいが、実際には三笠から小瀬《こせ》温泉まで直進したら高度差がありすぎて登れないのは明らかで、そのために迂回したのではないだろうか。世の中には「オレが線路をこっちに曲げたんだ」と手柄にしたがる人が実に多い。

いずれにせよ、三笠から小瀬温泉まで、直線距離でわずか一・七キロのところ、草軽電気鉄道はくねくねと四倍以上の七・〇キロ。これを二〇分もかけてよじ登る。温泉といいながら旅館が一軒も見えないのは、地形図によれば駅が温泉宿からだいぶ離れた場所にあるからだ。紆余《うよ》曲折は相変わらず続き、途中で森林軌道（図では林用手押軌道）の線路を跨げばほどなく長日向《ながひなた》の駅に着く。林の中に数軒見える家並みと小さな分教場を過ぎて、どんどん高度を稼いでいく。

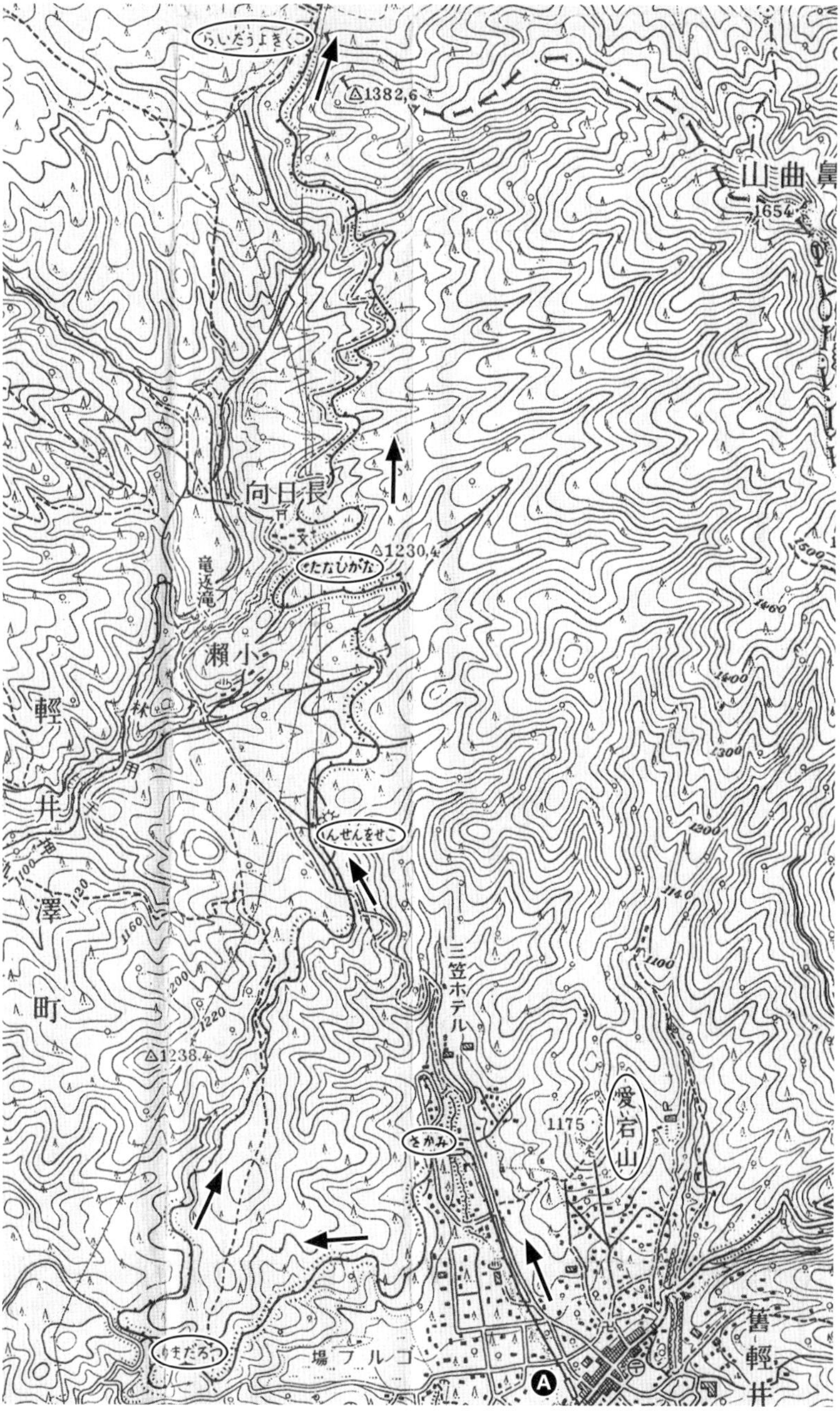

1:50,000「軽井沢」昭和12年修正×1.41

やがて国境平駅《こっきょうだいら》（89頁地図）。ここは文字通り信濃国（長野県）と上野国《こうずけのくに》（群馬県）の境界で、標高一二八〇メートルほどの高所だ。新軽井沢駅から一七・三キロ、高度は約三四〇メートルほども登ってきたことになるが、まさにこの国境が本州の中央分水界である。軽井沢からここまでは信濃川水系なので日本海に注ぐのに対して、この先は利根川の水系だから、降った雨水は太平洋へ向かう。林の合間に写真機のファインダーに入りきらないほど大きな浅間山を左側に仰ぎつつゆっくり進む。

大カーブを曲がった先の二度上《にどあげ》という変わった名の駅では、文字通り二度方向転換、すなわちスイッチバックする。もちろんこれが駅名の起源というわけではなく、高崎へ向かう街道の上信国境にかかる二度上峠の名を拝借したものだ。地形図では線路の形が尋常でない急な右カーブを経て二度上駅に入るように描かれているが、それを楽しみにしていると、実際には山の中で一旦停止し、方向を転じてホームに入った。発車する時はまた逆向きになり、先へ行く。いわゆるZ型のスイッチバックである。

ここからはどんどん坂を下って栗平駅《くりだいら》を経て、ほどなく周囲が開けて北軽井沢駅に到着した。三笠駅からここまでの二二・八キロは一時間一五分ほどの旅である。だいぶゆったりしたスピードであるが、蒸気機関車の時代はここをちょうど二時間もかけていたというから、これでもずいぶん速くなったらしい。

改札を出ると叔父が出迎えに来てくれて久闊《きゅうかつ》を叙する。ここ一帯の「法政大学村」は元学

図の南端に位置する信濃・上野国境（長野・群馬県境）の国境平は標高約1280m、全線における最高地点であった。ここから二度上のスイッチバックを経て標高1094mの北軽井沢まで下っていく。
1:50,000「軽井沢」昭和12年修正×1.58

長の松室致《いたす》先生が造ったもので、法政の教授以外にも昨年（昭和一三〈一九三八〉年）、「岩波新書」を創刊した岩波茂雄氏や、早稲田大学の東洋思想史の津田左右吉《つだそうきち》先生なども「村民」とのことである。駅舎は大学村が寄贈したものだそうで、正面玄関の欄間には法政大学の「H」の字があしらわれていると叔父が教えてくれた。明日は一面溶岩の広がる浅間山麓を案内してくれるというから楽しみである。

【1】松井田駅のスイッチバックは明治一八（一八八五）年の開業の際に設けられた。この形式としては日本初の停車場であるが、昭和三七（一九六二）年の複線電化に伴って解消され、駅の位置も現在地に移転した。旧駅の近くにはのちに西松井田駅を設置。

【2】アプト式：戦後しばらくはこのように英語読みのカナ表記が行われていたが、現在ではドイツ語流の「アプト式」が一般化した。スイス人鉄道技師カール・ローマン・アプトが発明した急勾配登坂方式の一種で、横川〜軽井沢間で採用されたのは発明から間もなくのことであった。

明治の赤坂　ひと目でわかる旧道

地下鉄の赤坂見附《あかさかみつけ》駅を出ると、そこは明治だった。細長い形と縞模様の外観から一部の人が「軍艦パジャマ」という愛称で呼ぶ赤坂東急こと赤坂エクセルホテル東急が正面に見えるはずが、なんと湿地なのであった。芦や蒲《がま》の穂が風に揺れており、その向こうの見覚えのある日枝《ひえ》神社の木立がかろうじてこの地の過去と現在をつないでいる。この湿地帯こそ、江戸時代の外堀の名残であり、現在は「外堀通り」というだだっ広い道路とビル街に変貌している。それまで満々と水を湛えていたお濠《ほり》が一条の小川のみが流れる湿地になってしまった理由は、明治一〇（一八七七）年にこの濠につながる堰《せき》の石を二尺（約六〇センチ）ばかり取り除いたら水が見る間に抜けてしまったから、という話を誰かから聞いたが、本当だろうか。

少し南東に下ると溜池だ。この池は外堀の一部で、かつては江戸市民の飲料水をまかなったこともあったのだが、水質の悪化と人口急増でとても対応できず、その後の神田上水、もっと後には玉川上水にその主役を譲っている。現代では溜池の名は交通量の多い首都高速の高架下に大きく広がる、地方出身ドライバーにはどうやって右折したものか、と戸惑うほど大きな交差点の名前ぐらいにしか残っていないが、昭和四一（一九六六）年に住居表示が行われる以前は「赤坂溜池町」だった。それが赤坂一丁目などと変わってしまったのである。とにかく旧赤坂区の半分ほどの広大な領域をみんな「赤坂」とし、一丁目から九丁目に乱暴に切り分け、何百年の単位で続いてきた地名をいとも簡単に捨て去ったのである。まさに記念すべき負の遺産の地だ。

さて日枝神社が鎮座するのは、明治の地図によれば「星ヶ岡」とある（93頁地図）。江戸切絵図では「星ノ山」だ。現在でも「星陵会館」「星が岡会館」という建物の名前が都立日比谷高校周辺に残り、古い地名をしのばせている。旧地名は意外にビルやマンションの名前に残っているものだ。

外堀跡の湿地の小川は流れがほとんどわからない淀《よど》みだが、赤坂の町から日枝神社へ向かう参道には小さな橋が架けられていた。虫捕り網を持った裸足の子供が日枝神社の方へ走っていった。現在の山王下《さんのうした》交差点あたりだ。

ここから右へ入るとＴＢＳ（東京放送）。タレントの追っかけみたいな人々がよくタムロしているが、さすが明治は違う。後世にＴＢＳとなる小高い丘を見るべく、ちょっと道を入ってみた。するとどうであろう。何やらものものしい雰囲気の建物が並んでいるではないか。剣を帯びた兵隊が私を睨《にら》み付ける。へへえ、別に怪しいものでは……などと照れ笑いを浮かべても、通じない。偉丈夫は険しい視線を左右に泳がせながらも顔そのものは正面を向いた

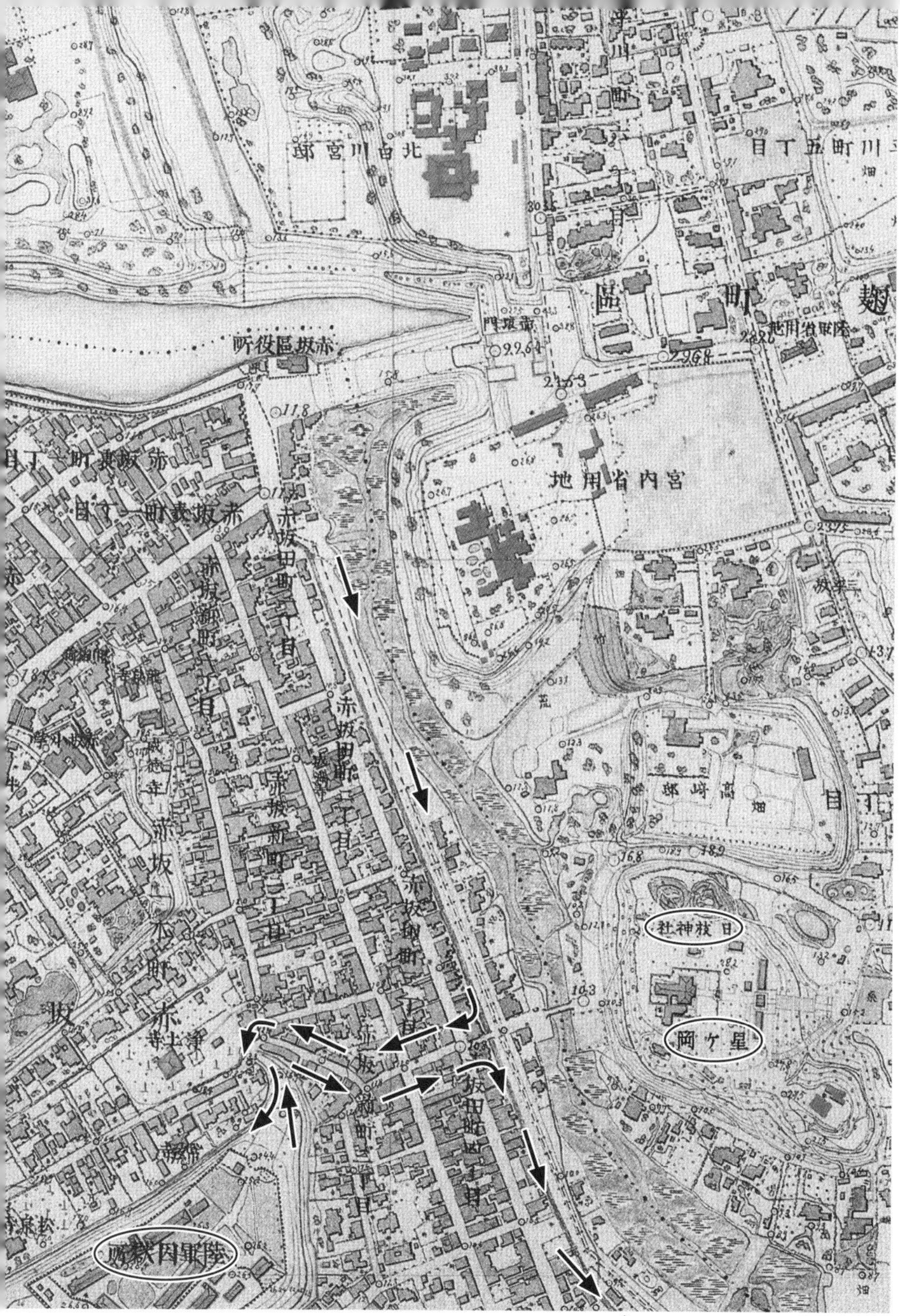

95頁へ

1:5,000「東京府武蔵国麹町区紀尾井町及赤坂区田町近傍」明治16年
（〈一財〉日本地図センター複製『五千分一東京図測量原図』より）×0.93

ままだ。表札には、なんと「陸軍囚獄所」とあるではないか。つまり陸軍刑務所だが、ここはその後、二・二六事件の主力部隊となる麻布歩兵第三連隊が置かれることになる。

消えた住居表示

さて、溜池交差点といえば、この時代、まだない。しかし話の種にサントリーホール、全日空ホテルなどが建ち並ぶ「赤坂アークヒルズ」方面へ行ってみようと、現代の六本木通りの方面へ向かう。このあたりまで来るとだいぶ田舎の風景だ。現在赤坂ツインタワーがあるあたりは畑（97頁地図）。その脇を車が間断なく疾駆する六本木通りはこの頃、ほどよい細道であった。左側にはまばらに屋敷が並んでいる。右は畑で、その向こうは形状からして鴨猟を行ったと思しき浅い池になっていて、池を取り巻く周囲は窪地だ。

現代の六本木通りは渋谷までまっすぐに続いているが、この時代の城下町にはそんな「無防備な一直線道」はまだ存在せず、アークヒルズの少し手前ですぐに家に突き当たってしまう（97頁地図上Ⓐ）。ここで赤坂区から麻布《あざぶ》区に入る。明治の地図では区境は大点一個、小点二個が連続した点……がそれで、もちろん現在ではどちらも港区になっている。港区は麻布、赤坂、芝の三区が敗戦直後の昭和二二（一九四七）年に合併してできたものだが、区名を決める際に「港があるのは芝区だけじゃないか、もってのほか」という人も多かったと聞く。

ここはT字路だが、左へ行くとお屋敷の中に入ってしまうので右へ行くしかない。地図に

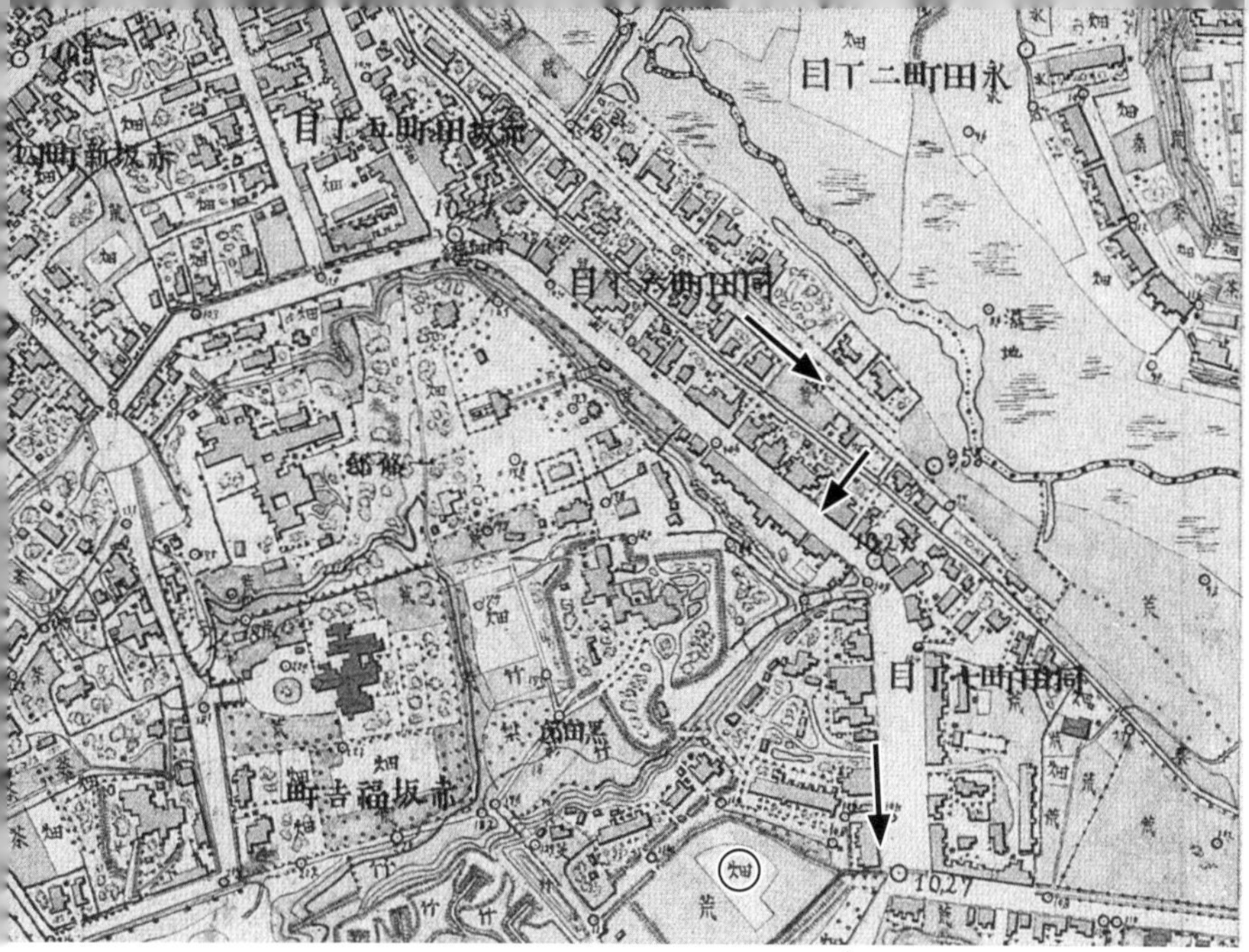

1:5,000「東京府武蔵国麻布区市兵衛町近傍」明治16年
（〈一財〉日本地図センター複製『五千分一東京図測量原図』より）×1.08

97頁へ

は麻布谷町の文字が見える。このあたりは文字通り谷になっていて、その町名は昭和四一（一九六六）年の住居表示まで残っていた。残念である。いや、町名だけでなく景観も一変した。谷沿いに家が建ち並んでいたのが、すっかりなくなって谷も台地もごたまぜにしてアークヒルズというビルの複合体ができてしまったのだから。

　再び突き当たって左。するとすぐに右の方へ斜めに上がっていく細い坂道がある（Ⓐ左側の丸囲み部分）。これが南部坂である。赤穂浪士の討ち入り前夜、浅野内匠頭《たくみのかみ》の未亡人を大石内蔵助が訪れ、しかし発覚を恐れて討ち入りのことを告げなかったという「南部坂雪の別れ」の名場面の舞台だそうだ

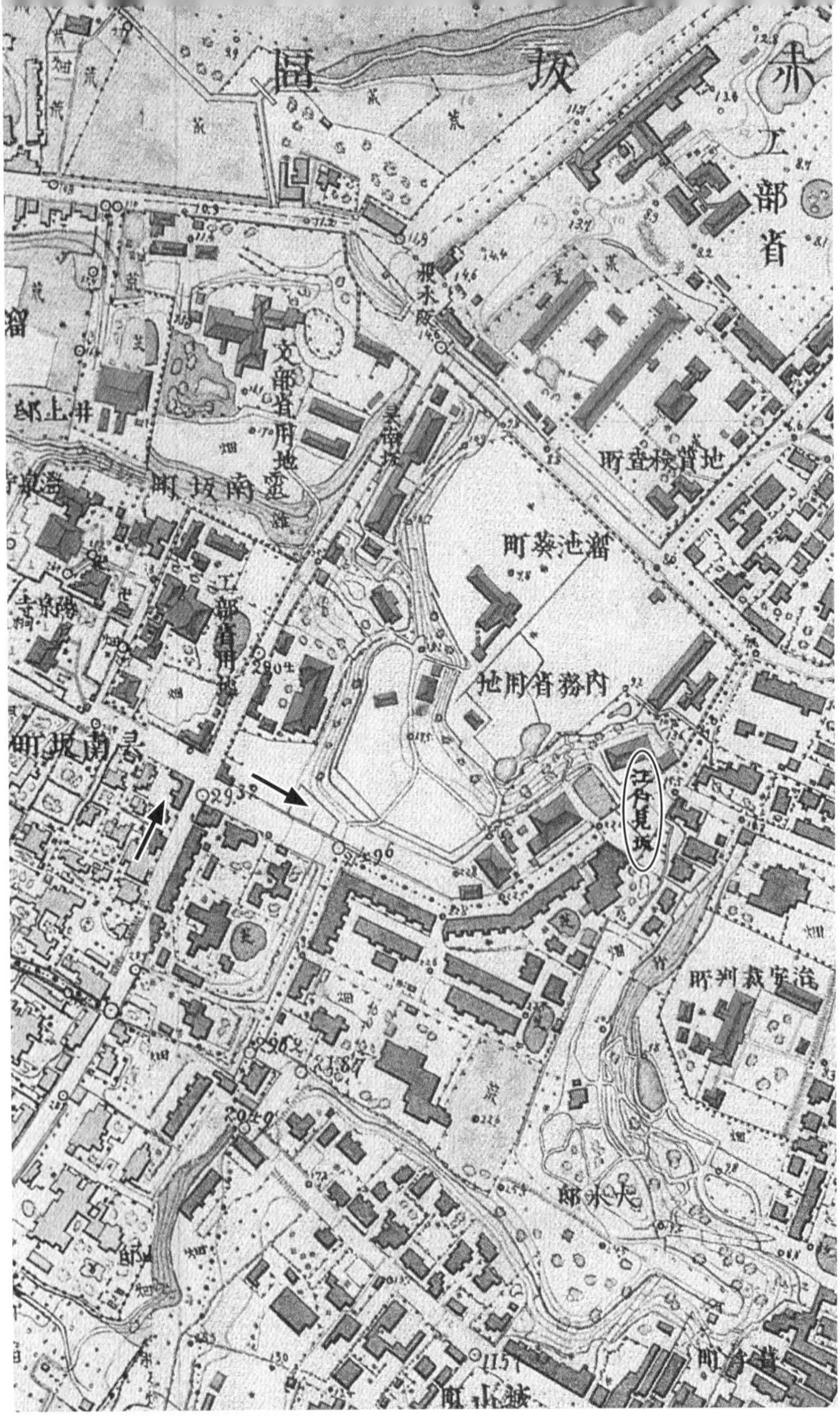
工部省
文部省用地
霊南坂町
溜池葵町
内務省用地
工部省用地
江戸見坂
治安裁判所

1:5,000「東京府武蔵国麻布区市兵衛町近傍」明治16年＋「東京府武蔵国芝区南佐久間町及愛宕町近傍」明治17年
（〈一財〉日本地図センター複製『五千分一東京図測量原図』より）×1.55

が、あれはフィクションだと何かの本に書いてあった。

その南部坂の南西側台地上には現在はアメリカ大使館の三井山宿舎が建っているが、明治の地図には屋敷や畑、工部省用地などとなっている。その後「三井山」という名のもとになった三井財閥のお屋敷として敗戦を迎えることになるが、かの戦勝国は見晴らしのいいこの地をぶん取り、これを新築、「ペリータワー」「ハリスタワー」などと称するそれぞれ一三階建てのビルを摩天せしめている。一三階建てというのがわかるのは取材したからではなく、ゼンリンの「五〇〇〇分の一道路地図」にそう書いてあったからだ。ちなみに江戸切絵図を見れば、この三井山、真田信濃守などのお屋敷（信州松代藩の中屋敷）だったらしい。

起伏が残してくれる旧道

その将来の三井山を右に見て山裾を歩く。静かな町家が続く。氷屋さんが氷片をさくさくさく、さくさくとリズミカルに散らし、風鈴のかすかに響く板塀の家の前ではザンギリ頭の子供が二人、向日葵《ひまわり》の種を熱心にほじくっている。現在では六本木通りのひとつ裏の道で、東京都民銀行本店やボルボ・カー・ジャパンのビルの裏手を通る何ということもない裏道だが、道のカーブの仕方に微妙なゆらぎがあるので、よくよく見れば、この道が少なくとも江戸以来の歴史を持っていることが察せられる。大都市で旧道を探すのは難しいが、赤坂のように起伏のある地区だと、わりとそのまま残っているのがいい。

もちろん銀座などは、江戸時代にできたとはいえ、湿地を埋め立てた計画街路なので、旧道も何も、最初からまっすぐであったが。逆に言えば、銀座の道は、運河を埋め立てたものを除けばほとんど江戸から引き続き使われているのである。もちろん拡張などはされている。永昌寺《えいしょうじ》の前まで来て、さてこの先まで行ってしまうとのちにサントリーホールのできる場所へ行くには遠回りになることに気づいて少し引き返した。五〇〇〇分の一で約一センチだから五〇メートルほどだ。南東に道を折れるとしばらく家並みが続いて西光寺《さいこうじ》、道源寺《どうげんじ》の二つの寺に至る細道だ。

さて、ここに挙げた三つの寺は明治から平成の現在まで同じ場所にあるので、激変する大都市にあって昔と今を結ぶ数少ない手がかりになる。ただし寺々の間には五〇メートルに近い道幅の六本木通りが怒濤《どとう》のようにクルマを流しており、その上さらに空中には首都高速道路という色気のないコンクリート建築がその地肌を披露して恥じない。麻布簞笥町《たんすまち》、などと書かれた明治の地形図を見よ。「桑」の字で示された桑畑があるではないか。夏の静かな昼下がり、貴顕《きけん》紳士を乗せた人力車が打ち水されて朝顔の咲く小径をいずこへかカタカタと走り抜ける清澄な空気。嗚呼《ああ》近代化とは何ぞや。東京の空中に道路増設の許可を出したのはいったい誰だ……。

現在、この旧道をたどるには、六本木通りと桜田通りを一挙に越える全長一〇〇メートルもの歩道橋を渡らなければならない。年寄りや障害者を粗末にする国家である。一方の「首都高」は歩道橋のさらに上の空中をデルタ状に、わが世の春を謳歌している。ここ谷町ジャンクション（こんなところに旧町名が残っている）では首都高速の都心環状線と三号渋谷線が分岐しているのである。交通量の多いのは言うまでもない。はるばる東名高速あたりから来た日本の最大動脈の膨大な交通量が、この狭い片側二車線に集中しているのだから。

　しかしこの旅は明治時代。みんみんみんみーんと近くの木立で蝉が鳴く細道である。西光寺を過ぎると道は台地へ登る坂道だ。少し歩いて振り返れば向かいの三井山が指呼《しこ》の間《かん》だし、眼下には谷町と箪笥町の黒灰色に光る屋根瓦の波が続いている。東京という町がいかに微妙な起伏に満ちた町であるかがよくわかる。しかるに現代、その谷は埋められ、台地は崩され川は蓋され、お濠の柳は引っこ抜かれ、埋め立てなければ首都高速を張り巡らす。

　この魅力ある地勢を生かすのではなく、ことごとく潰してきたのは実に惜しい、ということは明治時代に来てみて初めてわかった。東京に別の価値観を持った都市建設が行われていたら、もしかしてチューリヒとかシュトゥットガルトぐらいの落ち着きをもった坂の町になった可能性は十分あったのではないか。

　坂を上がると左側に墓地が現れ、道源寺の本堂があった。現在ではこの北東側がどおんと大きな赤坂アークヒルズになっている。クラシック専用ホールのサントリーホールとアーク森ビル、そして向こうにはＡＮＡインターコンチネンタルホテル東京という大きなビルが巨大な空間を占めている。これらの景観からは、ここに小さな谷があったことなど想像しにくい。だいたい昔ながらの地面などどこにも見えないのだから。

鍵型に細道を曲がってさらに行くと広めの通りに出た。ホテルオークラへの裏通りである。現代ではスペインやスウェーデンの大使館もこの通りに面している。このあたりはかつて大名屋敷が集まっており、維新後には財閥当主などの屋敷に取って代わられた。

この時代には珍しくまっすぐな道をホテルオークラ方面にとぼとぼ歩き、ホテルの別館から右へ降りる坂道を入ると、突然ちょんまげ姿の侍《さむらい》が三人歩いてきた。おおっ、明治時代に侍とはこれ如何《いか》に。さて、ここで自動車教習所で教わったことを思い出した。昔は刀の鞘《さや》がぶつかり合わないために、そもそも日本では歩行者は左側通行だった、と。とっさに迷う。ここで左側通行しないと切り捨てられるか、いや、それどころか平伏しないと「無礼者」と通過できないか。逃げるわけにもいかないし。自分の服装は、どちらかといえば生麦《なまむぎ》事件における「無礼者外国人」の格好に近いし……。

長い長い五秒間の後、なぜか彼ら三人の侍はホテルオークラの本館ロビーへと消えていったのであった。いつの間にか現代に戻っている。

ふと地図を見ると、この道が「江戸見坂」であることが判明した。そうか、道理でサムライが。ここは現代ではビルの灰色の連なりが見えるのみだが、かつては台地の先端であるこの場所に立てば江戸の町並みが一望のもとに見渡せたのだろう。

つるりん電車体験記

草創期の京浜工業地帯

京浜《けいひん》工業地帯、特に川崎から横浜にかけての臨海部は、煙突が林立する工場群のイメージが強い。しかしこの日本の近代化を支えた大工業地帯も、草創期にはまだ工場と漁村と新田がせめぎ合う風景だった。さて時は昭和一〇（一九三五）年秋、川崎から横浜にかけての界隈を電車で乗り歩いた時の話である。急速に変貌していく京浜間の海岸線をたどってみたくなって出かけてみた。

京浜電気鉄道（現京浜急行電鉄）の電車が六郷《ろくごう》川（多摩川河口部の別称）を渡るとすぐに川崎（現京急川崎）駅だ（103頁地図）。さっそく大師線に乗り換えよう。関東地方最古の電車に敬意を表するためだ。最初は明治三二（一八九九）年に川崎から大師までのわずか二キロほどではあったが、開通の翌年に発表された「鉄道唱歌」にもさっそく次のように歌われているほど、脚光を浴びたのである。

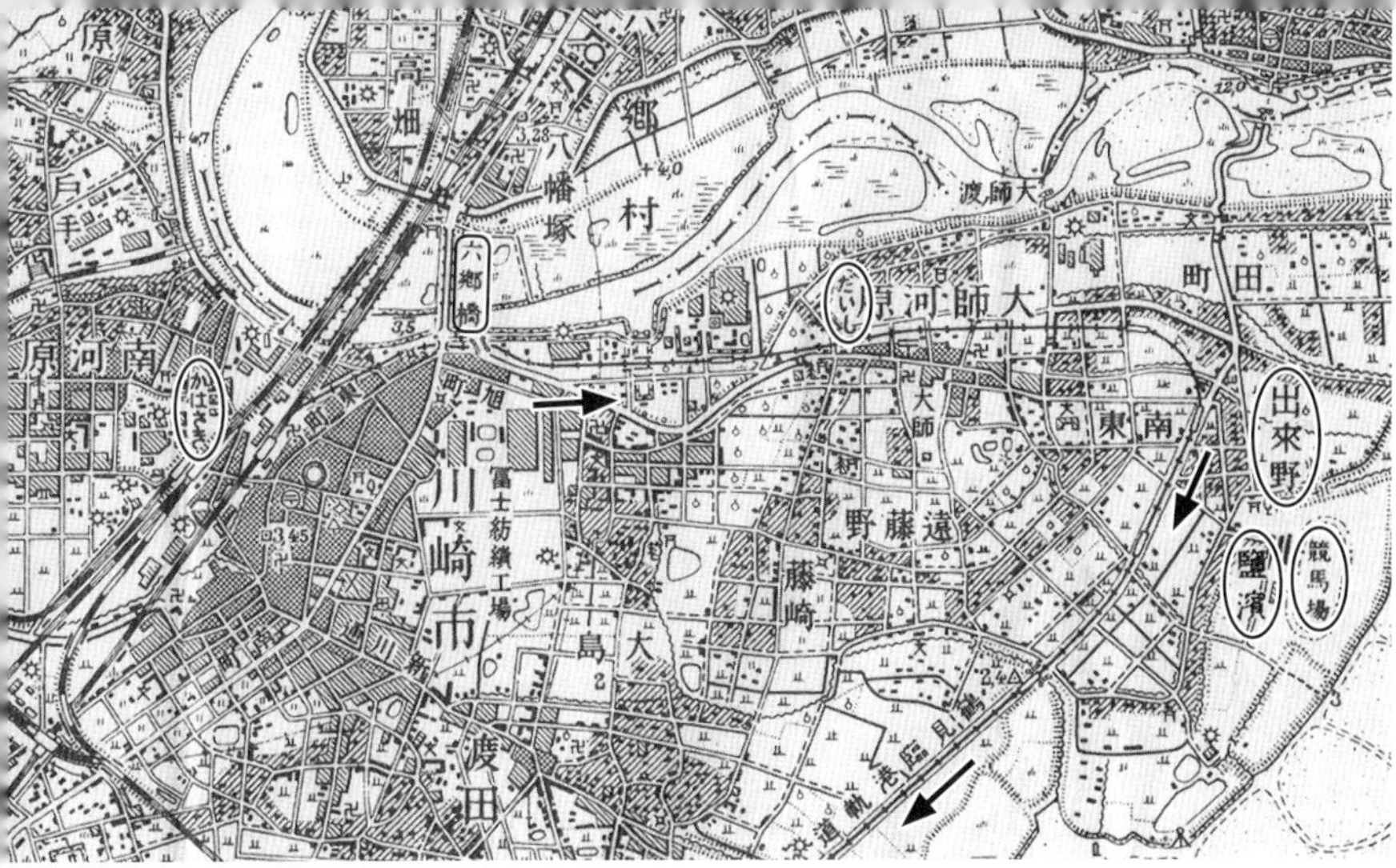

京浜川崎（現京急川崎）駅から東へ向かう線路は一つながりに見えるが、大師（現川崎大師）駅以東は鶴見臨港鉄道の軌道線。1:50,000「東京西南部」昭和7年要部修正×1.27

梅に名をえし大森を
すぐれば早も川崎の
大師河原は程ちかし
急げや電気の道すぐに

電気の道、というのがいい味だ。自宅のある品川《しながわ》から乗ってきた京浜電鉄の電車は、わずかな停車時間を惜しんで川崎のプラットホームを離れていった。省線（国鉄）と競争関係にある京浜電鉄は一秒を惜しむ。残された私は、隣の大師線ホームへ向かう。大師線の電車は一両編成で、詳しくは知らないが、以前に京浜線で使われていたもののようにも思えた。

発車時間になった。多摩川の土手のあたりの六郷橋駅の次がコロムビア前（現港《みなと》町《ちょう》、線路北側の最初の工場付近）、その次が味の素前（現鈴木町《すずきちょう》、二つ目の工場付近）というから、さすが京浜工業地帯である。乗ったばかりなのに、もう終点の川崎大師駅だ。お大師さんは今年の初詣で来たばかりなので途中下車せず、すぐ脇に停まっている「つるりん」の電車に乗り換えた。行先表示板には、曹洞宗の大本山である鶴見《つるみ》の「総持寺《そうじじ》」の名が掲げられていた。つるりんとは「鶴見臨港鉄道」の愛称である。

しばらく郊外風景の中を走るが、大師河原《だいしがわら》駅を過ぎると右に大きくカーブ、電車は東から南に向きを変えた。このあたりは後年、産業道路とその上の首都高速横羽《よこはね》線の灰色の高架が町を圧し、その合間に煙突のあかりがピカリピカリと明滅するようになる。首都高のルートはつるりん線と一致しているが、昭和一〇年にはまだ芦原と水田と住宅地が混在する、どちらかといえば田舎風景であった。小学生らしい三人の少年が用水堀で魚釣りをしている。牧歌的風景に思わず手を振ったら、彼らはアッカンベで返礼した。精神生活にも近代化の波が押し寄せているようだ。平成の現在、あいつら生きていれば立派な爺さんのはずだが、息災であろうか。

かつては東京湾沿岸にも塩田があった

一両だけの電車は風体に似合わずスピードを出し始める。出来野と塩浜〔鹽濱〕の中間で田んぼの中に停まったと思ったら、ここが競馬場前という仮停留場だった。なるほど地形図でも浜の手前に競馬場が見える〈国鉄塩浜操車場〈操駅〉を経て現在はＪＲ貨物の川崎貨物駅〉。その南東側に広がる干潟には、大正末頃まで養魚場があったそうで、競馬場の南側で何となく不自然に切れた水路がそのことを物語っている。

このあたりは塩浜という地名だが、ある人に聞いた話によれば、江戸時代には文字通り塩田があったらしい。戦後の教育を受けた人は「塩田」といえば合言葉のように瀬戸内海沿岸を連想してしまうが、大消費地であった東京湾沿岸の海がまだきれいな頃にはいくつも存在したのである。戦後もしばらく存続した証拠なのか、昭和三〇（一九五五）年発行の川崎市街図には、塩浜周辺の海岸に「日本製塩」「群馬製塩」などの会社名が載っている。

塩浜、池上新田（三角点⊡の傍）の電停を過ぎると、田んぼに囲まれた工場で弁当箱でも作っているのか、アルマイト会社前という電停（鶴見臨港軌道の「臨」の字付近）。このあたりで左に聳えている高い煙突は浅野セメント会社（現太平洋セメント）のものだ（106頁地図）。この工場には東海道線と南武鉄道からの貨物支線があって、青梅電鉄（現ＪＲ青梅線）や五日市鉄道（現ＪＲ五日市線）の沿線から多数の貨車を連結した石灰列車がやってくる。その取扱量の多さは、ここ浜川崎貨物駅（図の新浜川崎駅の東側の「貨物駅」がそれ）の貨物取扱量が全国貨物駅のベストテンに何回も入ったことが証明している。

時代は下って平成の一〇（一九九八）年、長年の間ドル箱だった青梅線～南武線ルートの石灰輸送が廃止された。コスト面で厳しくなったためにトラック輸送に変わったのだそうだが、単一貨物の大量輸送という点で鉄道の最も得意分野だっただけに、ここまで来たか、との感を深くしている。

A ＝渡田駅
B ＝海水浴前駅
C ＝安善通駅
D ＝浅野駅
E ＝扇町駅
F ＝大川駅
G ＝石油駅
H ＝新芝浦駅
I ＝国道駅
J ＝花月園前駅
K ＝生麦駅
L ＝キリンビール前駅

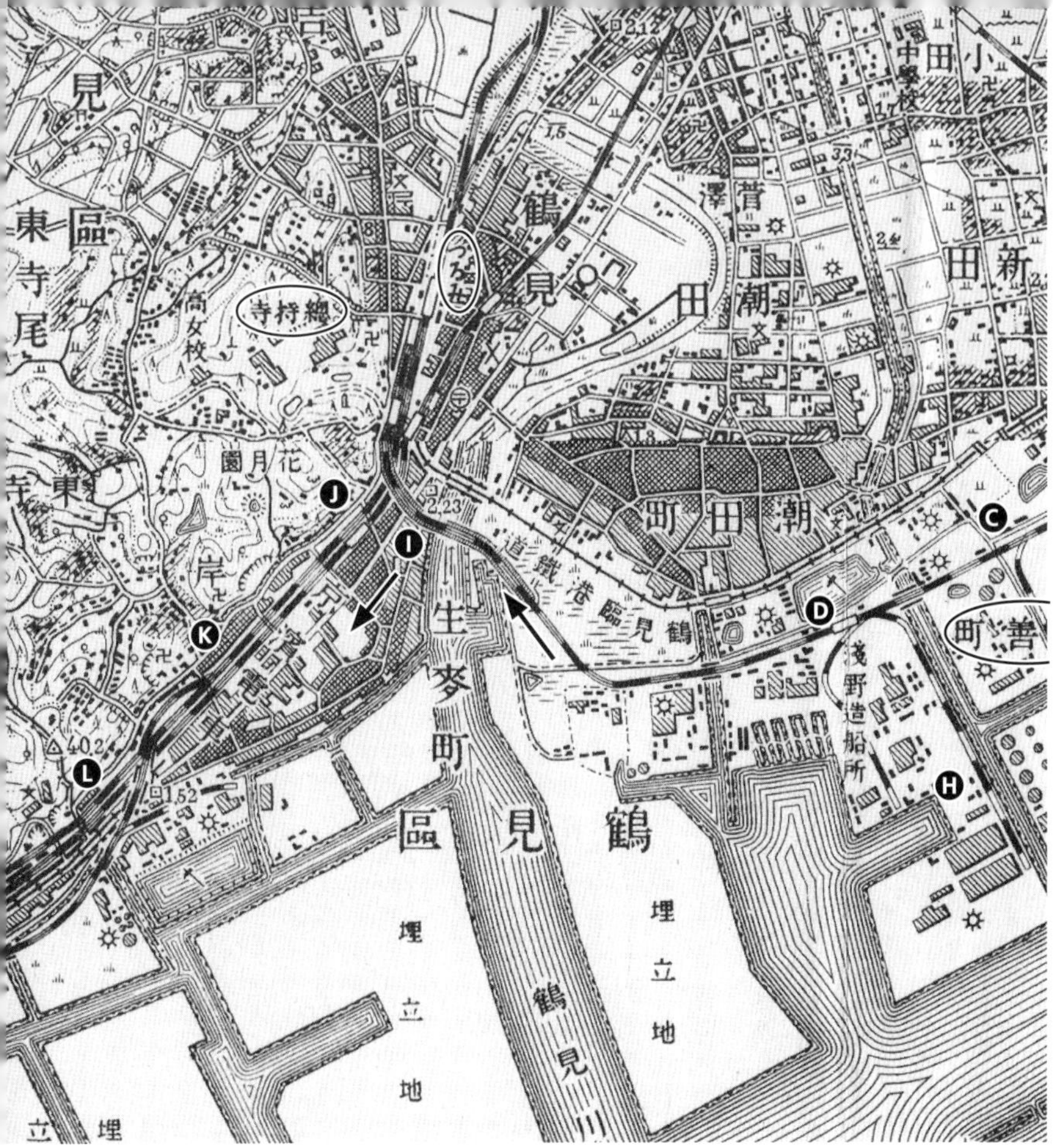

図の昭和初期、京浜工業地帯の中心部にはすでに埋立地に多くの工場が進出していた。
浅野（浅野総一郎－浅野セメント）、安善（安田善次郎）、大川（大川平三郎－王子製紙）、
白石（白石元治郎－日本鋼管）、扇町（浅野家の家紋）など、人名・家由来の地名が目立つ。
1:50,000「東京西南部」昭和7年要部修正＋「横浜」昭和7年修正×1.69

余談はさておき、昭和の一〇年である。日本鋼管（106頁地図上では鋼管会社）の煙突がだんだん近づいてくるが、このあたりは大正末から昭和に入っての新しい埋立地を通る。新浜川崎《しんはまかわさき》（現浜川崎）駅の少し西にある渡田《わたりだ》の電停Ⓐで同じく鶴見臨港の鉄道線（現JR鶴見線）に乗り換えることにしよう。同じ「つるりん」だが、これまで乗ってきた軌道線よりも海寄りを並行して走る。

鶴見行きに乗った。渡田の次の駅は何と「海水浴前」Ⓑである。周囲が全部埋立地となってしまった今、泳げるような浜は見当たらないのだが、岸壁の下には意外に泳ぐ場所が残っているらしい。遠くない将来に閉鎖されるだろうけれど、ここに海水浴場があったことを後世に伝えるため、駅名だけでも頑固に残してくれたらと思う。

安善通《あんぜんどおり》（現安善）駅Ⓒのある安善町は、このあたりの埋め立て大プロジェクトの資金調達をした安田善次郎翁の名前をとった地名で、次の駅の浅野《あさの》駅Ⓓとともに、近代を代表する「人名地名・駅名」として知られている。浅野はかの実業家・浅野総一郎のことで鶴見埋立組合の社長もつとめた人だ。埋立地の地名はめでたく「瑞祥《ずいしょう》地名」で飾るか、または開発に功のあった人、埋め立て担当の藩名を付けることが多い。銀座の尾張町交差点（現四丁目交差点）も尾張藩がここを埋め立てたことによる。一方、つるりん鉄道線終点の扇町《おうぎまち》Ⓔは、浅野（総一郎）家の紋所である扇形にちなむという。

つるりん鉄道線のがら空き電車は、まだ工場の建っていない埋立地のペンペン草の中を鶴見目指して西進していく。このあたりは運河が一定間隔に通った計画的な埋立地で、本線の各駅からは短い支線が何本か出ている。東から挙げれば安善通から大川《おおかわ》Ⓕ、石油《せきゆ》（のちに浜安善と改称）Ⓖ、そして浅野からは新芝浦Ⓗまで。このうち石油駅は、文字通りいくつかの石油会社の集中した地域で、ライジングサン石油（現昭和シェル石油）、紐育《ニューヨーク》スタンダード石油（現エッソ）などが並んでいる。この島は平成の現在に至ってもやはり石油タンクの島で、これらの他に米軍のタンクもある。横田基地のジェット燃料もここから運んでいるのだが、昭和一〇年の今は知るよしもない。残念ながら石油駅は戦争中に旅客輸送をやめてしまったので、現在は電車でここに入ることはできなくなった。

もうひとつ、新芝浦までの支線には、その名の通り芝浦製作所（現東芝）の工場がある。のちの昭和一五年にできた海芝浦《うみしばうら》駅が、改札イコール会社の通用門で、会社関係者以外は改札を出られない、というのは鉄道ファン以外の人にも知られているようだ。ちなみに現在では小さな公園があって、ここにマニアが集っている。

弁天橋を過ぎて国道《こくどう》駅Ⓘで降りる。この駅は高架だが、その名の通り、京浜国道を跨いだ南側にあって、駅のすぐ南側を旧東海道が通っている。京浜電鉄の花月園前《かげつえんまえ》駅Ⓙはすぐ目と鼻の先なのでそこまで歩き、短いホームで数分待つと京浜電車の浦賀行きが来た。ついこの間の昭和六（一九三一）年末、横浜旧市街の日ノ出町から黄金町《こがねちょう》の間が開通し、昭和八年から京浜電鉄と湘南電鉄（現京浜急行）が直通運転を始めたばかりである。この私鉄もだんだん立派な高速鉄道に脱皮しつつあるように見えるが、今後どうなるのだろうか。

生麦《なまむぎ》Ⓚの次のキリンビール前駅Ⓛ（のち廃止）のあたりで省線の貨物線が上を跨いでいった。これは横浜港まで延びているもので、サンフランシスコ航路の客船が発着する日には、東京駅から直通の旅客列車が一往復走る。が、一般の人間には外国航路など縁がない。

電車は神奈川駅（111頁地図上部、水準点五・五〇の隣）に到着した。以前はここが終点で、横浜の中心部へ向かう人は市電に乗り換えていたのだが、数年前から省線横浜駅を経て平沼《ひらぬま》、戸部《とべ》を経由、野毛山《のげやま》を長めのトンネルで抜け、伊勢佐木《いせざき》町の裏の日ノ出町へ直結するようになって、だいぶ人の流れも変わったようだ。

横浜の遊郭

私は神奈川駅前から市電に乗った。省線の横浜駅を通り、まっすぐ壁のように続く高架線を左に見ながら桜木町《さくらぎちょう》へ向かう。かつては高島町《たかしまちょう》の交差点のところ（111頁地図上Ⓜ）に東京横浜電鉄（現東急東横線）の本横浜駅終点があったけれど、中心からこんなに離れているのに「本横浜」はちょっと詐称だな、と感じたものだ。その後桜木町まで延長され、本横浜駅も高島町と改称されたが。

桜木町の電停を過ぎるといよいよ横浜の中心市街だ。乗った系統でそのまま本牧《ほんもく》まで行ける。市役所や野球場のある横浜公園を左に、運河を右に見ながら市電は軽いモーター音を響

図の横浜駅は昭和3（1928）年に開業してまだ4年の3代目。繁華街として急発展するのは戦後のことである。
1:50,000「横浜」昭和7年修正×1.22

かせながら進んでいった。運河沿いには石造りの建物も目立ち、さすが国際港湾都市・横浜らしい河岸の道である。幕末に開港した頃は、この横浜公園のあたりに遊郭が置かれていたらしい。明治初年の古地図で見ると、その区画だけ芦原の無人地帯で市街地から隔てられており、まさにその廓《くるわ》だけが人工的に設置されたのがわかる。

元町《もとまち》の通りを越えると間もなく専用軌道でトンネルに入った。路線は半島状になった本牧をぐるりと回る形である。本牧の町内を馬蹄形に巡り、間門《まかど》の終点で降りると、南側にはすぐ海が迫っている（113頁地図）。絶景だ。静かな秋の海を見ながら八幡橋《はちまんばし》（同地図上Ⓝ）の電停まで歩くとしよう。ここから東を眺める

と崖の迫った渚が続いており、すぐ森の向こうは三溪園《さんけいえん》だ。こんな景勝地に別荘を持ってみたいものである、などと海風に晒《さら》されていた私だが、この海岸が後年、はるか沖まで石油タンクの並ぶ埋立地になろうとは、この時は想像さえできなかった。

しばらく行くと、根岸《ねぎし》競馬場（横浜競馬場）へ向かう細道がある。この競馬場は幕末に作られた、日本初の洋式競馬場だそうで、居留地の外国人たちが楽しんだらしい。埋立地に設けられた家畜検疫場を過ぎると八幡橋の停留所に着いた。ここで杉田《すぎた》行きの電車に乗る。進行左側に屏風浦《びょうぶがうら》の浜を見ながら南下していくと四キロ少々で横浜市電の最南端の停留所、杉田に着くはずだ。少し開いた窓からは浜風が心地よい。磯子の町中で十数人が相次いで降りたので、車内はがらんとしている。

森町《もりまち》を過ぎる頃にふと窓の外を見たら仰天した。あたりがまっ白ではないか。これは何かの間違いかと海の方を見ると、もはや海はなく、白い土がどこまでも続いている。右も左も

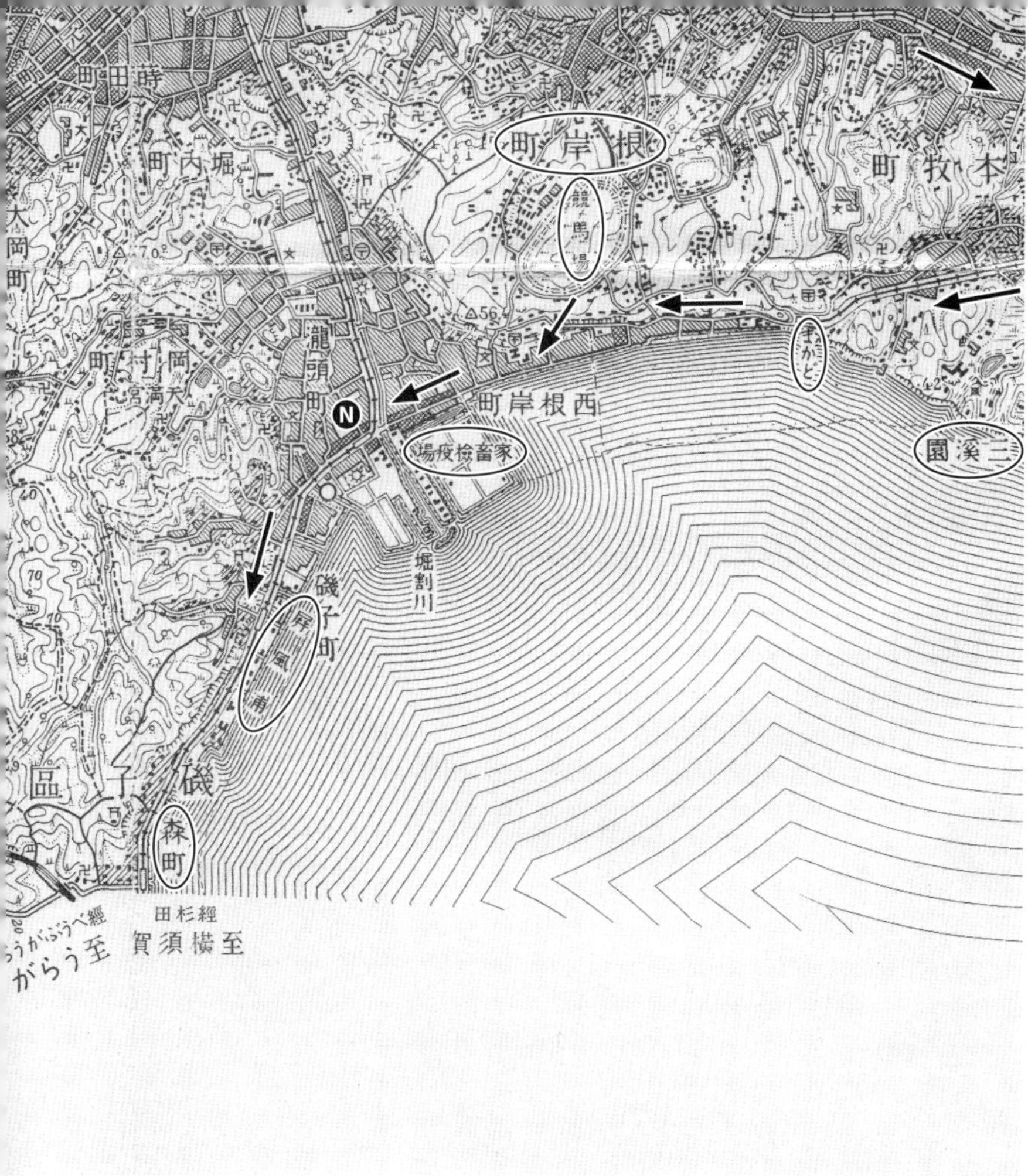

本牧岬あたりは現在では沖合まで埋立地が広がっている。三溪園も目の前が根岸湾であったが、今は石油タンクが並ぶ工業地区。図の下部に見える空白は、戦前期に一般用の地形図に施されていた「要塞部空白」処理。
1:50,000「横浜」昭和7年修正×1.39

まっ白だ。いったい何が起こったのだ、車掌さん、杉田はまだですか。もう過ぎた？　お前はそんなこと言っている場合か、と馬鹿な自分を責める自分の声にはっと目が覚めた。夢か。

部屋の電灯を点けてみると、目の前に大日本帝国陸地測量部の五万分の一地形図「横浜」が広げられている。そして今見てきたばかりの夢の続きを見ようと森町の先を凝視すると、その先はまっ白だった……〔1〕。

【1】戦前期に一般向けの地形図は、軍事上の要請により、要塞地域などを空白にして販売されていた（横須賀など全域が要塞地帯の場合は販売もされなかった）。敵に軍の事情を知られないための厳粛なる処置のはずだったのだが、アメリカさんはもっとウワテだった。すでに入手済みの地形図と、何度も行った偵察飛行で独自の多色刷りの詳細な地形図を整備していたのである。地形図を白く隠すという「竹槍的」な備えなど、かの大国にとっては痛くも痒《かゆ》くもなかったのである。

海外編

フランス

ラングドックの潟めぐり

『大歩行』という本がある。ロンドンのシティやニューヨークのウォール街で活躍したある証券マンが四五歳で突如退職し、奥さんと一緒にフランスの地中海岸から大西洋岸まで五五三キロを何日かかけて歩くという話だが、著者の絶妙なユーモアと、観光地でないフランスの田舎の飾らない日常がよく描写されており、翻訳のよさもあって楽しく読める本だ。

その著者マイルズ・モーランド氏は地図好きだそうだ。この本では、彼がロンドンのスタンフォーズという地図の店で吟味して選んだフランス国土地理院の一〇万分の一地形図が活躍する。かなり細かいことも載っているわりにはフランス横断に四枚あれば足りてしまうのが、この地図に決めた理由だったそうだ。

モーランド夫妻の「大歩行」の起点、地中海に面したラングドック地方のグリュイサン・プラージュ Gruissan Plage の載った一〇万分の一を私もたまたま持っていたので、今回はこのあたりから「小歩行」してみようと思い立った。

ラングドックというのは、スペインとフランスを分けるピレネー山脈の東部北側の地中海沿岸だ。同じ南仏でも、モーランド氏と同じイギリス人のピーター・メイル氏が書いた『南仏プロヴァンスの12か月』できわめて有名な存在となってしまったプロヴァンスの陰に隠れて、日本ではまだあまり知られていない。

さて、起点のグリュイサン・プラージュである（119頁地図）。地図を見ると、このあたりは水郷的風景のようだ。浅い入江をロビーヌ Robine 川が運んだ土砂と、地中海の沿岸流が形づくった砂洲が長い時間をかけて形成した潟湖《ラグーン》が大きい。グリュイサン・プラージュは海に面した砂洲上にある村で、地図には街路が描かれていないけれど、『大歩行』には「どれも同じように仕切られた区画に、あまりきれいとは言えない小さなコンクリートの二階建が浜辺に向かって同じような角度で並んでいる」とある。

地中海沿いを見渡すと、地名の後に「プラージュ」を付けた地名が多い。さっそく辞書を引いてみたら「海岸」だった。何のことはない、グリュイサン浜村である。他にもルカト・プラージュとかナルボンヌ・プラージュなど、本村があって、同名の浜村がいくつもペアになっている。九十九里浜などに見られる本村と浜集落（納屋集落）の関係を思い出した。

前置きが長くなったが、モーランド氏と同様にここを出発してみよう。

浜村からグリュイサンの本村までは二キロ、潟の中の堤を一本道が通っている。両側はエタン・デュ・グラゼル Étang du Grazel だ。エタン étang は辞書には「池・湖沼」とある。湖というよりは沼・潟あたりがふさわしそうだ。

廃止された塩田の記号

二〇年ほど前にできたと思われる潟上の直線道路を行くと、左に田んぼのようなものが広がっていた。ただし稲は植わっていなくて、あぜで区切られた中には水が湛《たた》えられている。一見日本の田んぼに似ているが、ちょうどグリュイサン本村の方から歩いてくる土地の老人に尋ねてみると「塩田」だという。日本ではイオン交換膜製塩法が普及して塩が「工業製品」となってからは、とんと見かけなくなったものだが、かつては日本の地形図にも塩田の記号があり、瀬戸内海の地形図にはこれが目立ったものだ。今では塩田の記号すら廃止されてしまった。あらためてフランスの地形図を見ると、ひび割れ模様で塩田が描かれている。

天然塩の作り方は、まず満潮時に海水をこの田んぼに入れ、数週間かけて人手でかき回して循環させる。その間に太陽の光をたっぷり受けて海水は濃縮され、最後に濃い海水を塩田に入れると塩の結晶ができるのだそうだ。海水はただの塩水ではなく、ミネラルなどのいろいろなものが含まれている。深みのあるおいしさがあり、今でも愛用する人は少なくない。

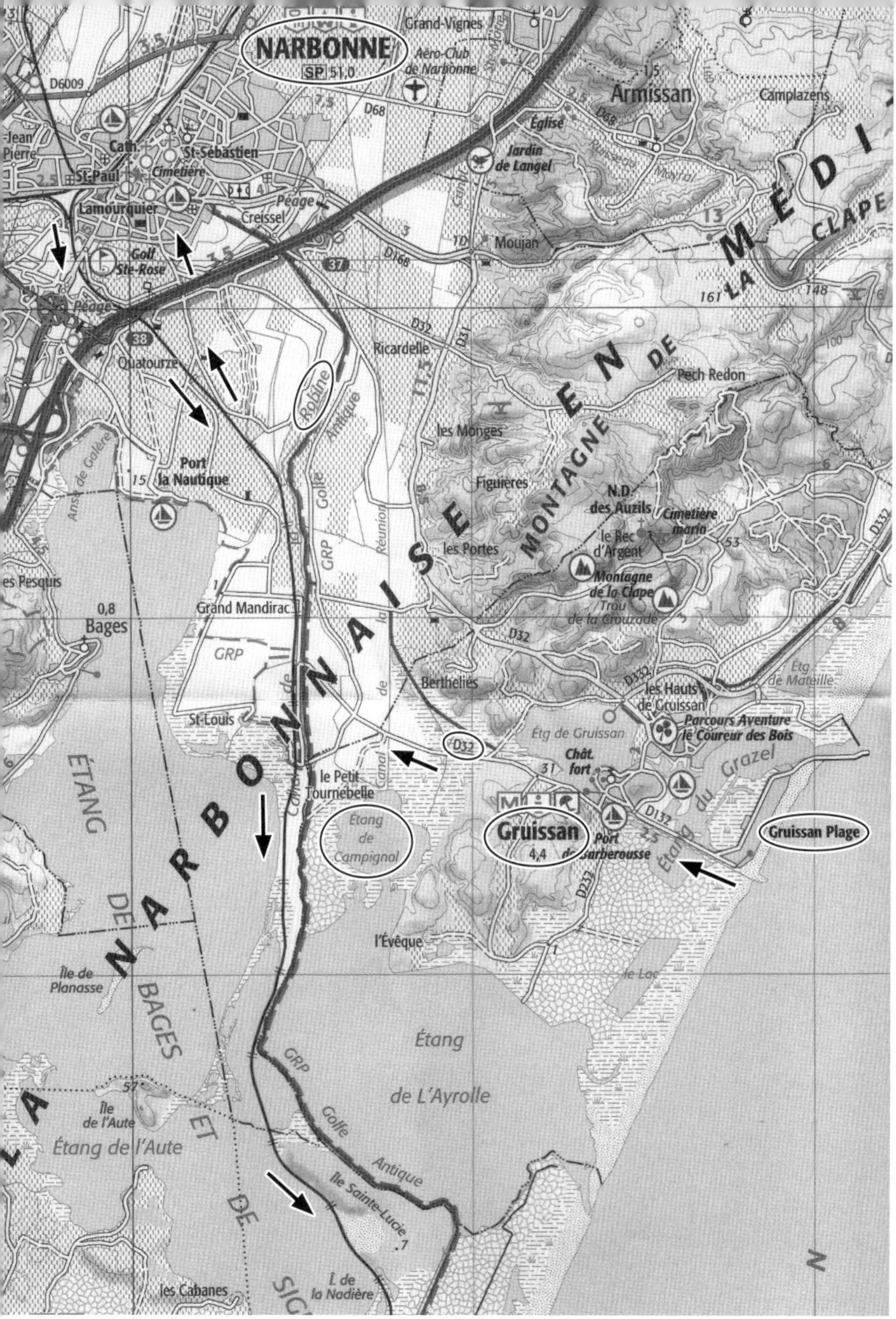

中央の大きな字はParc naturel régional de la Narbonnaise en Méditerranée（地中海ナルボンヌ地域自然公園）だ。
1:100,000 フランス国土地理院地形図 Top 100 Tourisme et découverte 174, Béziers Perpignan, 2014×0.91

フランスでもだいぶ天然塩が見直されてきているという。最近読んだある新聞記事では、もっと北のブルターニュでサラリーマンを辞めて塩職人になった人の話が紹介されていた。そういえば、サラリーマンという言葉が「塩《サラン》」から来ているのは有名な話だ。古代ローマ時代の兵士の給料が塩だった、などという話も聞く。脱サラ塩職人は、塩を稼ぐ人から塩を作る人になった、ということか。

なかなか進まない。二キロ歩いてグリュイサンの村に着いた。ここは大昔は海賊の砦《とりで》だったそうで、今は古い家が中世そのままに建ち並ぶ静かな漁村だ。ちょっと目立たないが、村のまん中に日本の地形図の名所・旧跡と同じ記号∴がある。ただしここでは「廃墟」の記号だ。『大歩行』に載っている「海賊の砦だったバルバロッサの塔」というのがこれかもしれない。

グリュイサン村の人口は四四〇〇人。地形図に4,4と印刷されているのでわかる。人口は千人単位の表示で、たとえば近くの都市ナルボンヌNARBONNEなら51,0、つまり五万一〇〇〇人、ということだ。

『大歩行』ではモーランド氏がこの数字を見ながら歩いた経験から、村の人口と店の状況の目安を記した。地図で歩く人には役に立ちそうだ。

人口三百人以上……よろず屋一軒

人口五百人以上……商店とカフェ一軒ずつ、たまに薬屋
人口七百人以上……商店二軒、レストラン二軒、ガソリンスタンド、薬屋、新聞雑誌の売店
人口二百人以下……絶望的

明治の一時期、日本の官製地図にも試験的に人口が表示されたことがあるが、今はもちろんない。ヨーロッパでも人口表示しているのはフランスとルクセンブルクぐらいだろう。ただ、市町村といっても日本と同じ尺度で測ると誤解しやすい。フランスの市町村にあたるコミューンは全国に三万六〇〇〇あまりと、日本の市町村（二〇一四年四月現在一七一八）よりはるかに多くて狭いので、大きめの都市でも意外に人口は少ないし、農村部では相当に少ないこともある。

たとえば掲載範囲外だが、同じ地図に載っているピレネー山中のユルバンヤ Urbanya 村に至っては〇・一、つまりたった一〇〇人であるが、ウィキペディアのフランス語版によればわずか二一人（二〇一三年）。目下、日本の人口最小の村は東京都青ケ島村の二〇一人（二〇一五年一二月一日現在）だから、やはりこれは役場があって議会や教育委員会があるような日本の「村」とは概念が違うのだろう。それにしても人口二一人の村なんて想像するだけでも楽しくなるではないか。だからフランスの地図は好きだ。

スペインのカタルーニャへ向かう道

グリュイサンの村を過ぎてしばらくD32という田舎道で芦原の中を行くと、やがてナルボンヌ市街の方から流れてきたロビーヌ川を橋で渡り、すぐに複線電化の立派な線路に突き当たる。アヴィニョン近郊からバルセロナ方面へ向かう一級の幹線だ。バルセロナやヴァレンシアに向かう国際急行に交じってパリ発ペルピニャンPERPIGNAN行きのTGV（新幹線車両）の列車などもここを通る。この付近には駅がないので、列車に乗るためにナルボンヌまで歩くとしよう。八キロほどだが、葡萄畑の中をのんびり歩くのも悪くない。すると後ろから古びたシトロエンに乗った、いかにも農家のおじさんが「どこまで行くんだ」と笑顔で声をかけてくれたではないか。渡りに舟と助手席に乗り込む。こちらがヒアリングできていないのもお構いなしに話しかけてくるうち、もうナルボンヌの駅前である。

ここで鈍行のペルピニャン行きに乗った。地図でわかる通り、この路線は潟《エタン》のまん中を通る水上線路である。日本にはこんなところはないから、楽しみだ。わずかの停車時間ですぐに列車は滑るように動き出した。

古い客車だが、ゲンコツ型の顔にSNCF（フランス国鉄）の古いロゴを掲げた強力な電気機関車はぐんぐんスピードを出していく。ロビーヌ川に沿って先ほど歩いてきた道をあっという間に通り過ぎると、やがて車窓右側に潟の水面が見えてきた。対岸まで数キロ。広々とした眺めである。ここからでは見えないが、対岸の山の麓《ふもと》には高速道路であるオートルートが通っているはずだ。A9／E15号線ラ・カタラン La Catalane の愛称が付いている。つまりスペインのカタルーニャ（カタロニア）へ向かう道、ということだ。有名なものとしては、パリからコートダジュールへ向かう太陽道路「オートルート・デュ・ソレイユ」、大西洋と地中海を結ぶ二海道路「オートルート・デ・ドゥ・メール」などがある。フランスの高速道路には、このように愛称の付いたものが多いようだ。

車窓の左側にはやがて塩田が見えてきた。その向こうは小さなカンピニョル潟 Étang de Campignol が広がっているはずだ。線路は広々とした二つの潟の間を心地よいスピードで通り抜ける。右側の潟には干潟もあって、いかにも野鳥の楽園といった感じだ。列車に驚いたのか、いっせいに鴨のような鳥が飛び立つ。列車は緩やかにカーブを描いて走り続け、しばらくすると左右から引き込み線が合流し、スピードを落としてポール・ラ・ヌーヴェル Port-la-Nouvelle の駅に到着した（124頁地図）。

養殖のカキ筏《いかだ》

ポール・ラ・ヌーヴェル駅を出るとさらに列車は南下し、ラパルム潟 Étang de la Palme の水上の道を通る。車窓左側の干潟はかなり浅いらしく、少し浚渫《しゅんせつ》したらしい跡も残っているが、有明海のようなムツゴロウのいそうな泥が広がっている。その向こうには砂洲が自然

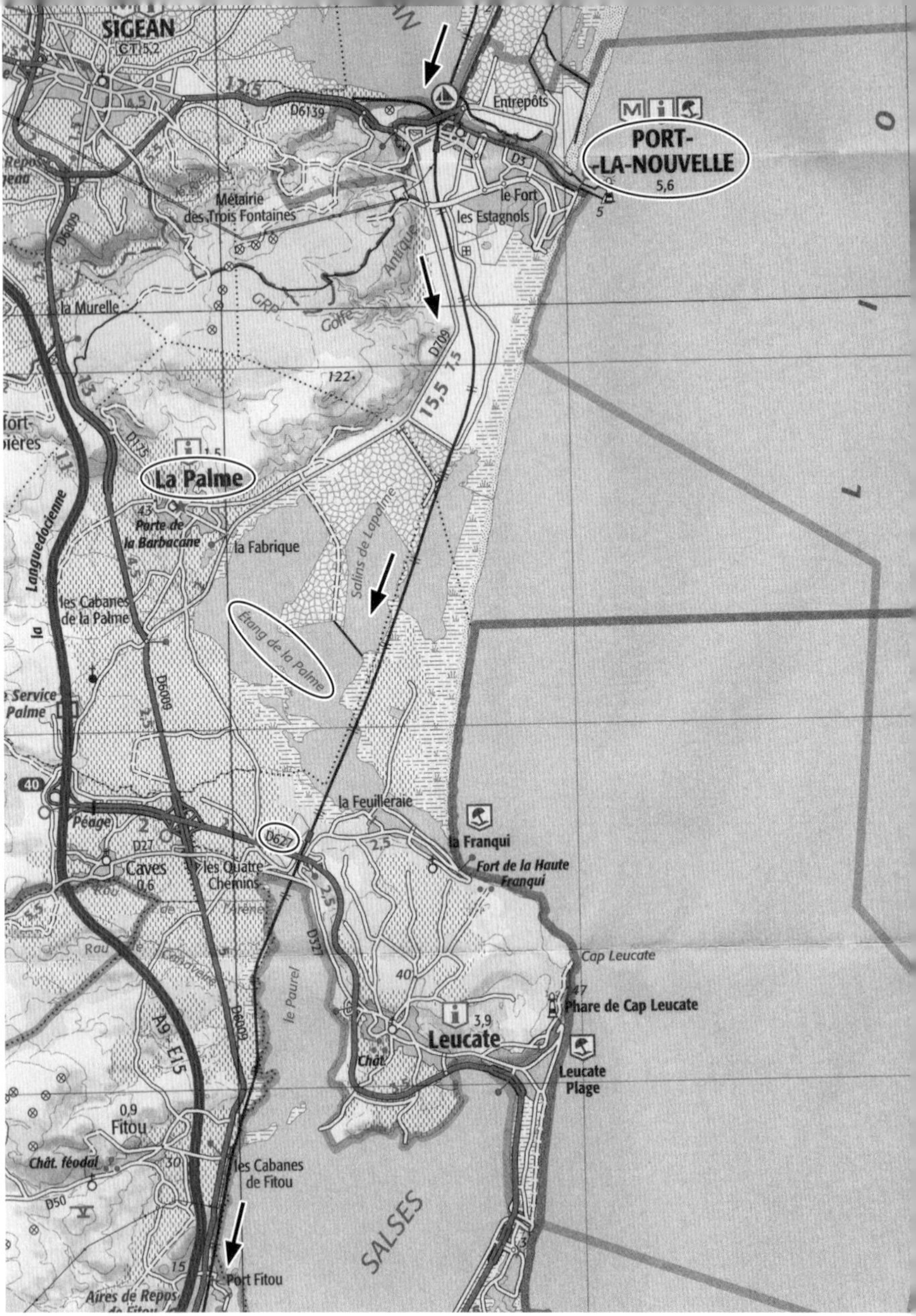

1:100,000 フランス国土地理院地形図 Top 100 Tourisme et découverte 174, Béziers Perpignan, 2014×0.9

の防波堤のように細長く八キロほどもつながっているはずだ。北海道のサロマ湖のような地形である。

『大歩行』のモーランド夫妻はちなみにこんなところは通っていないが、同じ道を歩くのもシャクなので、私は列車でひたすら南下することにした。ラパルム潟を抜けて小さな駅に停まり、D627主要道の下をくぐり、再び潟の道となる。今度は車窓左側だけだが、こちらも大きい。ルカト潟 Étang de Leucate だ。

127頁の地形図によれば、この潟の地中海に面した方には大規模に地形が改変されたところがある。オーストラリアのゴールドコーストの二万五〇〇〇分の一で見覚えのある「絵柄」で、それから類推するとポール・ルカト Port Leucate という村はリゾートで、その内側は広大なヨットハーバーのようだ。コンドミニアムかリゾートマンションと思われる高層建築も何棟かある。コートダジュールの開発が一段落して、こんどはラングドックの方にリゾート資本が目を向けている、という話も聞いた。主要道D627／D83号も一部は中央分離帯のあるほど立派な道路で、リゾート開発にかける意気込みが伝わってくる。一方で「ルカト潟の自然を守れ」と市民団体は反対運動をしたかもしれない。

少し南にはル・リード le Lido という地名が見える。待てよ、これはヴェネツィアの広い潟とアドリア海を隔てる砂洲の上にある有名なリゾート地のリードと同じスペルで、しかもきわめて似た地形だ。試しに伊和辞典を引いてみたら「海岸」という普通名詞であることが

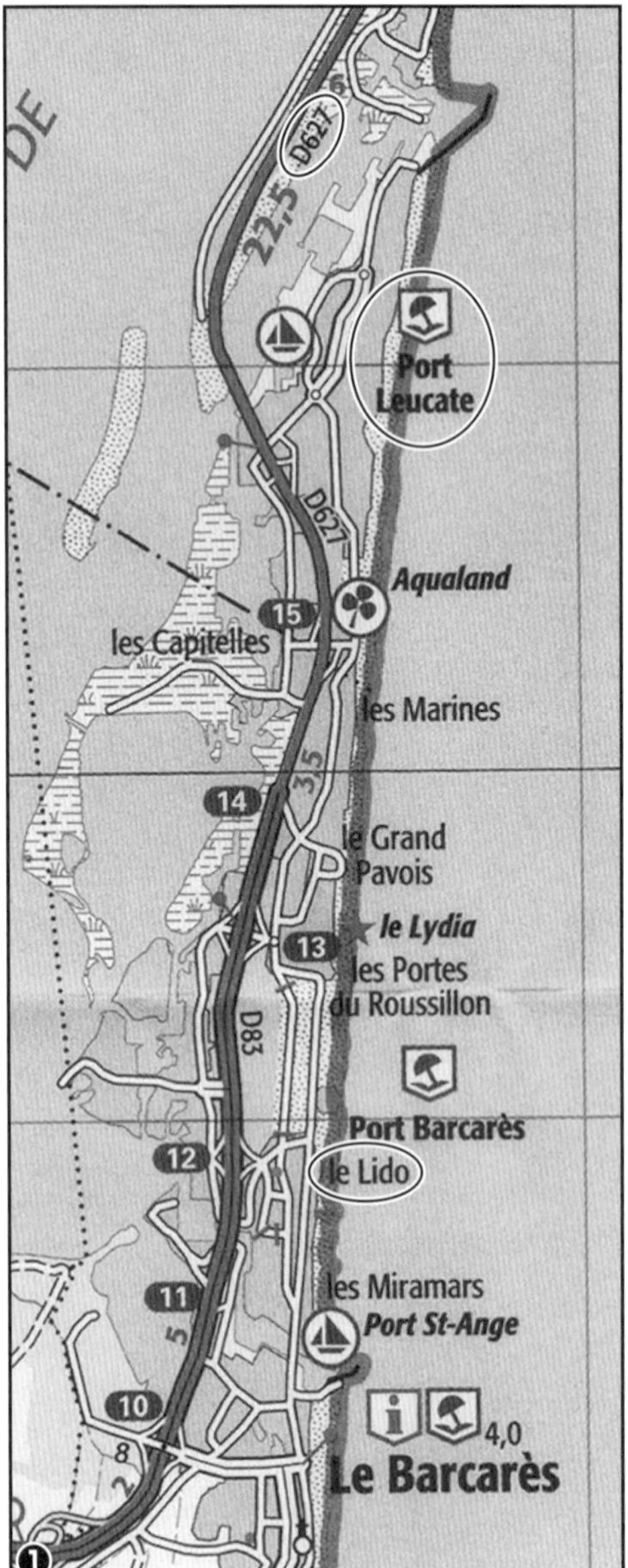
DE
D627
22,5
Port
Leucate
D627
Aqualand
15
les Capitelles
les Marines
3,5
14
le Grand
Pavois
le Lydia
13
les Portes
du Roussillon
D83
Port Barcarès
12
le Lido
les Miramars
11
Port St-Ange
5
10
8
4,0
Le Barcarès
1

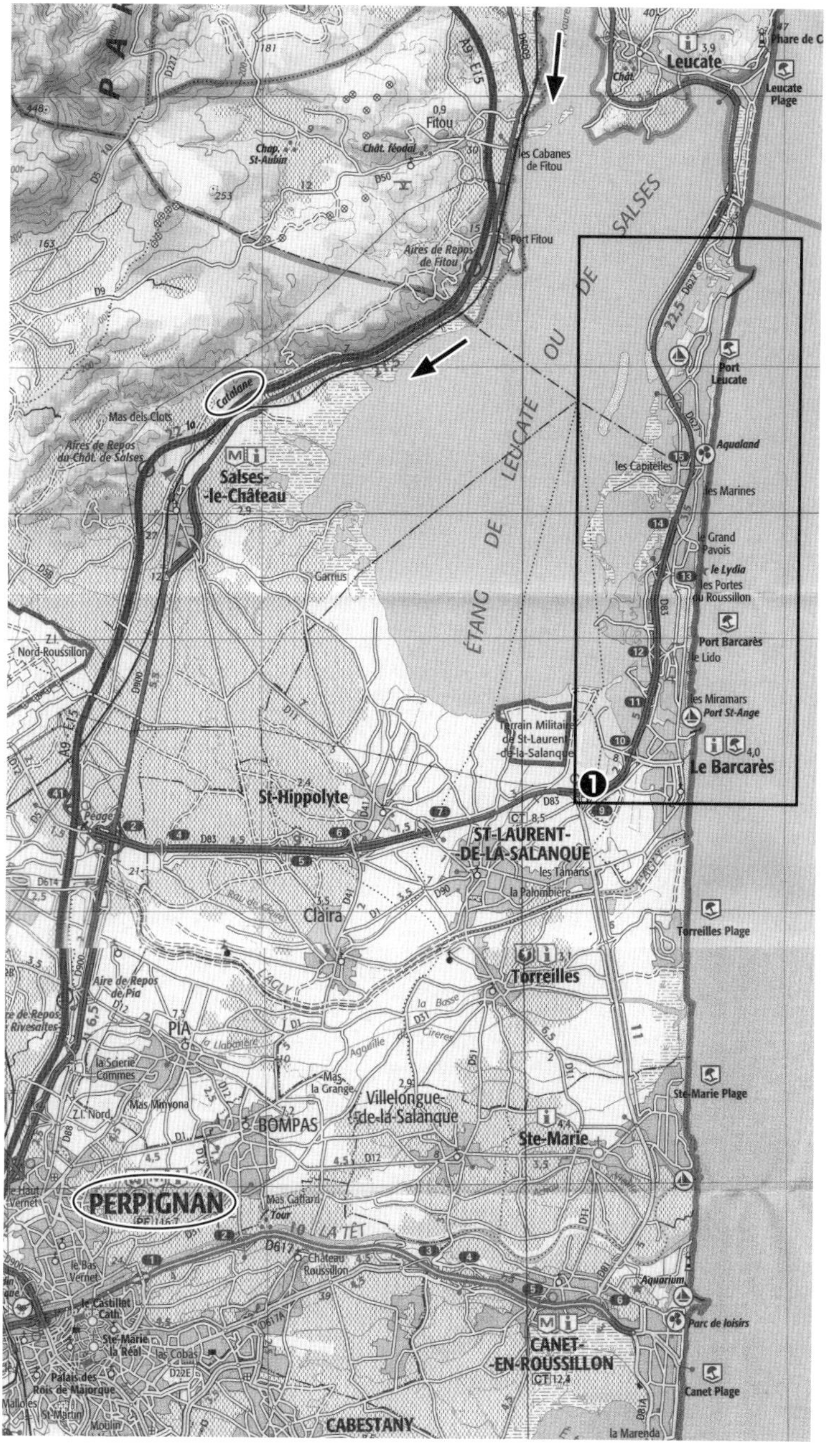

多様なロゴマークで海水浴場（パラソル型）、公園（クローバー）などの観光情報を掲載している。
1:100,000 フランス国土地理院地形図 Top 100 Tourisme et découverte 174, Béziers Perpignan, 2014×0.74

わかった。メールやプラージュというフランス語ではなくてイタリア語を使うところが面白い。何となく雰囲気が出るのだろうか。それとも有名なリードのあやかり地名だろうか。

潟のある左側ばかりを見ていたが、ふと右を見上げると国道D900号とカタラン高速道路（A9／E15）がいつの間にか並行している。ペルピニャンPERPIGNANはもうすぐだ。

イギリスのローマ古道をまっすぐ歩く

イギリスの五万分の一地形図を眺めていたら、まっすぐに延びる道路が目に飛び込んできた。「ローマン・ロード」とある。

すべての道はローマに通じる、という言葉があるが、海を越えた島国のイギリスにもそんな道があったのだ。そういえば古代ローマ帝国はここイングランドを含むヨーロッパからコーカサスのあたりにまで及ぶ広大な版図を持っていた、という話は世界史の授業で聞いたような気もする。

その広大な領土の隅々まで、総延長が地球一〇周に匹敵するという道路網が建設されたという。首都であるロンドンという都市名からしてこの「ローマ植民市」に由来するもので、当時はロンディニウムと呼ばれた。元素番号いくつの金属の名前みたいだが、とにかく由緒ある都なのである。

一九九二年の五月はじめ、イングランドの多くのローマ古道（ローマン・ロード）のうち、サマセットを走っている区間を歩くことにした。この地方はロンドンの約二〇〇キロ西にあって、港町ブリストルの南に位置する。地形図（ランドレインジャー・シリーズ一八三番）の南西端に載っているヨーヴィル YEOVIL の町のことを、ミシュランのガイドブックで調べると、およそ次のような解説があった。

人口三万六〇〇〇、一四世紀ごろから手袋と皮革製品の市場町として発展した。皮革原料供給地は周辺のポールデンやカントックなどの丘陵地帯。市街の建物はほぼ一九世紀以降のもので、町は一八五三年のトーントン＝ヨーヴィル鉄道の開通以降に目立って発展した。今ではヘリコプター工場で知られているそうだ。

ご存じのようにロンドンは方面別にいくつもターミナル駅があるが、イングランド南西部へはウォータールー駅の担当だ。ちょうどいい列車は八時四〇分発のエクセター（セント・デイヴィス駅）行き急行で、ヨーヴィル・ジャンクション駅には一一時一一分の到着。時刻表によれば距離はウォータールーからここまで一九七・五キロ、二時間半の道のりである。

ウォータールー駅を発車した急行列車はヨーロッパ一の大都会を後に直線の多い線路を快走する。いつのまにか田園風景となり、列車はこまめに駅に止まっていく。五つ目の駅アンドーヴァは聞いたことがあるぞ。そうだ、アガサ・クリスティの『ＡＢＣ殺人事件』の舞台のひとつだ。殺人現場がアルファベット順で、とにかくＡで始まるこの町が最初の犯行現場なのである。ストーンヘンジにも近いソールズベリーに停まると、次は三〇分ほどでギリンガム。いよいよ、わが一八三番地形図の範囲に列車が入った。しばらく丘陵地帯を快走して列車はヨーヴィル・ジャンクション駅（掲載範囲外）に到着した。

　この町には駅が二つあって、もうひとつは南北に走る鉄道（ブリストルとウェイマスを結ぶ）のヨーヴィル・ペンミル駅（１３２頁地図上Ⓐ）。これまで乗ってきた鉄道とヨーヴィル・ジャンクション駅の手前で立体交差してしまい、連絡駅がない。だから、これら二つの駅と中心市街を連絡するバスが走っている。このバスはだいたい列車の時間に合わせて運転されており、私も駅を降りて四分後の一一時一五分発のに飛び乗った。

　五分ほどで旧市街のバス・ステーション（同地図上Ⓑ）に到着。この国の地形図にはバス（コーチ）・ステーションという地図記号があある。丸にカンヌキを掛けたような形に赤い色が乗せてある。バス・ターミナルは鉄道駅から離れていることも多いので、これが示されているのは心強い。

新幹線並みの駅間隔

　ここからいよいよ地形図を頼りに歩いてローマン・ロードを北上する。ターミナルから西へ向かえばまず病院 Hospl があり、その前がロータリー（ラウンドアバウト）である。このタイプの交差点はイギリスには特に多く、信号がないのは最大のメリットだが、慣れない運

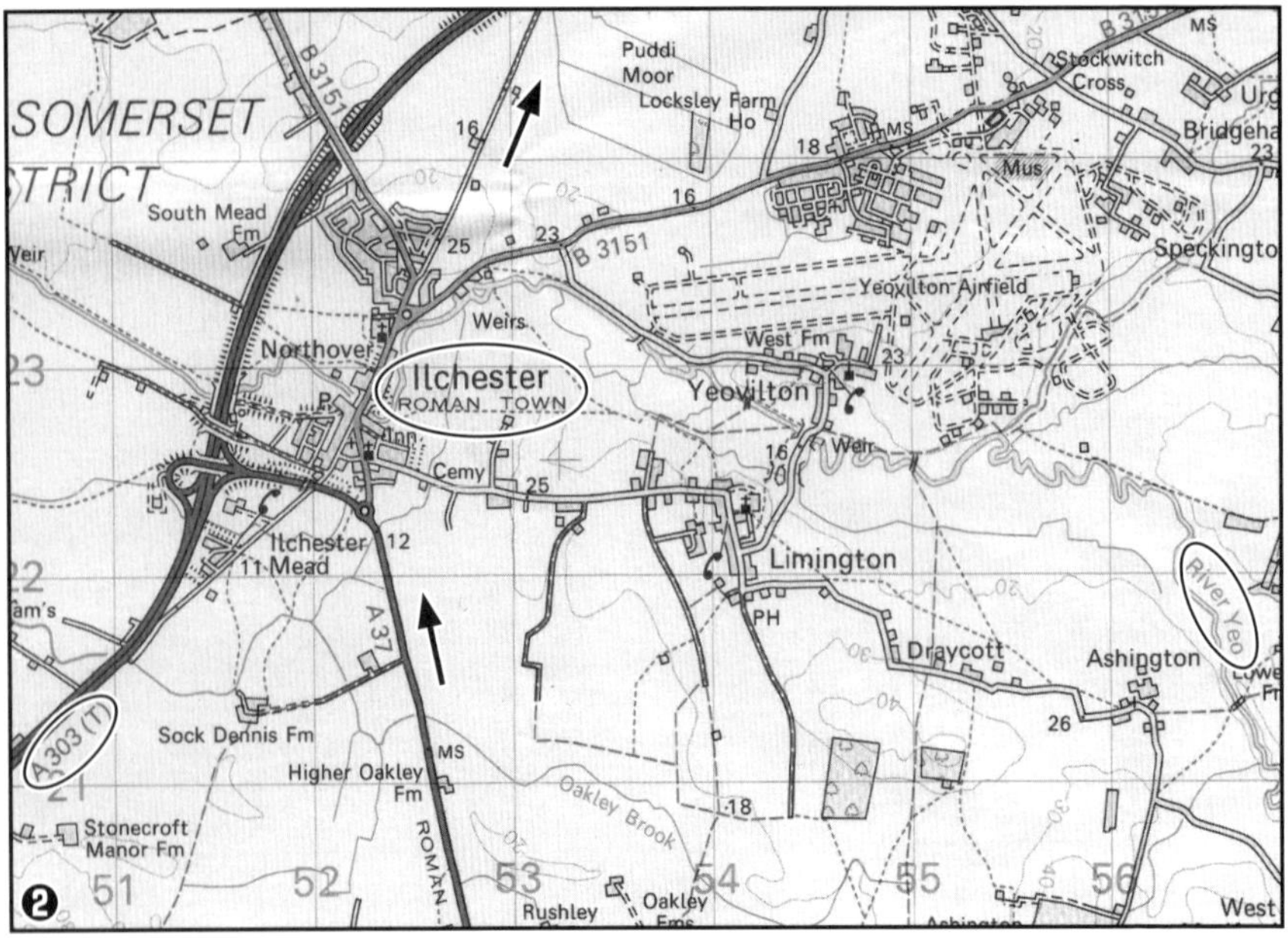

SOMERSET
STRICT
Puddi Moor
Locksley Farm Ho
Stockwitch Cross
Bridgeha
Speckingto
South Mead Fm
Weir
B 3151
Mus
MS
Yeovilton Airfield
West Fm
Weirs
Northover
Ilchester
ROMAN TOWN
Yeovilton
Weir
Cemy
Ilchester 11 Mead
Limington
PH
A 37
Draycott
Ashington
River Yeo
Lower Fm
A 303 (T)
Sock Dennis Fm
Higher Oakley Fm
Oakley Brook
Stonecroft Manor Fm
ROMAN
Rushley
Oakley Fms
Ashington
West
51
52
53
54
55
56
2

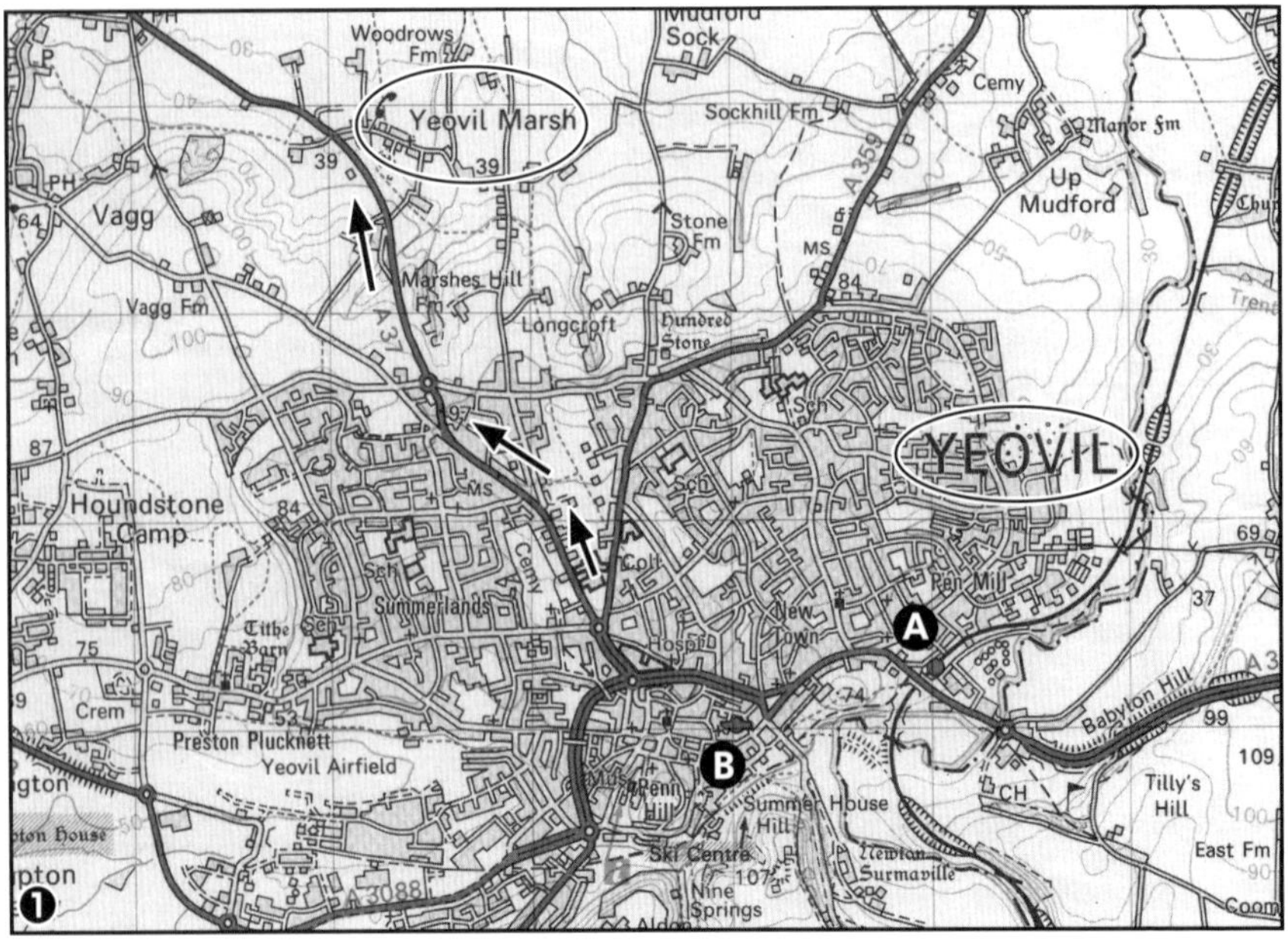

Mudford Sock
Woodrows Fm
Cemy
Yeovil Marsh
Sockhill Fm
Manor Fm
Up Mudford
A 359
PH
Vagg
Stone Fm
MS
Marshes Hill
Vagg Fm
Longcroft
Hundred Stone
Sch
YEOVIL
Houndstone Camp
Sch
Coll
Pen Mill
Summerlands
Cemy
New Town
A
Tithe Barn
Hospl
Crem
Preston Plucknett
B
Babylon Hill
Yeovil Airfield
Mus
Summer House Hill
CH
Tilly's Hill
Ski Centre
Newton Surmaville
East Fm
Nine Springs
A 3088
Aldon
1

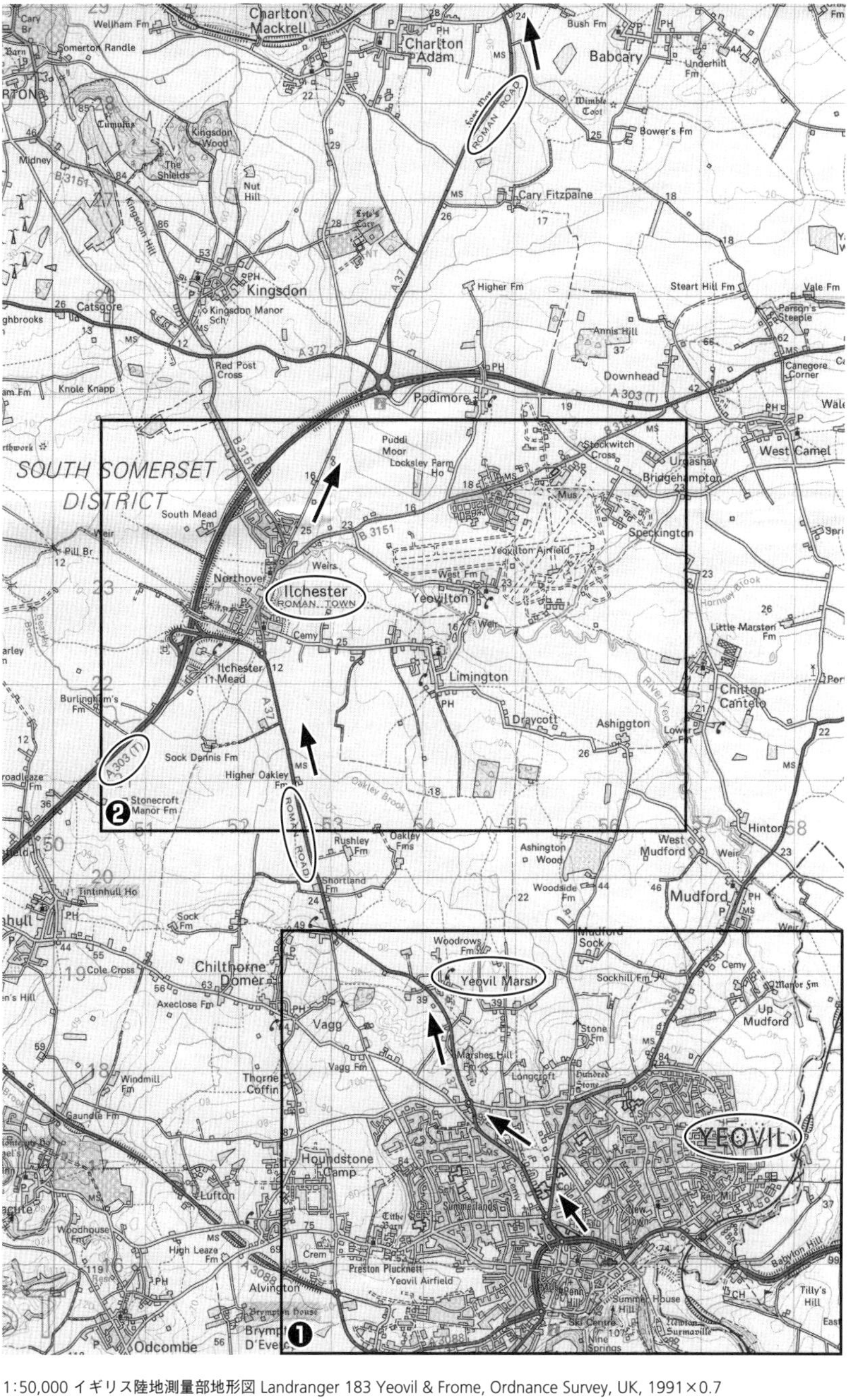

1:50,000 イギリス陸地測量部地形図 Landranger 183 Yeovil & Frome, Ordnance Survey, UK, 1991×0.7

転手はいつまでもグルグル回って抜け出せずに困るらしい。

　ここを斜めに右折、次のロータリーを直進方向へ進む。小高い丘の上にある市街を抜けると坂道を下っていく。ヨーヴィル・マーシュ Yeovil Marsh（湿地）の地名が示されたあたりになると、約六〇メートル下がって三九メートルの標高点がある。それにしても牧草地や畑がどこまでも広がっていて森が少ない。それだけにこの国では希少価値のある森林は地形図でもちゃんと目立つように緑色になっている。なるほど、国土の三分の二が森林である日本の地形図では森の部分に色はついていない。

　ここにある受話器のマーク☎は見ての通り公衆電話だ。これが青い記号だと「モータリング・オーガナイゼーション」の電話だそうで、自動車連盟（日本でいえばＪＡＦ？）直通のお助け電話みたいなものなのだろうか。

　次の交差点からが、どうやら本物のローマン・ロード Roman Road らしい。地形図にそう書いてある。ちょっとしたゆらぎはあるものの、いや、そのちょっとしたゆらぎがむしろ古い直線道路であったことを確信させる。バス・ターミナルから五キロも歩いただろうか。周囲は完全に平地となり、行く先にかすかな丘の起伏があるだけだ。

　次の町イルチェスター Ilchester は地図にローマン・タウン Roman Town と但し書きしてある。この言葉を地理学辞典で調べると、ローマン・ロードや内陸河川に沿って建設されたローマ時代の地方都市（ローマ植民市）、とある。規模はさまざまで、ロンドンのような大規模で商業都市的な側面を持っていた場所から、要塞に毛の生えた程度までいろいろあるらしい。ウィーンやパリ、ケルンなども数あるローマ植民市のひとつだ。

静かに流れるヨー川 River Yeo を越える小さな橋を中心にささやかな集落が大昔の空気を伝えている、ように感じるのは「ローマン・タウン」の注記のためだろうか。静かだ。教会の素朴な鐘がカランカランと鳴り始めた。大きさの異なる三つか四つの鐘が、少しずつ違う周期で鳴っている。ある時は共鳴し、ある時はずれて複雑なリズムで音が鳴り渡り、それでいてなぜか周期的で安心をもたらす響き。日本の梵鐘《ぼんしょう》の、それ自体複雑な合金の質を反映させた内省的な響きが孤独に音を減じていく雰囲気とはまったく違うものがある。寺の鐘楼から聞こえてくる音は、柿などを食ったりする背景にふさわしい。

小さな町を抜けるとメイン・ルートからはずれて道幅が狭くなったようだが、それでも天下のローマ古道はどことなく風格を漂わせながらまっすぐに続いている。やがて前方には高速道路かと思うような立派な築堤が見えてきた。国道A303号線のバイパスだ。この道はロンドン方面からエクセターを結ぶ幹線道路である。この道はイルチエスターの村をバイパスしているが、南西側はローマン・ロードの敷地を利用しているようだ。これまで見てきたように、この古道は主要道にせよ農道にせよ、何らかの形で現在も利用されているところが多い。廃道になった区間であっても、ルートであることが確認されている部分は地形図にもROMAN ROAD (course of) のように記されていて、実に親切だ。

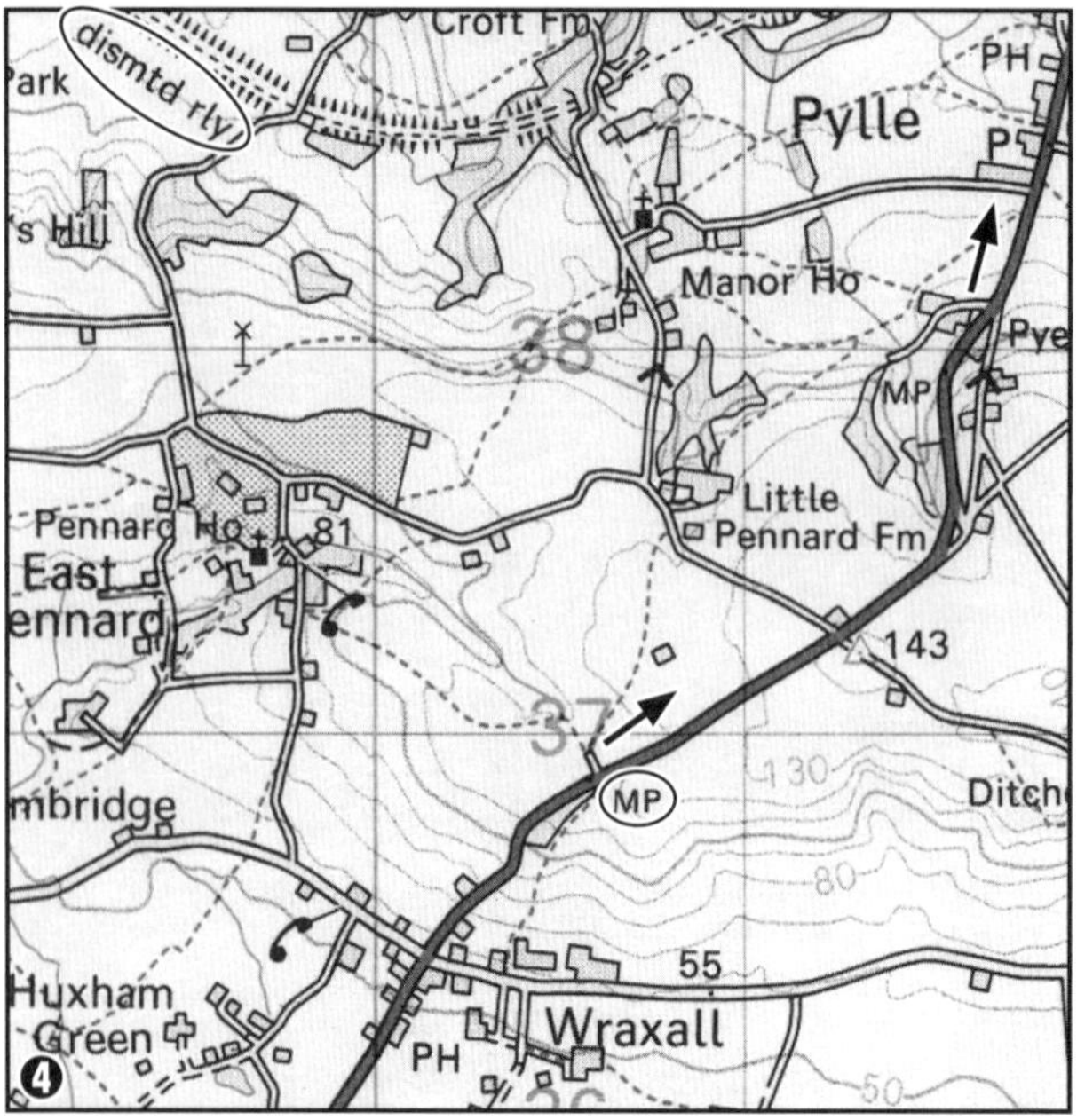

Croft Fm
dismtd rly
Park
PH
Pylle
P
's Hill
Manor Ho
38
Pye
MP
Little
Pennard Fm
Pennard Ho
81
East
ennard
143
37
MP
130
Ditch
mbridge
80
Huxham
Green
55
Wraxall
PH
50
4

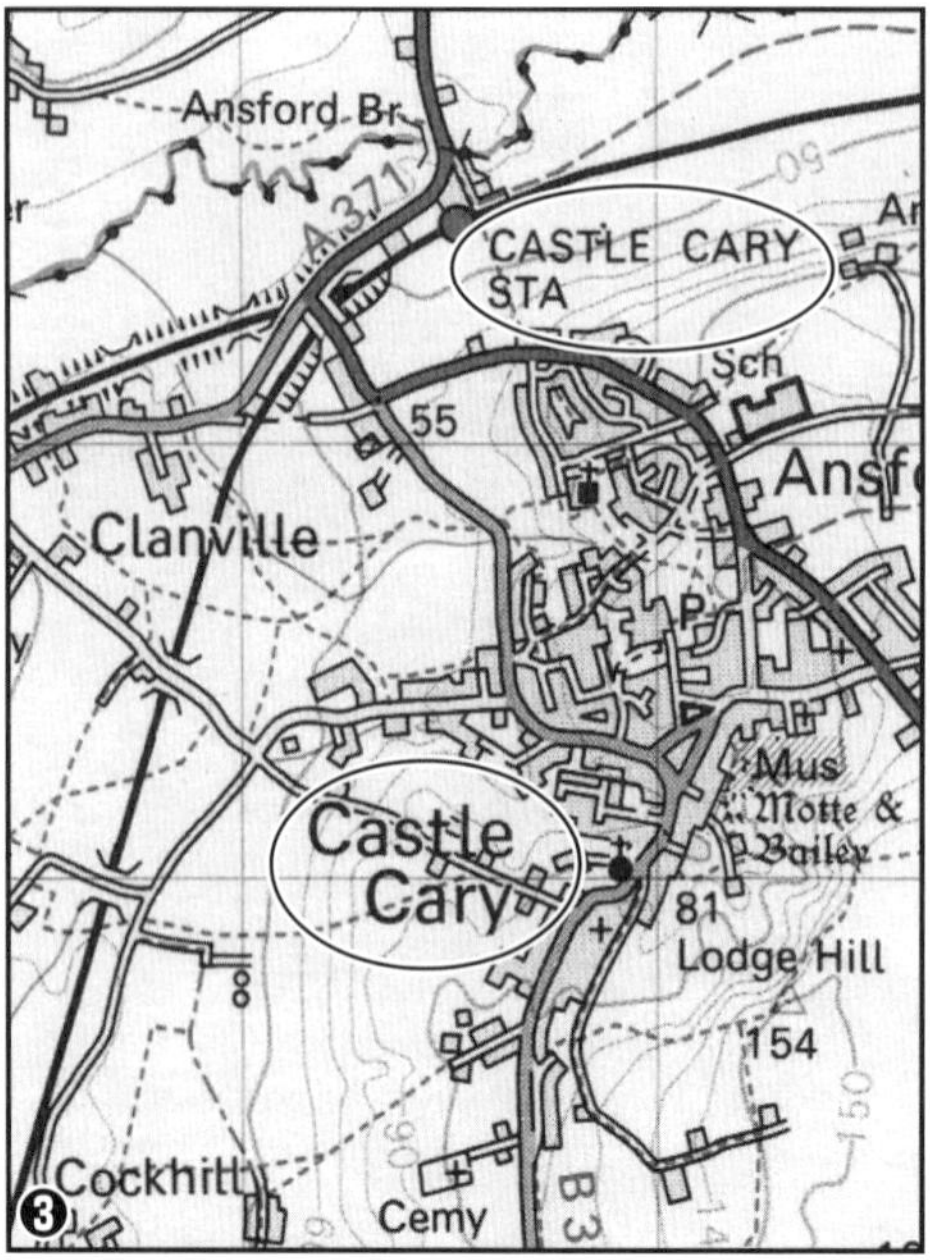

Ansford Br
A371
CASTLE CARY
STA
Sch
55
Ansf
Clanville
P
Mus
Motte &
Bailey
Castle
Cary
81
Lodge Hill
154
150
Cockhill
Cemy
B3
3

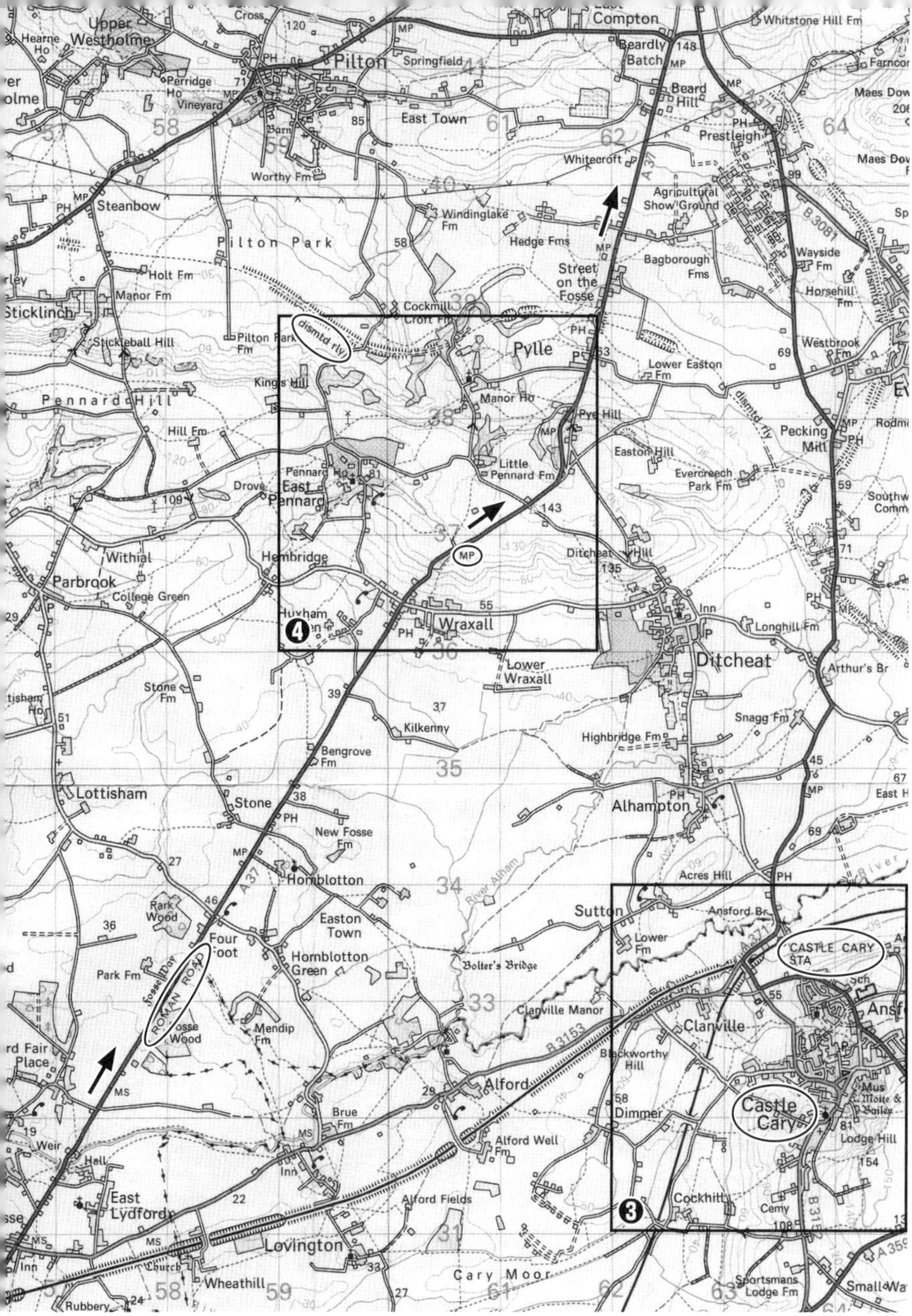

イギリスの地形図は縮尺により役割分担が明確である。この1:50,000は観光地図としての色彩が強く、
遺跡や鉄道の廃線など、過去の事物にもこだわりを見せている。
1:50,000 イギリス陸地測量部地形図 Landranger 183 Yeovil & Frome, Ordnance Survey, UK, 1991×0.85

立派な国道の下をくぐって相変わらず北北東に進路をとる。あたりは悠然たる時間が流れる農村風景がどこまでも続き、乾いた秋の風が心地よい。途中ちょっと曲折を経てしばらく行くと今度は鉄道の築堤が見えてきた。この線路は向かって左つまり西へ向かえばエクセター、東へ行けばキャッスル・キャリー Castle Cary の駅で、ヨーヴィル・ペンミル駅から北上する路線がここで接続している（137頁地図）。それにしてもこのローマ古道が交わる付近には駅はまったくなく、そのキャッスル・キャリー駅から西のトーントン（掲載範囲外）までは、ひと駅でなんと四五キロもある。本当に駅がまったくないのだとすれば、この駅間距離は新幹線並みだ。きっと昔はいくつも駅があったのだろう。後で調べたら、途中駅は一九六二年に廃止されたという。日本よりはるかに「クルマ社会」のイギリスでは、このような小駅の廃止は珍しくない。

ガードをくぐって七キロほどまっすぐ歩くとちょっとした小高い丘につきあたり、Sカーブで坂道を上る。坂の上にMPとあるが、進駐軍のミリタリー・ポリスがここにいるわけではなく、マイルポスト、一哩《マイル》塚である。この国ではメートル法中心の欧州にあって頑固にマイル・ヤード・フィートを使っていて、たとえばヨーロッパの道路地図でもイギリスとアイルランドだけマイル表示だったりするので要注意だ。地形図でも七〇年代頃までは「一マイル一インチ地図」といって、図上の一インチが現地の一マイルになるような縮尺（六万三三六〇分の一。一マイル＝一七六〇ヤード、一ヤード＝三フィート、一フィート＝一二インチから計算すればこうなる）だったが、最近はメートル法を使った五万分の一地形図である。

この丘からはちょっと北寄りに進路を変えて下りにかかるが、地形の起伏は増していく。それでもまっすぐ行くローマン・ロードの本領発揮、である。丘を下ったところで黒い破線------と交差するが、これがイギリスの地形図特有の廃止された鉄道 dismtd rly（dismantled railway）の表示だ。「廃線」を言葉で明示しているのはこの国だけではないだろうか。鉄道ファンが多い国でもあり、また古いものを大切にすることにかけては世界一流の国であるから、地形図にもこんな配慮をさせてしまうのだろう。それにしてもイギリスの地形図を見るとあちこちにこの「廃線」が相当な密度で目立って、これらが全部現役だった頃の風景を想像すると圧倒される。

感心しながら歩いていると、シェプトンマレット SHEPTON MALLET という町の東で、廃線跡が途中で現役の鉄道記号である太線に変わっている場所があった（１４０頁地図）。東サマセット鉄道 East Somerset Railway とある。この注記には網が掛けられているので「見どころ」であることを示している。この鉄道は昔の線路を利用した「保存鉄道」だ。イギリスでは、廃止されたローカル鉄道をファンや鉄道会社ＯＢなどが中心となって保存し、観光客に開放するこの種の鉄道が数多く存在する。ファンたちがボランティアで運営を支えているのである。

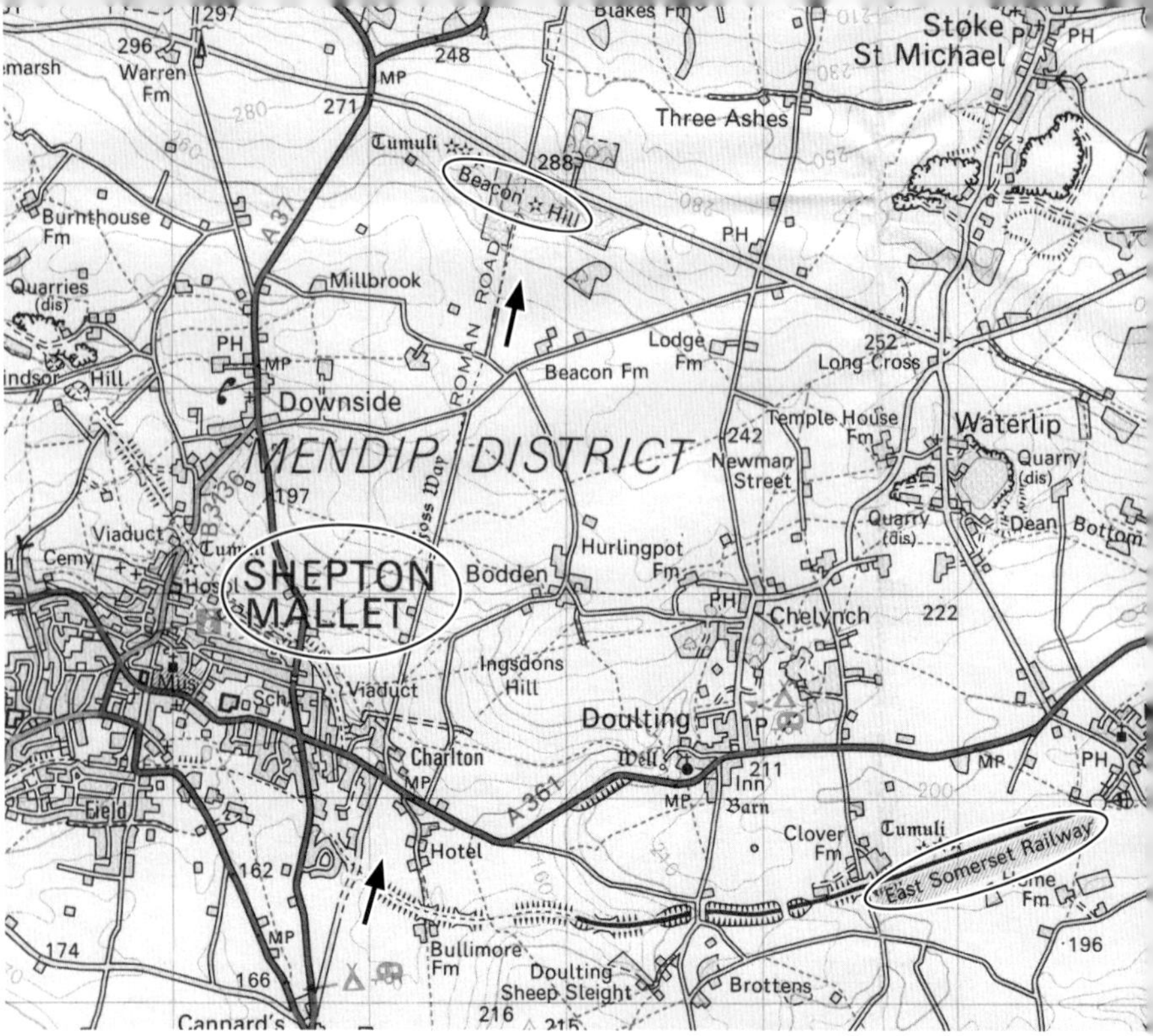

図の南端に見える東サマーセット鉄道East Somerset Railwayは1963年に旅客輸送を休止、貨物線として存続したが1985年に廃止。同年に保存鉄道として再生、現在に至っている。
1:50,000 イギリス陸地測量部地形図 Landranger 183 Yeovil & Frome, Ordnance Survey, UK, 1991×1.19

あえて難工事にして兵士に暇を与えなかった？

さて、この先はわれらがローマ古道も切れ切れになってくる。これだけアップダウンをものともせずに町はずれを突っ走る道にはつき合いきれない後世の人が、この区間を敬遠したのだろう。そもそも、なぜローマン・ロードはそれほど直線にこだわるのだろう。ある本にこんな裏話が載っていた。

当時のローマ当局は、武器を持った兵士がヒマにしていることを極度に虞《おそ》れたという。「小人閑居して不善を為す」ではないが、謀反《むほん》を企てられるとマズい。そこで公共事業である道路建設を、それもなるべく地形に逆らってでも直線道路を通すことで難工事にした、なんていう信じ難い話だ。もちろん直線で地点間を最短距離で結ぶメリットは言うまでもないが。

起伏のある風景に、か細くなって遺跡らしさを増した古道の風景はいい雰囲気だ。ビーコン・ヒル Beacon Hill という注記とともに灯台マークのようなもの☆が散在するのは古墳または塚である。古墳というのは辞書にあった訳語だが、日本の古墳とは違うのだろう。このビーコン・ヒルという地名は「烽火台《ほうかだい》」といったところだろう。ローマ人の光通信だろうか。なんだか霞のかかったこの風景のように私の想像力の限界を超えている。二〇〇〇年前の同じ時間にも、もしかしたらこの丘に誰かが立ってずっと向こうを見つめていたかもしれない。

ずいぶん歩いた。このへんで国道に出てバスをつかまえよう。

ニュージーランド

コハンガピリピリ湖畔までピリピリ歩く

最初から意味不明のタイトルで恐縮だが、ニュージーランドの五万分の一地形図「ウエリントン」を見ていたら発見したのがこの、コハンガピリピリ湖なのである。綴りはLake Kohangapiripiriで、完全にローマ字で読める。この地名は先住民マオリの言葉だ。ポリネシア系なので、どこかハワイの地名に通じるところもある。

また、ウエリントンWellingtonというのはニュージーランドの首都だが、ここはイギリスの「ニュージーランド会社」による最初の植民集落で、その「会社」の発展に寄与したイギリスのウエリントン公の名前をつけたものだ。ただ、この国最大の都市はオークランドで、日本からの直行便もこちらに飛んでいる。

マオリたちの島であったこの土地がイギリスの植民地になったのが一八四〇年、それからは白人がどんどん住み着き、お決まりの荒っぽい土地収奪をやりながら白人の国がつくられていく。それでイギリス風地名が多いのだが、北海道にアイヌ語起源の地名が多く残っているのと同様、この国でも先住民に名づけられた地名が、特に小さな村などに多く残っている。それにしても地図を見ると飛び込んでくるワイヘケ島とかオロンゴロンゴ川、マコマコ町とかパラパラウム市という地名を音読していると、なぜか時間の経つのを忘れる。日本語をローマ字にしたような音の響きが、どこか身近な雰囲気にさせてくれるのかもしれない。これがゴールデン・ベイとかクライストチャーチ市じゃそうはいかないのだ。

一九九二年の夏、ウェリントンの空港に降り立つと少し海の匂いがした。144頁の地形図で明らかなように、この空港は滑走路が一本、それも二〇〇〇メートルしかない。両端は海だ。ちなみに長さがすぐわかるのは欧米の地形図にほとんど必ず入っている便利な格子のおかげだ。一マスが一キロで、距離感がつかみやすい。

空港から都心まではバスである。ところで地形図を見ていただきたい。ウェリントン空港Wellington Airportの文字のすぐ上にサブウェイSubwayという注記がある。あれ、地下鉄もあるのかと勘違いしやすいが、このサブウェイはここでは地下道だ。イギリスでも同様で、地下鉄のほうはアンダーグラウンド（またはチューブ）という。バスはポイント・ジャーニンガムPoint Jerninghamという岬を回らずにヴィクトリア山Mt. Victoriaやアルフレッド山Mt. Alfredと名の付いた小連峰をハタイタイHataitaiのトンネルで抜けて中心市街へ向

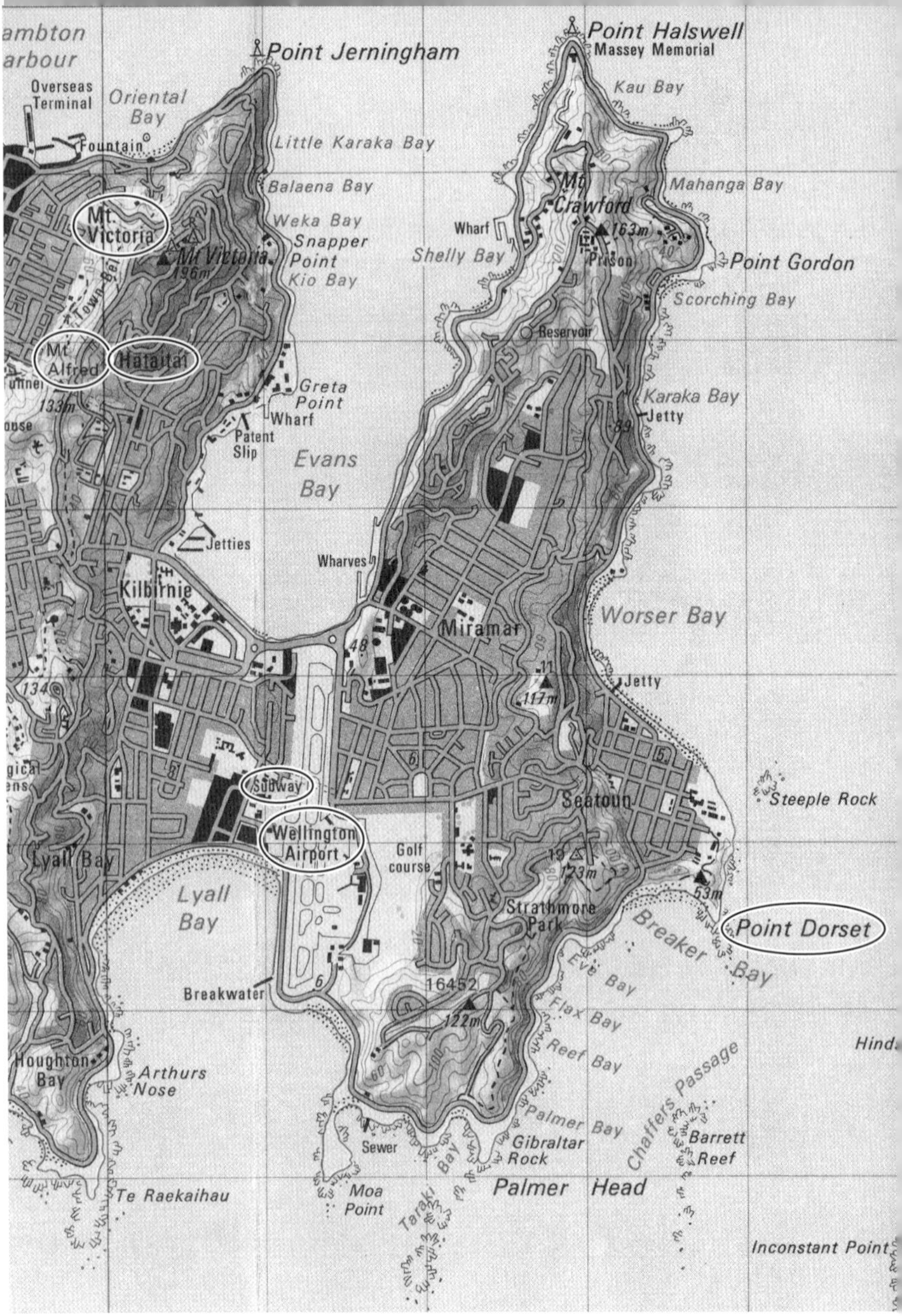

1:50,000 ニュージーランド官製地形図 NZMS 260 Sheet R27, Pt.Q27 Wellington,
Department of Lands & Survey, New Zealand, Limited revision 1986×1.25

かう。英連邦の国々はとにかく山や川や村々にヴィクトリアと名づけるのが好きだ。

地位の低い公共交通機関としての鉄道

旧市街に宿をとった私は、翌日さっそくコハンガピリピリ湖に向けて出発した。直線距離では空港から湖まで五キロちょっとしかないのだが、海を越えてすぐ着いたのでは面白くないので、横須賀から木更津まで横須賀・総武快速で東京湾をぐるっと半周するようにウェリントン湾の海沿いのコースを楽しむことにしよう。まずウェリントンの始発駅から列車に乗って湾奥のロウアー・ハットという近郊都市まで行き、そこからバスをつかまえてウェリントン湾沿いに対岸を南下するのである。

ウェリントンの駅は埠頭《ふとう》の並ぶ港にすぐ隣接していて、何本ものプラットホームが駅舎のところで行き止まりになっている（147頁地図上Ⓐ）。ここから先は船ですよ、という無言の案内だ。首都の中央ながらガランとした印象なのは、この国の鉄道の、公共交通機関としての地位の低さを表している。とにかくクルマ中心の国で、幹線鉄道でも驚くほど本数が少ない。

定刻に発車した普通列車はすぐ海側にあるコンテナ・ターミナル Container terminal を横に見ながら操車場の線路の錯綜をゆっくりと通過、まもなくピクトン・フェリー・ターミナル Picton Ferry Terminal が見えてきた。ここが南島の玄関である小さな港町ピクトンまでを結ぶフェリーの発着所だ。

トーマス・クック・オーバーシーズ時刻表（ヨーロッパ以外を掲載する世界時刻表）で調べてみると、連絡船はこのフェリー・ターミナルからピクトン港まで一日に四便、九〇キロの距離をほぼ三時間かけて結んでいる。かつての青函連絡船が一一三キロの距離を三時間五〇分で結んでいたことを思い出す。

なお、南島に渡った乗客は列車に乗り換えて南島の中心都市クライストチャーチ方面へ向かうわけだが、ここまでが三五〇キロ、最南端のインバーカーギルまでは九五〇キロもある。オーストラリアの隣にあって、世界地図ではずいぶん小さく見えてしまうこの国も実は意外に大きい。約二七万平方キロだから日本の本州と九州を足したぐらいの広さがある。ただその国に住んでいる人が三三八万人（一九九一年）と、横浜市の人口とだいたい同じぐらいだから、ゆったりしているわけだ。

ハット川を遡ったところにあるマスタートン（掲載範囲外）まで行く普通列車はだんだんに速度を上げ、カイワラワラ川を渡ってカイワラワラ駅 Kaiwharawhara に停まる（その後二〇一三年に廃駅）。海がすぐ目の前だ。右側を並行して走っているのは国道1号線で、この道路は北島の中央山地を抜けて大きなタウポ湖畔を通り、オークランド方面へ向かう。

しばらく海沿いを走ると複線の鉄道が海側から分かれて頭上を通り過ぎ、すぐ左側の山のトンネルへ突っ込んでいった。これがオークランドまで六八五キロを結ぶニュージーランド

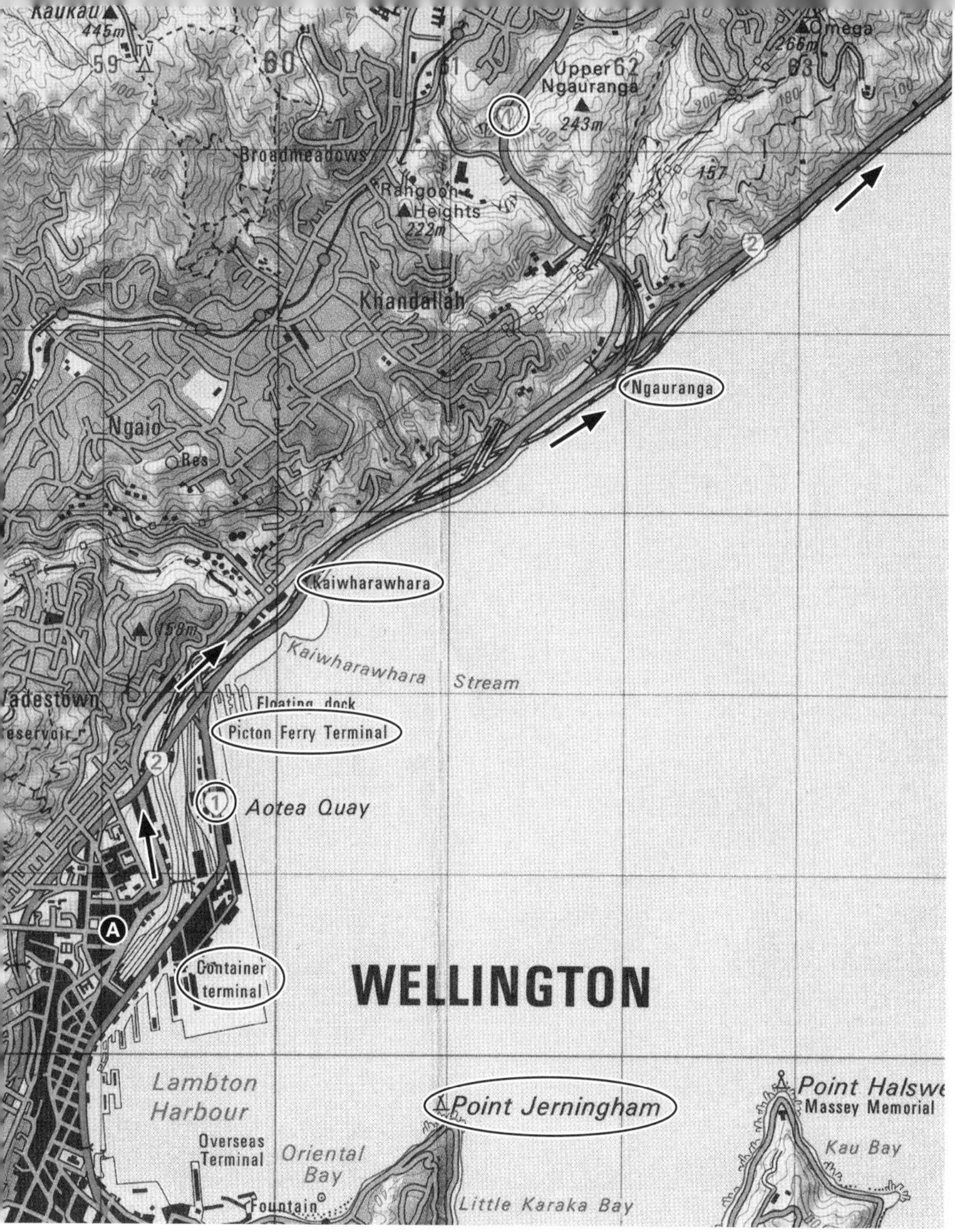

ニュージーランドの地名は宗主国イギリスが持ち込んだ英語地名と、マオリ語由来の地名が混在している。
1:50,000 ニュージーランド官製地形図 NZMS 260 Sheet R27, Pt.Q27 Wellington,
Department of Lands & Survey, New Zealand, Limited revision 1986×1.28

で最も重要な幹線である。しかし鉄道斜陽国、本数は少ない。次の駅ンガウランガ Ngauranga で国道一号線も山側へカーブしていく。左側は急斜面の森、右はすぐ海だ。波のほとんど見えない鏡のような沖にはサムズ島 Somes Island が秋色に霞んでいる（149頁地図）。日本の桜の木の下で一斉にお花見が行われている時期、ここニュージーランドでは当然ながら木々が色づきはじめ、朝夕はだんだんに冷え込んでくる。この鉄道の路線名はワイララパ線 WAIRARAPA RAILWAY だったのか。そう地形図に示されているのに気づいた。ワイララパはマオリの言葉で「きらりと光る水」という。いい地名ではないか。

マオリ表記多き地図

やがて海が見えなくなって駅に停車。地形図には駅名が書いていない。駅名標を見るのを忘れたが、この駅のちょっと北にはコロコロ Korokoro という地区があるではないか。これだから地図はやめられない。次回には、本当にあるのかどうかわからないが、ぜひコロコロ小学校の表札を写真に撮ってこよう。やがてハット川 Hutt River の鉄橋を渡ると、港からの単線の引込線と合流し、いよいよロウアー・ハットの市街（同地図上Ⓑ）に入る。

このハットの谷は、植民地になって間もない一八四五年、先住民マオリと白人との間で「ハット峡谷の戦い」があったそうだ。もちろんマオリたちは白人側に徹底的に鎮圧されている。こうした過去の植民地政策を反省してか、ニュージーランド政府が一九八七年からマオリ語

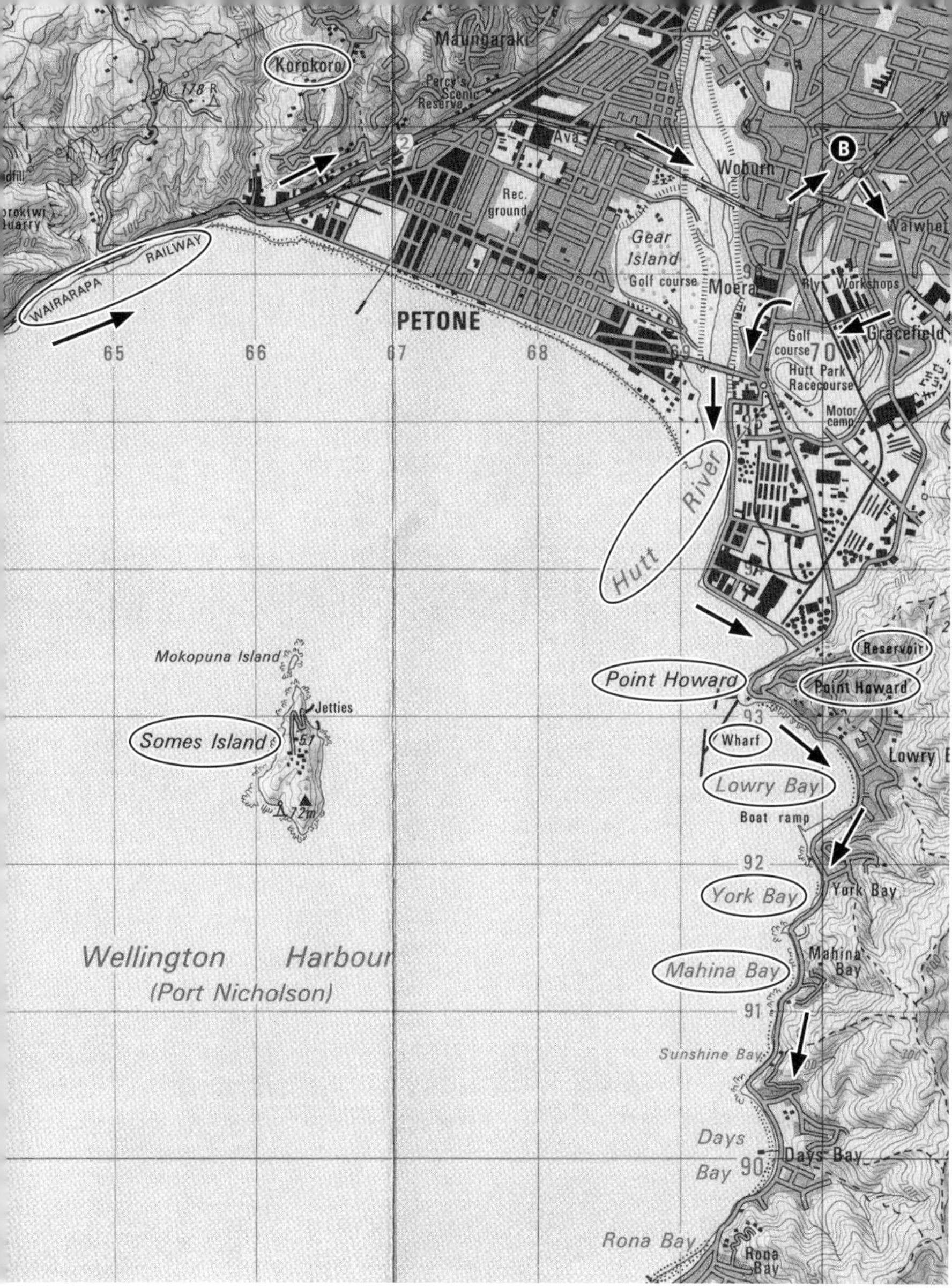

1:50,000 ニュージーランド官製地形図 NZMS 260 Sheet R27, Pt.Q27 Wellington,
Department of Lands & Survey, New Zealand, Limited revision 1986×1.06

を公用語に加えたことにより、国名および主要都市名のマオリ表記が認められた。たとえばオークランドはタマキ・マカウ・ラウ（乙女と一〇〇人の求婚者たち）、ウェリントンはテ・ワンガ・ヌイ・ア・タラ（タラ〈女神〉の大いなる港）という具合だ。国名はアオテアロア（白く長い雲のたなびく地）である。

駅に降り立ち、あたりを見回すと、なんということもない住宅地が広がっていた。ロウアー・ハット市の中心ではなさそうだ。イーストボーン Eastbourne まで行くバスの乗り場[1]をその辺の人に聞くと、あそこのコンビニの角のところだ、という。バスの時刻を見ると、まだ一時間近くもある。さてひと休みということでそのコンビニへ入った。林檎をひとつ、そして葡萄パンももらおうか。

やがてイーストボーン行きの真新しいバスが目の前に止まった。二五分ほどの乗車時間だ。競馬場《レースコース》前 Racecourse などというバス停があって、いくつか曲がり角を過ぎると倉庫や石油タンクの並ぶ一角に出た。このへんはけっこうまとまった工業地帯だ。ウェリントンの市街地で工場はあまり見かけなかったが、やはり近代的市民生活を支える裏方的な存在はどこの地域にもあるということがわかる。現代の人間の生活はきれいごとだけでは維持できない。ただウェリントン首都圏の京浜工業地帯をバスはものの五分で抜けてしまう。やはり本家（?）の京浜とは人口規模でケタが違う。首都とはいえ、ウェリントン市の人口は一九九一年の統計によれば一五万人しかないのだから。

たちまちハワード岬 Point Howard の山が屏風のように近づいてきた。道路は海側に大きく右カーブを切る。車窓右側に海が突然現れて、突堤が見えてくる。地形図にあるワーフ Wharf というのがそれだ。岬を回ると岬と同名のポイント・ハワードという村を通り過ぎる。その上には貯水池があるらしい。リザヴォワ Reservoir という表記がそれだ。

このあとは次々に浦々を抜けていく。ローリー浦 Lowly Bay、ヨーク浦 York Bay、マヒナ浦 Mahina Bay などがずっと連なり、それぞれ小さな村が斜面に張り付いている。背後は三〇〇メートル台の山並みが続いていて、湾の穏やかな水面を見下ろしている。

家並みが目立つようになるとまもなくイーストボーンの終点（152頁地図）。最後まで乗っていた七人の乗客を降ろし、バスは折り返しの「ロウアー・ハット行き」におデコの方向幕を変え、運転手はおもむろにドアを閉めた。人のいなくなったバス通りに佇みながら、私は五万分の一地形図をリュックから取り出した。ここからは歩きだ。

どこかで教会の鐘が鳴っている。家が途切れてまた海沿いの道になるが、ここからは狭い砂利道。地形図の図式でいえば色のついた道（実際にはオレンジ）が舗装道路で、だんだら縞が砂利道を表している。対岸にはウェリントン空港の東側の半島がすぐ近くに見え、南島へ向かうフェリーの姿もある。このウェリントン湾は巾着型をしていて、口の部分は幅二キロ足らずと狭い。天然の良港である。ウェリントンのマオリ名にも「ワンガヌイ(大きな湾)」という語が含まれている。

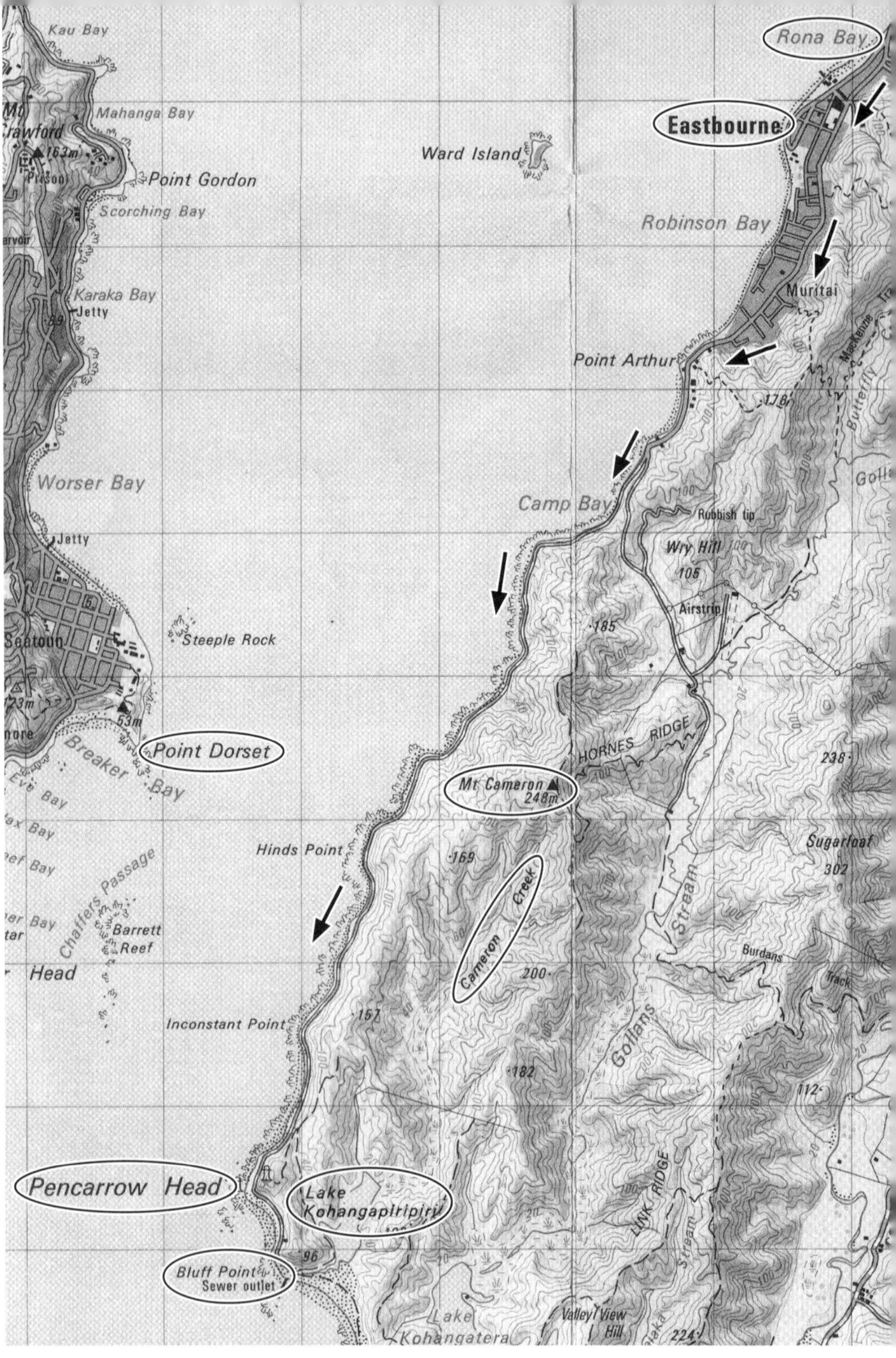

1:50,000 ニュージーランド官製地形図 NZMS 260 Sheet R27, Pt.Q27 Wellington,
Department of Lands & Survey, New Zealand, Limited revision 1986×1.07

左手にはキャメロン山 Mt. Cameron が見える。標高は二四八メートル、数値のわりには高く見える。その山に源を発するキャメロン川 Cameron Creek が流れ下った先がコハンガピリピリ湖である。ただ、この小川の下流部は地形図によれば湿地になっていて、容易に近づけそうもない。小道も描かれていないから、あまり人が足を踏み入れる場所ではなさそうだ。動物保護区にでもなっているのだろうか。

対岸からこちらに向かって突き出た岬がドーセット岬 Point Dorset である。イングランド南西部の州名をとったこの岬は、やはり「地球の裏側」まで来たイギリス人が故郷を懐かしんで命名したのだろうか。砂利道を歩くのはくたびれる。ひたすら南進する道にはほとんど車が来ず、聞こえるのは自分の踏みしめるザクザクという砂利の音だけだ。それが心なしかピリピリと聞こえてきた。湖畔がピリピリ♪　湖畔がピリピリ♪　湖畔がピリピリ♪　この湖の名を自作の変な歌に乗せて調子をとりながら歩いていくと意外に距離が稼げるものだ。はるか頭上に灯台の見えるペンカロウ・ヘッド Pencarrow Head の岬を回り込む。外からウエリントン湾内に進入する船にとって大事な灯台だ。

次の断崖岬《ブラフ・ポイント》 Bluff Point を回ると湖水が流れ出るスーア・アウトレット Sewer outlet はもうすぐだ。この小さな流れを少し遡るとすぐ湖畔に着く。足下の砂利は相変わらずピリピリ鳴っている。やはりこれがコハンガピリピリ湖の語源なのではないか。[2] めちゃくちゃな結論ではあるが、旅モードの精神状態はこのことを納得するに十分な力となる。誰もいない湖を眺めながら、秋風の吹き過ぎる草原がちの湖畔で、林檎とパンのお弁当をおもむろに広げた。ひと口かじった林檎の音がピリリと響く。

【1】バスの記述については路線・所要時間等も含めて筆者のまったくの想像です。現地の事情と劇的に異なるかもしれませんので悪しからずご了承ください。

【2】その後、英語版ウィキペディアでコハンガピリピリの語源を調べてみたら「しっかりくっついた巣」とのこと。

オランダの「最高峰」を目指して

オランダの地形図には等高線がない、などというウワサが囁《ささや》かれるほど（？）この国はまっ平らである。堅固な堤防を築き、ぐじゅぐじゅの湿原や千鳥舞う干潟を海から仕切り、泥《でい》濘《ねい》地ゆえにあの木靴を履いて頑張ったのである。隙あらばあちこちから浸入しようとする水を抜くのに活躍したのが、何を隠そうあの風車である。伊達《だて》や酔狂で回っていたのではない。

とにかく海面下の土地が多くて、アムステルダム郊外の干拓地《ポルダー》など、地形図の標高点にはほとんどマイナスがついている。またよく見れば、そこにゼロメートルの等高線があたかも漏水の染みのように這っていることに気づくはずだ。ついでながら、ネーデルラントという正式国名からして「低地国」という意味であることはよく知られている。

それはそうと、誰でも気になるのが（そうでもないか）、この国の最高地点の高さである。結論から言えば、三二三メートルだ[1]。この「最高峰」はオランダの南東端にあるファールス山というテーブル状の山で、この南東端がドイツ、ベルギー両国と接している。ここがドリーランデンプント Drielandenpunt と呼ばれていて、英語でいえばスリー・ランズ・ポイントということだ。三つの国が接する点、つまり三国山なのである。今回はここに登ってみよう。

私は「山」という言葉を使ったが、当地の「オランダで最も高い山」という看板にある「マウンテン」という単語は、外国人のいたずらで「マウンド（丘）」によく書き換えられるという。三二三メートルとはいえ、最寄りの町ファールスからの比高はわずか一二〇メートルほどなので、これでも山かよ、という気持ちはわかる。

この「山」に最も近い都市は五キロほど離れたドイツのアーヘンなのだが、オランダ国内の最寄りの都市はマーストリヒトだ。この町は最近では欧州統合のための条約締結地としてメディアを通じて日本人にもすっかりおなじみになった。ただそれよりはるか以前、この都市は一世紀にローマ人が建設したオランダ最古の都市でもある。

一九九〇年、秋には東西ドイツがいよいよ統一という夏、マーストリヒトの駅を八時五六分に出る普通列車のアーヘン行きに乗った。五分前に駅に着くと、海老茶色の古いディーゼルのドイツ製レールバスが待っている。ドイツ全国の多くのローカル線で活躍したこの車両も、新鋭レールバスなどの登場で全国で廃車が相次いでいる。ビニール張りのシートに座ると間もなく動きだした。

オランダ最古の教会の尖塔を背に、二軸車両であるための独特のジョイント音を響かせながら市街地を抜けていく。ここから降車駅のシンペルフェルト Simpelveld までは三〇分弱の道のりだ。けっこう都市の多い地域なのに一日八本というローカル線ぶり。日本よりも自動車社会が進んだ独蘭両国の現状である。ただ、こんなローカル線でも国境を越えていくのだから立派な「国際列車」で、ちょっとドイツまでお買い物、アーヘンの友達の家へ、というような普段着の客を乗せて緩やかな起伏の続く野原を東へひた走る。

九時二二分、シンペルフェルト駅に到着した。畑や牧草地がなだらかに広がる中にある小さな古い村だが、地名の意味は文字通り簡単で、英語ならシンプル・フィールドである。なるほど、どことといって特徴のない丘陵が広がっている。そこで159頁の地形図をご覧いただきたいのだが、等高線にくれぐれも騙されないように。ところどころに高さの数値が書き込まれているのでよく見ればわかるが、主曲線・計曲線・補助曲線合わせて二・五メートル間隔というきわめて狭い間隔で等高線が描かれているのである。日本の二万五〇〇〇分の一が原則として一〇メートル間隔であるのと比べると四倍の密度になっている。日本の地形図を見慣れている人なら、画像を四倍に薄めていただかなければならない。それにしても、これだけ等高線間隔が狭くて微妙な地形が表現されているのは、いかにこの国が平らであるかの証明でもある。たとえば地形図の下の方などはかなり等高線が混んでいるが、せいぜい多摩丘陵並みだ。

シンペルフェルト駅は村が北側にあるので、まずそちらへ降りて途中でガードをくぐって南下する。地形図では駅のすぐ東側からまっすぐ南下している道だ。線路のこちら側は人家がほとんどなく、駅の裏からすぐに畑や牧草地が広がっている。五〇〇メートルほど行くと大きな交差点で、左から高速道路が合流している。標識があり、この高速に入ればすぐに高速A76号線に合流してアーヘン、マーストリヒト双方に行けることを示していた。地形図ではこの案内標識はY字型の記号Yで示されている。ヨーロッパの地形図の記号にもいろいろあるが、案内標識が記号になっている国は珍しい（日本の戦前の地図には「道標」という記号があった）。おそらく今ではオランダだけではないだろうか。

さて、ここからは高速道路を出入りする車でちょっと交通量が多くなる。それでも、ちゃんと歩道が整備されているので安心だ。広い空の下をのんびり歩くうちにバネハイデBaneheide の小さな村に着く。ハイデというのは「野原」である。この村の南側の交差点を南東へ向かう道へ入ってみよう。地形図ではだんだら縞に表現された砂利道だ。

鉄道跡の道路

ほとんど車の来ない田舎道を歩いていると、モーレン通りMolenweg という小道と交差するが、ここにドイツとの国境を示す境界標柱があった。地形図にGp^{n} 205 と示されたもので、

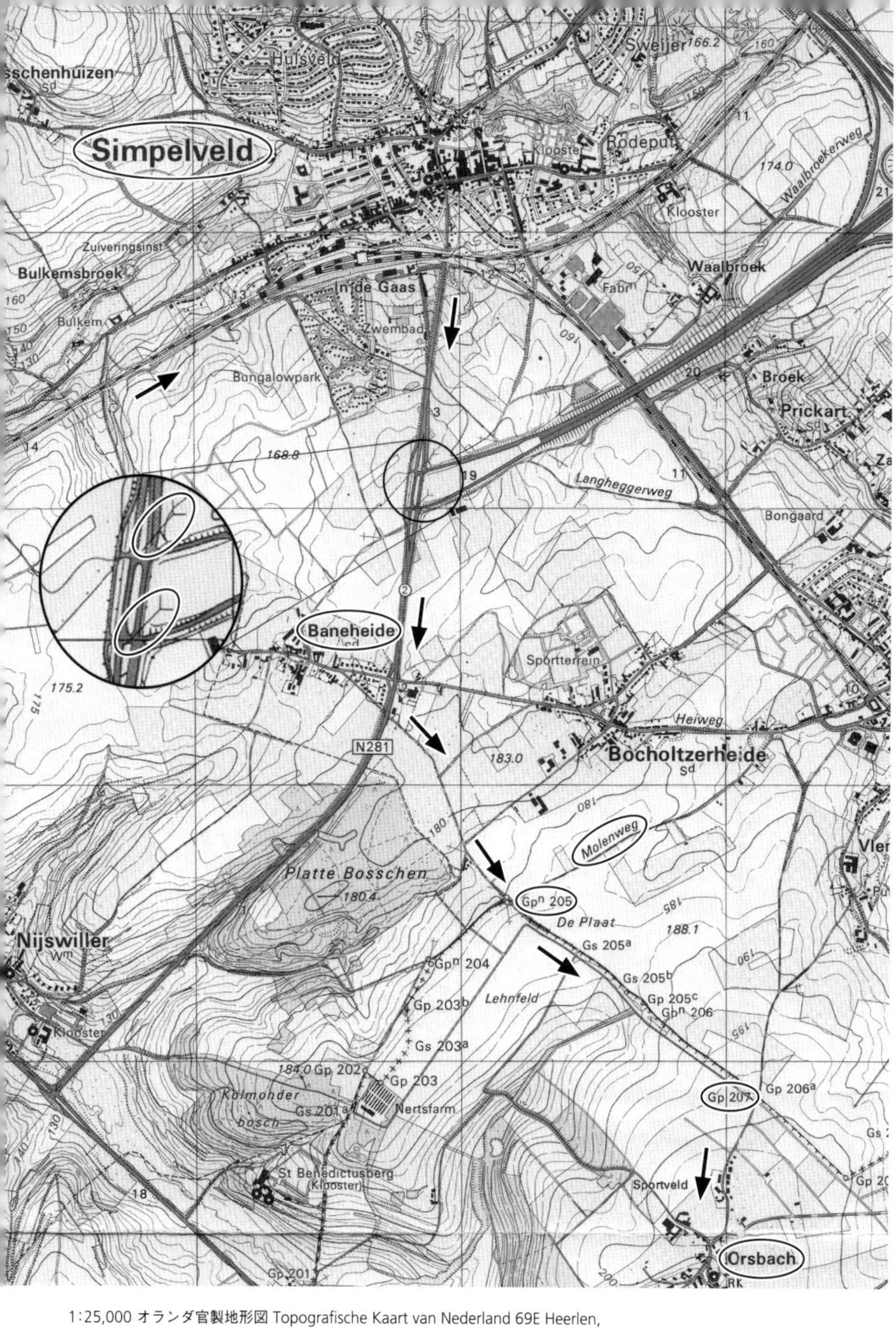

1:25,000 オランダ官製地形図 Topografische Kaart van Nederland 69E Heerlen,
Topografische ondergrond © Kadaster, 1989×0.89

数字は点々と国境に沿って設置された柱の通し番号である。同様にGsは境界石を示す。ただ国境といっても、それらのモノを除いて何もなく、左右同じような畑と牧草地の風景が続いているだけだ。国境の検問が原則として廃止された現在、このあたりの国境は、ほとんど日本の都道府県境のようなものなのである。もちろん毎日隣国へ通勤している人もいれば、私のようにごく一部だけハイキングコースとしてドイツに踏み込むのも自由である。

しばらくこの道が国境で、右側がドイツ、左がオランダだ。次の境界標柱Gp207で南に折れるとまもなくオールスバッハOrsbachの村に入った（161頁地図）。ドイツ領である。小さな村だが、ちゃんと中心に教会があって、この小さな共同体を日常生活の上でも精神的にも束ねている雰囲気だ。

教会を過ぎてすぐ右折。今度は長い七五〇メートルほどの坂道で標高六〇メートルほど下る。先ほど述べたように、この等高線の密集はたいしたことはない。勾配を地形図上で計算すると八パーセント、つまり箱根登山鉄道の最急勾配と同じくらいだから、歩きや車にとってはたいした坂道ではない。谷に流れるセルツ川Selzerbeekという小さな流れが蘭独国境となっている。アウト・レミールスOud Lemiersという小さな集落があるが、ここはドイツ領のくせにオランダ語地名だ。アウトとは英語のオールド、ドイツ語のアルトで、「古いレミールス」という意味になる。

坂道を少し上ったところにあるオランダ領の（新しい？）レミールスLemiers村に出て、

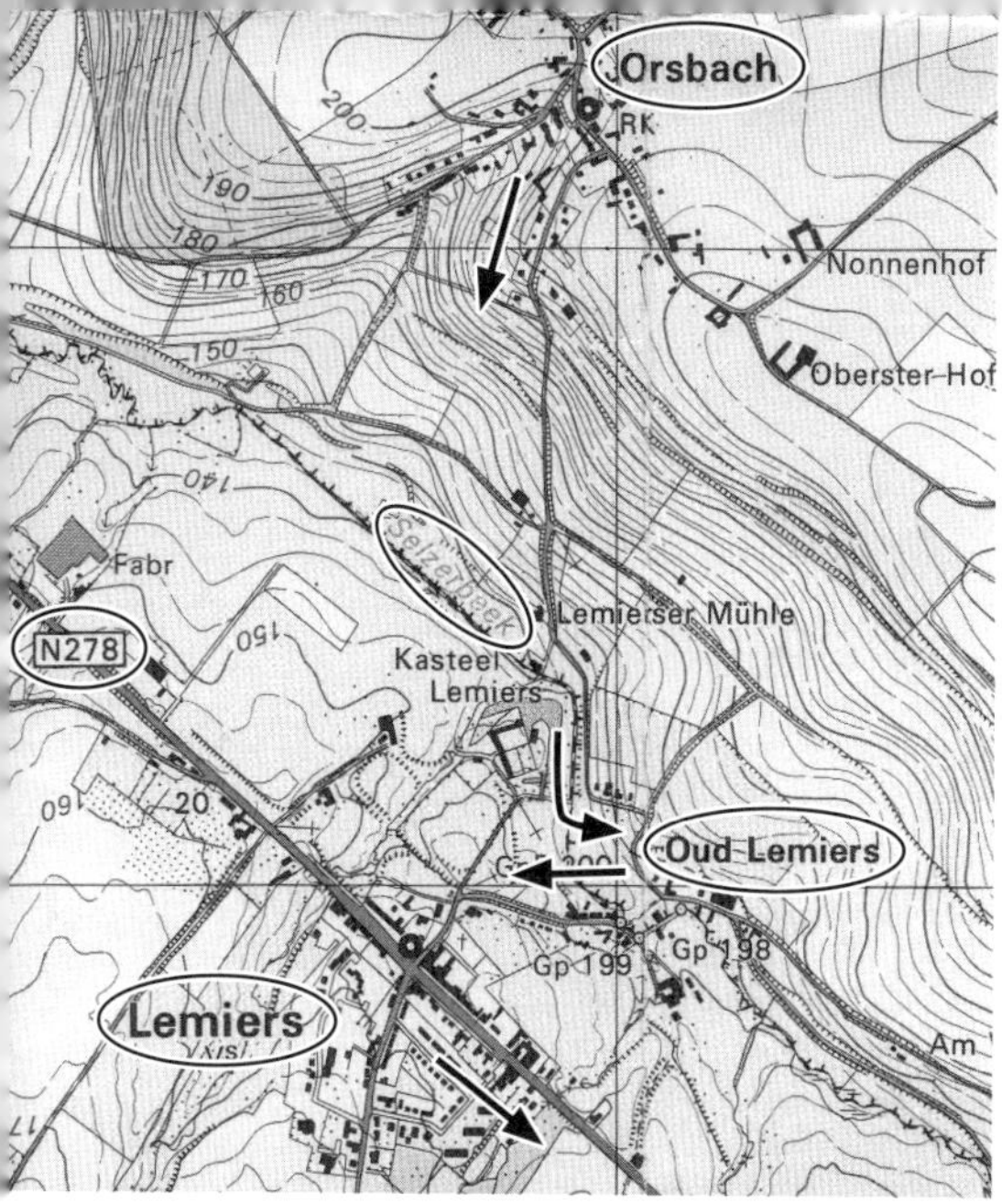

1:25,000 オランダ官製地形図 Topografische Kaart van Nederland 69E Heerlen, Topografische ondergrond © Kadaster,1989×1.33

国道278号をファールスVAALSの町へ向かう。反対方向はマーストリヒトで、このあたりは七キロほどまっすぐな道が続いているのだが、どうやらこの道路、鉄道の跡らしい。根拠は、地形図にも表示されているレミールス村の東の築堤と切土の跡だ。いかにも鉄道跡の顔だ。また、ここには載っていないが、ずっと西のフルペンという町で明らかな鉄道跡と合流するのである。鉄道廃線跡を歩くのを趣味にしていると、そんなところばかりに目が行って困る。ファールスへ向かう途中、21キロポスト（地形図では路傍の三角印△）でくだんの築堤が分かれていくのだが、やはり鉄道跡のニオイが濃厚だった（163頁地図）。

文字通りのいろは坂

いよいよ三国山の麓、人口約一万の小さなファールスの町に入ると、ある交差点にドリーランデンプントへの案内標識があった。23キロポストの少し左で道が南へ分かれるところだ。ここを右折。ちなみに、この交差点の右にある、三角旗を立てたような記号ᛐは警察署で、もう少し右の国道278号沿いにあるフォーク形Ψは郵便局。オランダの地形図の記号には「足」がついているから、その正確な位置がわかりやすくていい。

そこから住宅が点在する細い道を九〇〇メートルばかり南下すると、いよいよ三国山入口の分岐点で、立体交差の手前の道を左折する。道は「最高峰」へ続く斜面をカーブを描いて上っていく。オランダ唯一の「いろは坂」だろう。ただし、カーブの数は三つか四つしかなく、本当に「い・ろ・は」でおしまいだ。車道はいろは坂を迂回するが、私は直登する近道を選んだ。上にはウィルヘルミナ塔Wilhelminatorenという展望台が立っている。ただしこれは三国点にあるのではなくて、ファールス山というテーブル状の山の北端に位置している。三国点はその南端だ。

後ろを振り返ると、約一二〇メートルほど上ってきた甲斐あって、ファールスの町を眼下に、またこれまでずっと歩いてきた丘陵がずっと遠くまで地図通りに見渡せて気持ちがいい。再び車道に合流して三国点に向かって歩いていくと、なるほど車で上れる観光地だけあって、大駐車場が右側に広がっていた。近隣からの車がけっこう止まっている。ナンバープレートを見ると、ドイツのケルンや地元アーヘン、オランダ側ではアムステルダム・ナンバーも目立つ。

いよいよ三国が国境を接する点、ドリーランデンプントに着いた。地形図の丸い形の建物

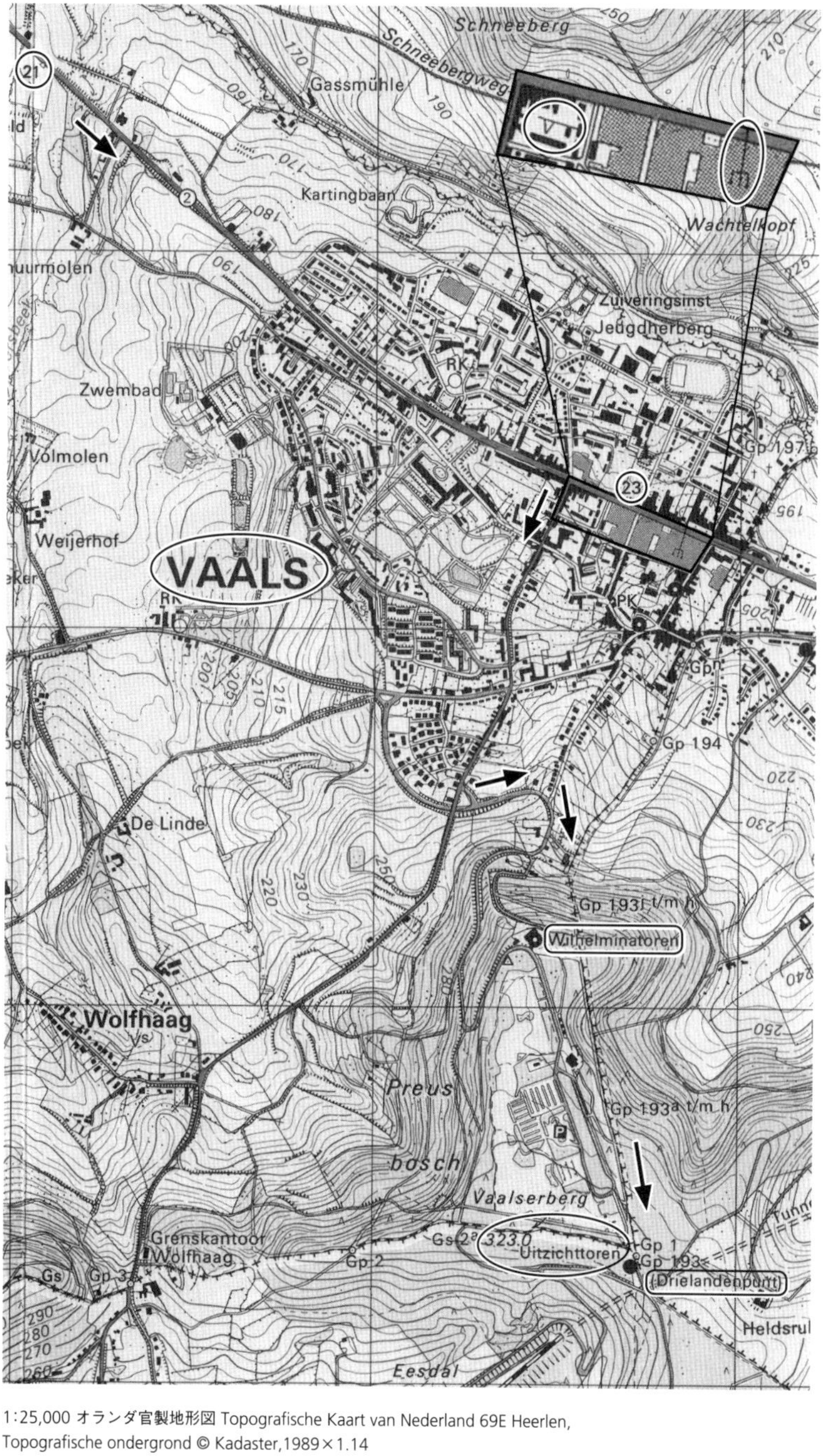

1:25,000 オランダ官製地形図 Topografische Kaart van Nederland 69E Heerlen,
Topografische ondergrond © Kadaster,1989×1.14

は展望塔 Uitzichttoren で、さまざまな国の人々が高みの見物をしている。絶対的な高度は低いとはいえ、低地の中の高地は見晴らしがいい。やはり人間というのは、高いところに登るのが本能的に好きなのだな、という当たり前の感想を抱く。英語、フランス語、そしてオランダ語、その他いろいろな言葉が飛び交っている。土産物を売る売店ではドイツマルク、オランダのギルダー、ベルギー・フランのいずれも使える。もちろんその後二〇〇二年に全部ユーロに統合された。どうしても日本人は外国のお金というと、空港で両替したり、銀行でトラベラーズ・チェックを用意したり、などと垣根の高いイメージがあるが、ここでは実に融通無碍《ゆうづうむげ》なおばちゃんが三種類の通貨をものともせずに取り扱って動じない。欧州統合というものは、戦後のそうした日常の情景の積み重ねの中で準備されたものなのかもしれない。

ひとつ疑問点。ここでは判読しにくいかもしれないが、実はベルギー側の等高線が、ドイツ・オランダの等高線とつながっていない。ほぼ地形図の補助曲線一本分（二・五メートル）ほどのズレがあるのだ。ちなみに独蘭の二国はちゃんと合っている。どうしたわけか、と地形図欄外の説明を読んでみたら、次のような理由であることがわかった。

曰《いわ》く、独蘭両国の高さの基準はアムステルダムの海面であるのに対し、ベルギーの地形図はフランス国境に近いオーステンドの海面だという。その違いが二メートル三四センチなのだそうで、なるほど補助曲線ほぼ一本分だ。ただ、この基準とされている二つの都市は二〇〇キロ弱しか離れていないのに、どうしてこれほど違うのかわからない。高さの基準をどちらかに統一すればいいじゃないかとも思うが、そうもいかないのだろう。今まで積み重ねた水準点のデータなどあれこれを全部変えるのは膨大な手間だ。だから当分は二・三四メートルの差というものがついてまわるのだろうが、いずれにせよ、普通の市民生活には影響はない。国境を越えると道路にガクンと二・三四メートルの段差ができているわけでもないし。

展望台で、その大きな町がドイツのアーヘン、ずっと向こうがオランダのマーストリヒト、そっちがベルギーの田舎、などとみんなで仲良く指さしているヨーロッパ人たちの図は、多くの問題を抱えながらも、後戻りできない歩みを決然と始めたEUを象徴する情景に見える。

【1】「地球の歩き方」では三二二・五メートル、「ミシュラン」英語版は三二二メートル、その他の文献では三二一・五メートルというのもあって実際のところはわからないが、使ったオランダの官製地形図では三国点の少し西側に323・0という標高点があるので、本書ではこれを採用した。

バングラデシュの古き港町を訪ねて

今回は突如バングラデシュだ。一九九二年の七月、この国最大の港町、チッタゴンへ行く。ダッカに次ぐ約一五〇〇万人（一九九一年）を抱える大都市である。

途上国の地形図の入手は非常に困難な場合が多いが、この国では主要都市の二万分の一が問題なく買える。私もつい最近、ここの測量局からチッタゴンの市街地図を買った。値段が安いこともあって、ついでにこの国の州別地図は全部買い揃えた。日本の「分県地図」でさえ全部持っていない私にとっては、州または県の地図を全部持っている唯一の国となってしまった。

ここで途上国の地図の通販はとてつもなく遅い、という先入観も改めさせられた。代金を国際郵便為替で送ったら、ほぼ一か月で地図が送られてきた。注文を出してから最終的に荷物が着くまで半年近くかかったイタリア陸軍測量局担当者殿、聞いておられますか。

洪水頻発の理由

雨季のバングラデシュは水没しているところが多い。それが水害なのか、それとも雨季というのはそういうものなのか、私にはわからないが、いずれにせよ、泥水の色をした水部が広がっている。それが空から見たバングラデシュの第一印象だった。

バングラデシュとは、「ベンガル人の国」という意味である。しかしベンガルという発音は、ムンバイをボンベイに、ヴァラナシ（ヴァナラシ）をベナレスにしてしまったイギリス人の耳の都合のなせる業《わざ》で、もとは「バンガ」なのだそうだ。

この国の成り立ちをざっと紹介しよう。

四世紀以降、このあたりではヒンドゥー教、仏教、イスラム教のさまざまな王朝が興亡を繰り広げていた。それが一六世紀後半のムガル朝アクバル帝の頃から急速にイスラム化。その後は英領インドの一部となり、約二〇〇年の植民地支配を受ける。

第二次世界大戦後、列強の植民地は次々に独立していくが、ここ東ベンガル地方も一九四七年にパキスタンとして独立した。しかし西側部分（現在のパキスタン）が主導権を握り、なかなかうまくいかなかった。面白くない東パキスタンのベンガル人たちは独立運動を展開、ついに一九七一年にバングラデシュとして独立を果たしたのである。

地形的にはガンジス川とジャムナ川（ブラマプトラ川の下流）という二大河川の大規模な

三角洲が国土のほとんどを占める。お手持ちの学校地図帳などをご覧になれば、その平ら加減がわかるだろう。高度段彩のある地図なら、ほとんどが緑色になっている。北側に丘陵地の広がるチッタゴンの町はむしろ例外的だ。

ガンジス川がインド洋に滔々《とうとう》と流れ出たあたりにチッタゴンはある。

ダッカ駅八時ちょうど発のマハナガール・プロバーティという急行列車でチッタゴンへ向かった。ディーゼル機関車が牽引する、窓に鉄格子の付いた頑丈そうな黒光りする客車だ。

線路の状態はかなりでこぼこしているが、それでもだいぶ飛ばす。線路脇に延々と続く、幅数メートルの溝があるのが印象的だが、これはちょうど濃尾《のうび》平野の輪中《わじゅう》地域に見られる掘り上げ田に似た性格のものだ。低湿地が多いので、線路の脇を掘ってその土を道床に盛り上げ、そこに線路を敷くのである。こうして嵩上《かさあ》げされた線路は、少々の洪水では水がかぶらないようになっている。

また、国土のほとんどが川の土砂が堆積して形成された沖積低地なので、線路に敷く砂利《バラスト》さえも輸入に頼っているという。ローカル線の中には煉瓦の破片を使っている所もあるそうだ。このあたりの事情は『アジアの鉄道』という本で教えてもらった。観光客はもちろん、現地の人でも知らなそうなことが書かれていて興味深い。

二大河川とその支流、分流は毎年氾濫し、洪水を引き起こしてきた。これは大きな被害をもたらすが、その反面、上流からの沃土を多量に運んでくる。これが三角洲に住むベンガル人たちに恵みをもたらし続けてきたのである。まさに何百年、何千年と続いてきたのだが、最近は事情が変わりつつあるらしい。以前はほとんどなかったほどの大規模な洪水が頻発するのだ。

なぜか。上流の事情が大昔からの自然の営みを狂わせているのである。ネパールの森林伐採やインドの大規模な治水のあれこれが直接下流に負担となってしまうからだ。

国際河川はここがやっかいなところである。日本にはもちろん国際河川はないが、もし利根川上流にグンマ王国という絶対王制の外国があって、しかもその国王が厄介な人物であったりすれば、もしもこの国が利根川に多くのダムを造り、水の少なくなる冬場、または下流の水需要の多い夏場にその水を独占してしまったとしたら……。東京はもちろん干上がってしまう。

五時間後の一三時五分、列車はチッタゴンに定刻通り到着した。

駅の雑踏は聞きしにまさるもので、屋根にまで乗ってしまう乗客はともかく、駅生活者も多いようだ。「体重測ります」と、体重計の前にずっと座っている行者風の男がいる。物を売る人。物を乞う人。荷物を勝手に運んで賃金を得ようとする人。そんなきわめてアジア的雑踏をすり抜けながら、駅舎を後にした。

チッタゴンという地名の由来は、『コンパクト世界地名語源辞典』によれば、「チャンチン

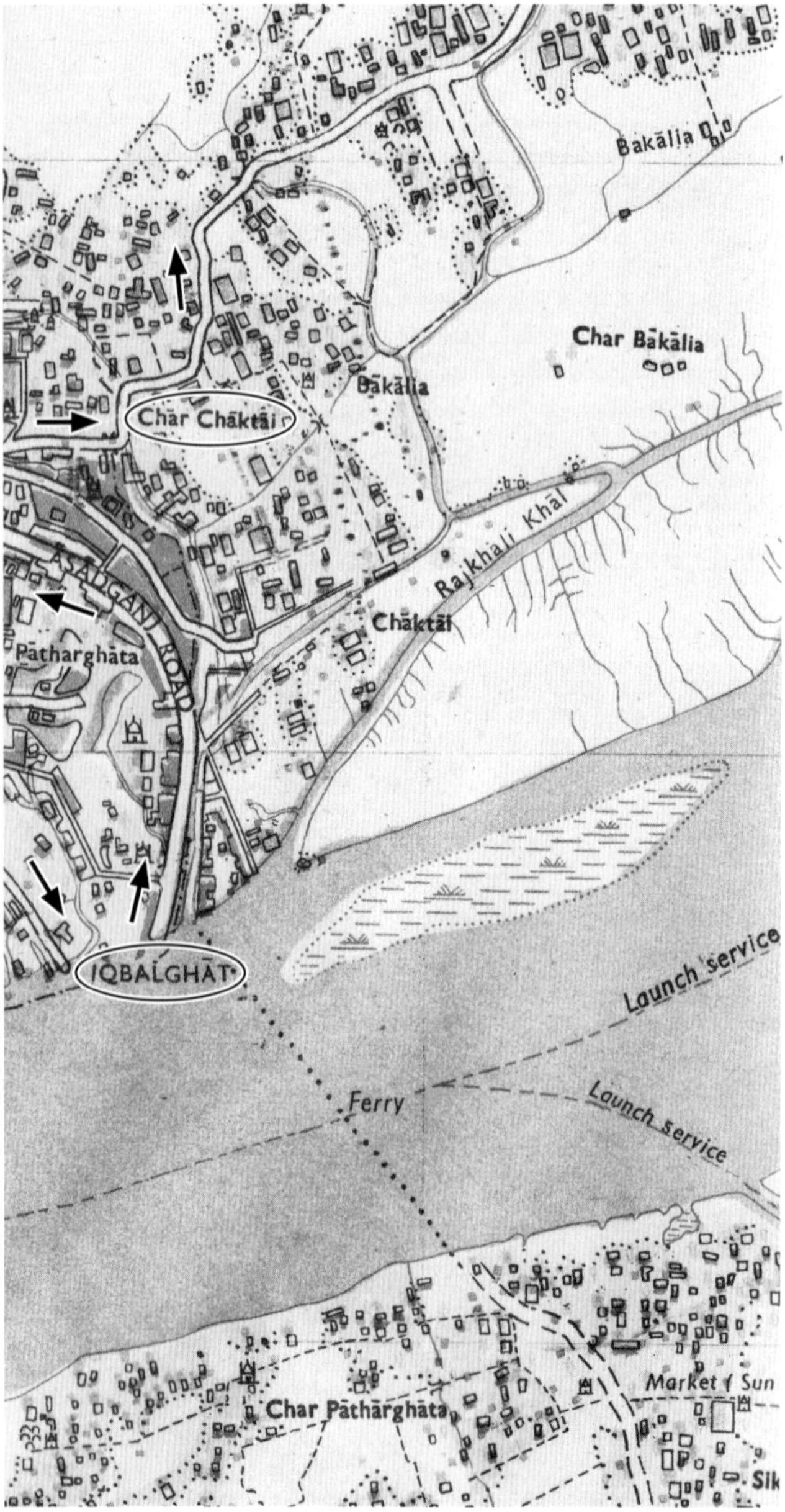
Bakālia
Char Bākālia
Bākālia
Char Chāktāi
Rajkhali Khāl
Chāktāi
ASADGANJ ROAD
Pātharghāta
IQBALGHAT
Launch service
Ferry
Launch service
Market (Sun
Char Pātharghāta
Sik

バングラデシュの測量局は主要都市の英語版地図を刊行している。記号などが手描きで、中間色を使った上品な地図だ。図の下部を流れる大きな川がカルナフリ川。1:20,000 チッタゴン市ガイドマップ
Chittagong Guide Map, Survey of Bangladesh Office, 1976×1.07

の木」だそうで、この木は家具材として使われるという。実際にどれがそのチャンチンだか、車窓から見てもわからなかったが、ラワンみたいなものだろうか。

しかしもう一冊、『世界の地名ハンドブック』を見たら、まったく違うことが載っていた。チッタゴンとは「一六の村」の意味だというのである。違う解釈でどちらが本当か判断できないが、古い地名の語源ははっきりしないことが多いからしかたがないだろう。

ちなみに、一七世紀のムガル帝国時代のチッタゴンは「イスラマバード」と呼ばれていたそうだ。現在のパキスタンの首都（一九七〇年前後に完成した計画都市）の名前と同じだが、これは「イスラムの都」という意味なのだそうで、イスラム教圏の重要都市なら、いかにもありそうな地名である。それはともかく、チッタゴン市はすでに八世紀には港が建設されたというから、完全に「古都」といっていい。

駅前から二万分の一チッタゴン市ガイドマップを広げて東へ向かった（171頁地図）。そんな地図はどうでもいいから、オレの後についてこい、という人をまあまあと押しとどめ、走ってその場を逃げ出す。ダッカの駅は最近移転され（地形図で以前のダッカ駅および廃線跡らしきものを発見したのが根拠）、周辺はだいぶ近代的なビル街になったようだが、ここチッタゴンは昔ながらの風景。地図でRSとあるのが駅、つまりレイルウェイ・ステーションである。駅を出たら鉄道と並行するステーション・ロード STATION ROAD という文字通りの駅通りを右へ向かった。

ちなみにこの鉄道、軌間（線路幅）は一メートルちょうどである。なぜわかるかといえば、チッタゴン駅の西の方を見ると、Ｂ（バングラデシュ）レイルウェイ・メイン・ラインの文字の下にメーター・ゲージの文字がある（掲載範囲外）。この国には二つの軌間が存在しているが、おおまかにジャムナ川の東側がこのメーター・ゲージ（日本のＪＲ在来線より七センチほど狭い）、インドに連なる西側が一六七六ミリの広軌となっている。

それはともかく。さっそくだが、駅前にモスク（イスラム寺院）の記号が登場している。駅の北側にあるSTATION ROADのＤの字のすぐ上にあるのがそれだ。国民の八五パーセントがイスラム教徒という国だから、当然あちこちにある。しかしヒンドゥー教徒も一四パーセントいるそうだから、ちゃんとヒンドゥー教寺院の記号も用意されているのが偉い。

そのモスクの少し東に、地図上に１２５と番号のある建物がある。何かと思って行ってみると、ウジャラ・シネマという映画館だった。ベンガル語の模様のような流麗な文字が連なっていて、内容はわからないが、男が二人、手を取り合って感激しているポスターがどーんと貼り出されている。かなりの行列ができているのは、人気映画ということか。

映画館を過ぎて駅通りに戻ると、ホテル・ミスカという立派なホテルがあった。71番の建物である。６番の大きな市場のところに来ると、もう人、人、人の大混雑。リキシャが溢《あふ》れ、自動車はめいめい行きたい方向に渋滞しながらパッパカ、パッパカあちこちで警笛を鳴らしている。この活気。

インド・スティット銀行の建物（117番）を過ぎるとロータリーがあり、向かいは学校（65番）だ。[1] 表札を見るとムスリム・ハイスクールとある。このロータリーから直進してしまうと行き止まりであることが地図で明らかなので、三つ目の路地を南に折れた。ぎっしり家が建ち並ぶ細い道、おそらく築港の頃——ちょうど平城京の頃だろうか——からあるのでは、と思われるほど、歴史が深く沈殿している空気だ。ムガル帝国の薫りとは、こういうものだったのだろうか。

今度はキリスト教会が現れた。地図では黒い四角に十字架の記号で表されている。この国のキリスト教徒人口はわずかなものだが、やはりイギリス統治時代の影響だろうか。古い教会は激動の歴史の中にひっそりその姿を守り続けている。

汐入川《しおいりがわ》の記号

ゆるやかに南へ湾曲する道をたどっていくと河畔に着いた。カルナフリ川KARNAPHULI RIVERのガート（川岸に設置された階段）である。沐浴をし、また死者を葬るインドのガンガー（ガンジス川）のガートは有名だが、ここはイスラム圏だから河岸で火葬をしたりはしないのだろうか。地図にはイクバルガートIQBALGHATとある。川幅は広い。対岸は霞んでいる。二万分の一地形図で四五ミリほどだから、実際は九〇〇メートルほどだが、対岸の標高が低いからか、一層広々とした風景になっている。

それでもこの偉大なるデルタの国では、カルナフリ川など小河川に過ぎないのかもしれない。それほどガンジス、ジャムナ両河川が混流、乱流した三角洲地帯では、縮尺を間違えたのではないかと疑いたくなるほどの、たとえば一〇キロもの幅広い川と洲が網目模様となってどこまでも続いている。

カルナフリ川の中には矢印が蛇行したような記号⥮が見える。これは汐入川、つまり海水が入り混じる川で、いかにもわかりやすい。昔の日本の地形図にも汐入川の記号⇵があったが、二本の矢印が平行して描かれており、海に向かう方を少し長くしてあった。このバングラデシュの地形図の場合、いかにも海水と淡水が広大な地域で混じり合いながら、豊饒《ほうじょう》の水域として広がっている風景が目の前に浮かんでくるようだ。

私はガートを後にしてアサドガンジ通りASADGANJ ROADを北上、ジャイル通りJAIL RDとの境目の墓地で右折、さらに東へ折れてかわいらしい橋で小川を渡り、チャール・チャクタイ村Chār Chāktāiへ続く、昔ながらの田舎道を歩いていった。道の両側には伝統的な竹で編んだ壁のある家が並んでいる。やがて木立の向こうに田んぼが見えてきた。アジアの基本的風景だ。また雨が来そうな雲行きになってきた。

今日、わが生命の川も
おだやかな流れをなしてながれ、いまこそ私は知る幸福はいたって単純なものであると。

ベンガルの詩人、タゴールによるこんな一節がふと浮かんだ。

【1】市街地の建物を詳しく描写できたタネ明かし。実はこの「〇番」とは番地ではなく索引なのである。この数字を頼りに地図の右下欄（掲載範囲外）を見ると、その建物が何であるかわかるのだ。

ノルウェー

北欧フィヨルド紀行

北欧スカンディナヴィア半島の西海岸を占めるノルウェーの海岸線は非常に入り組んでいるが、陸地に細く長く入り込んだその峡湾がフィヨルドだ。フィヨルドは氷河が削ったU字谷が沈んでできた。河川が大地を削って生じたV字谷と違って、U字谷は巨大な氷河の固まりがごっそりと山を削ってしまったので、その名の通り、谷の斜面はきわめて急峻で谷底はある程度平らになっている。

そんな急斜面の谷が沈んだのだから、岸の近くでも海はおそろしく深いことが多い。178頁の地図のフィヨルドはそうでもないが、この国最大のソグネフィヨルドの場合、岸から一キロ離れただけで水深がほぼ一〇〇〇メートルに達する。対岸が手の届きそうな距離にあるにもかかわらず、この深さなのである。

ソグネフィヨルドは観光コースに含まれることが多いが、その北方にある、あまり知られていないノールフィヨルド Nordfjord を訪

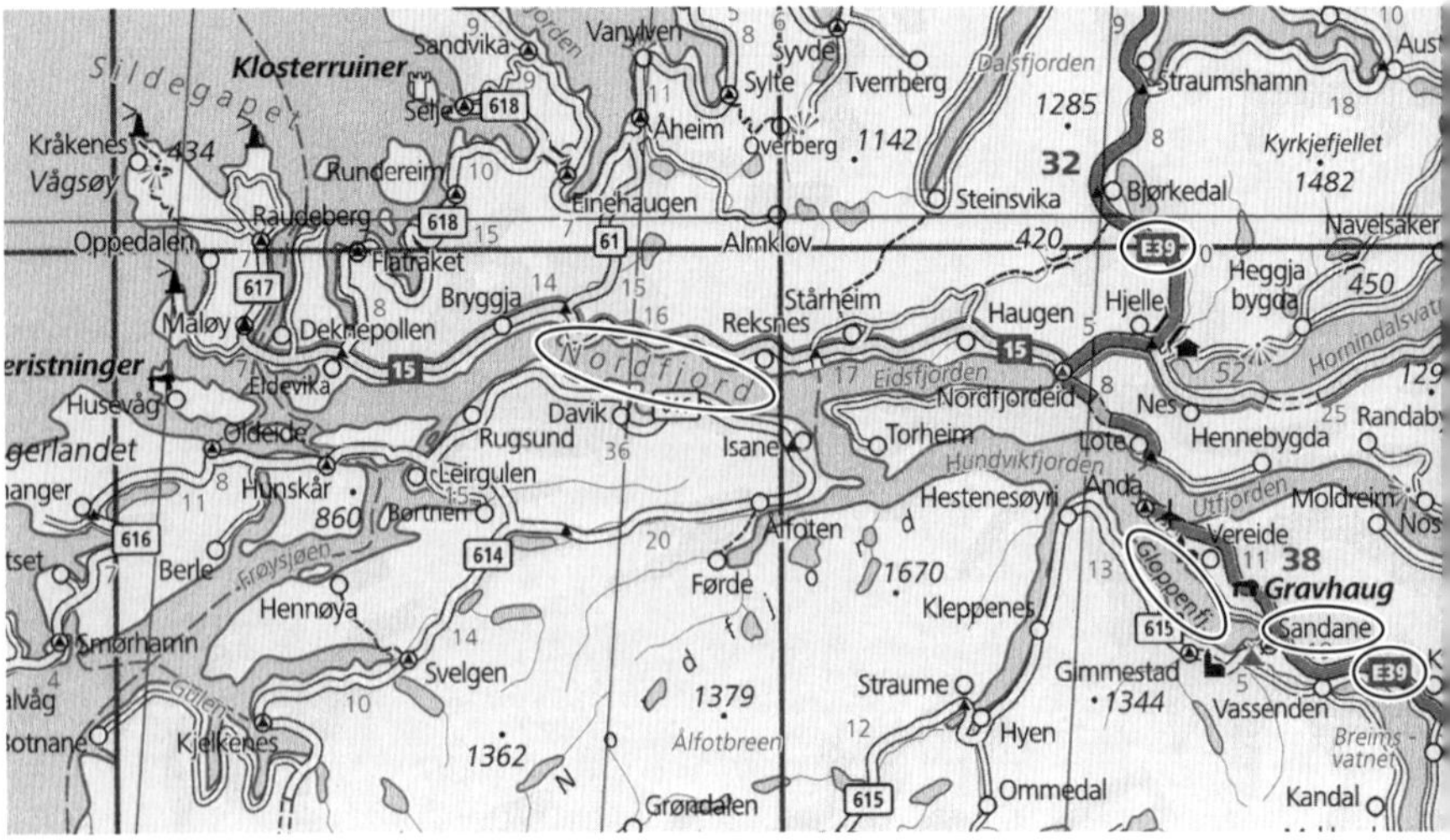

ノールフィヨルドは長さ106km、水深は最大で565mに及ぶ。1:800,000 ハルヴァーク社発行のヨーロッパ地図
Navigator Europe, p34, Hallwag International, 2011×1.34

ねてみることにした。

一九八五年夏のことである。入手した１８０頁の地形図は少し古くて一九七四年のものだが、それほど問題はないだろう。ここはベルゲンの北八〇キロの位置にあるソグネフィヨルドからさらに八〇キロ北上したところで、フィヨルドの長さはほぼ一〇〇キロ、幅はおおむね二〜三キロだ。ちなみにノールフィヨルドのノールは北を意味する。

ベルゲンから国道1号（現E39号）を北上した。この国道はソグネフィヨルドのところで途切れている。一二〇〇メートルを超える水深の湾には海底トンネルを掘ることもできず、橋を架けるための橋脚も立てられない。だから船が交通上重要な位置を占めているのである。

私はベルゲンからバスとフェリーを乗り継ぎ、この地図の南東端にあるサンダネ Sandane の町で一泊した。この町はノールフィヨルドから枝分かれしたグロッペンフィヨルド Gloppenfjord の奥にある。今日は岸沿いに西へ歩いてみよう。180頁の地形図に見えるだんだら縞の道路、国道612号を歩く。このあたりはあまり交通量は多くないので落ち着いて歩ける。紅白になっているのは、凡例によれば「簡易舗装道路」で、舗装道は赤いベタの表示だ。

「鼻」がついた地名

サンダネの町のはずれの岬を回り込んだところで橋を渡った。180頁の地形図をよく見ると、このあたりには大小の四角形、黒い三角や四角形の記号が見えるが、これらはすべて家屋で、その種類に応じた記号で分けられているのである。たとえば大きな□は農家 Farm だという。小さい□が普通の家 House、■が小屋 Cabin。物置小屋とか納屋などだろうか。そして小さな○が Chalet＝羊飼いの小屋（これは凡例の英語を辞書で引いただけの訳）、そして▲は仮小屋 Shanty または船小屋 Boatshed とあった。

いずれにせよ、これだけ厳密に建物の種類を地形図で区分している国というのは、私はノルウェー以外に知らない。もちろん他の国のように、教会⊞とか工場または発電所（大⚙、小☼）、学校▙などの建物の中身によって分類した記号もある。いずれにせよ、地形図を見ながら歩くには、これだけ細かく分類されていれば大変助かる。

湖のような静かなフィヨルドの入江の岸を歩いていると、ギメスタード Gimmestad とい

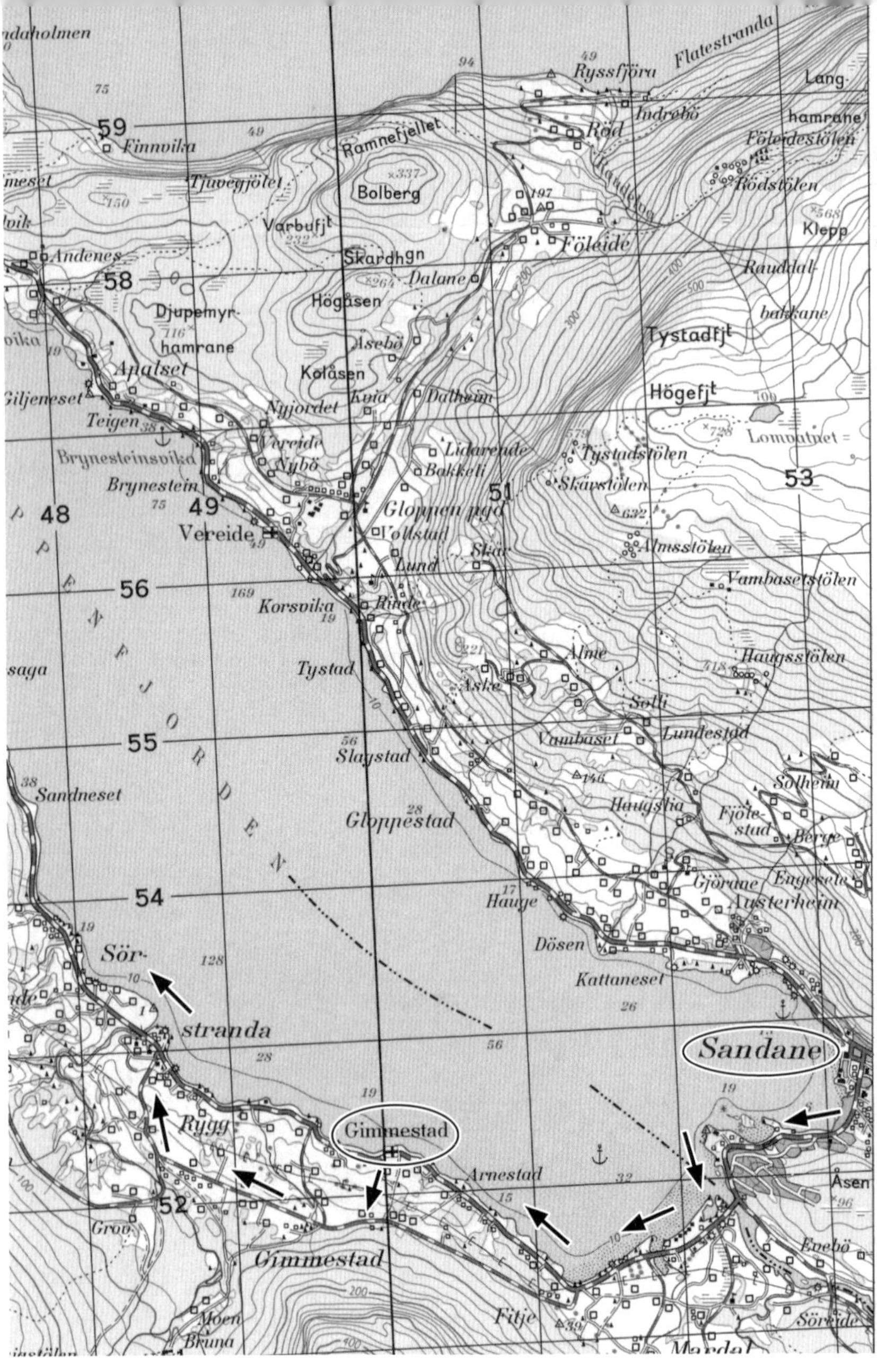

Flatestranda
Ryssfjöra
Indrebö
Röd
Lang-
hamrane
Föleidestölen
Rödstölen
Klepp
Finnvika
Ramnefjellet
Bolberg
Tjuveggjölet
Varbufjt
Skardhgn
Föleide
Andenes
Dalane
Raudal-
bakkane
Djupemyr-
hamrane
Högåsen
Åsebö
Tystadfjt
Apalset
Giljeneset
Teigen
Kolåsen
Kvia
Dalheim
Högefjt
Nyjordet
Lomvatnet
Brynesteinsvika
Vereide
Nybö
Lidarende
Bakkeli
Tystadstölen
Skårstölen
Brynestein
Gloppen pgd
Vereide
Vollstad
Almsstölen
Lund
Skår
Korsvika
Rinde
Vambasetstölen
Tystad
Alme
Haugsstölen
Aske
Solli
Vambaset
Lundestad
Slaystad
Solheim
Haugslia
Fjöle-
stad
Berge
Sandneset
Gloppestad
Gjörane
Engeseter
Austerheim
Hauge
Dösen
Kattaneset
Sör-
stranda
Sandane
Rygg
Gimmestad
Arnestad
Åsen
Evebö
Gimmestad
Groo
Fitje
Moen
Bruna
Sörcide
Mardal

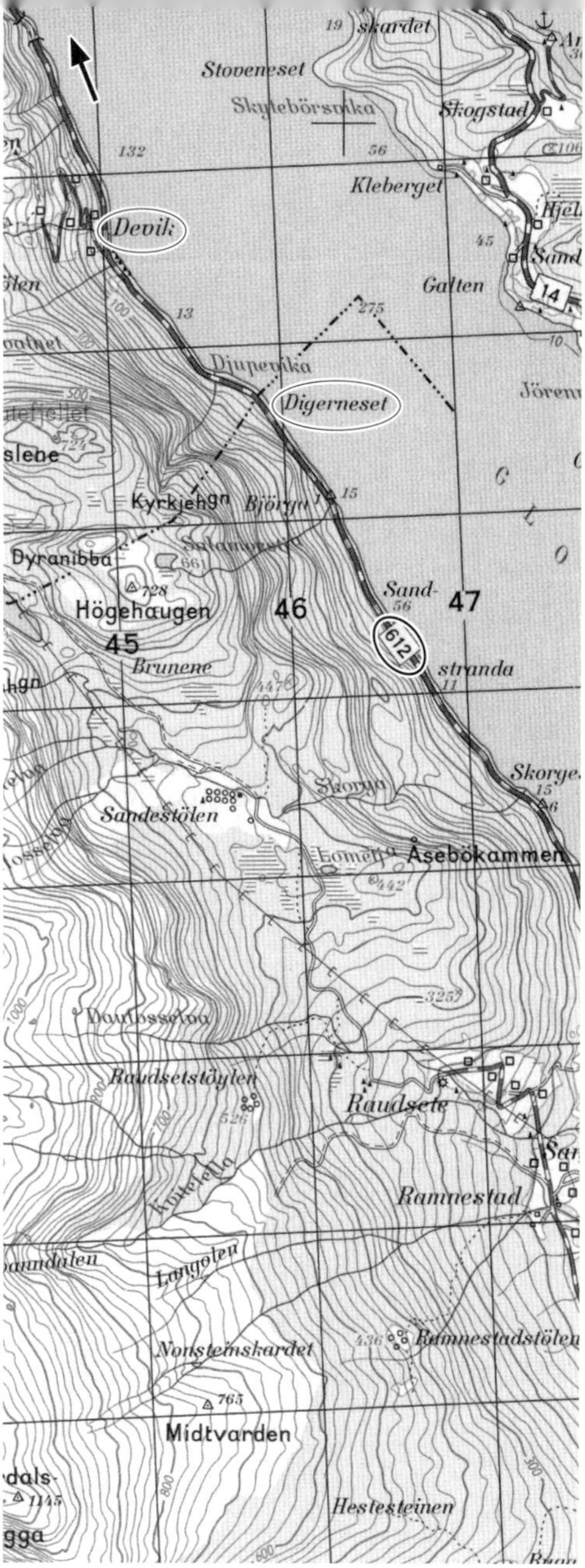

ノールフィヨルドの支湾の行き止まりがサンダネの町。周囲には氷河が削った地形に特有の急な斜面が聳えている。少しだけ沖へ離れるだけで意外に深い水深の数字もフィヨルドならでは。1:50,000 ノルウェー官製地形図「ノールフィヨルデイド」Nordfjordeid Topografisk Kart, Blad 1218 I M711×1.12

う小さな村に入った。ここには小さな教会がある。地形図の記号は白い長方形に黒い十字架⊞で、ノルウェーの国旗（赤地に白縁つき紺十字）を思わせる。

南の方へ細道が登っているので、こちらに入ってみよう。裏道である。片側が破線、もう一方が実線で表された道路は荷車道といったところだろう。両側には牧草地があって、対岸には六〇〇メートル程度の山が針葉樹林（薄緑色の網）の黒々とした量感で迫っている。すぐに送電線をくぐったが、鉄塔はあまり大きなものではなく、湾奥の村々を結んでいる生命線、といった感じのささやかなものだった。

少し広めの道に出た。もうひとつのだんだら縞道である。その辻には立派な農家が三軒あった。ここを右折しよう。岸沿いの道より少し高いところで並行する格好だ。こちらの方が牧草地ごしにフィヨルドの海を見下ろせる眺めのいいコースだ。しかし間もなく突き当たり、また海岸沿いの道に戻る。

ここからはフィヨルドの海すれすれのところを歩いていく。二キロも離れていない対岸には、なだらかな丘陵地に広がる森が見える。国道612号の左側はますます急な斜面になってきた。いよいよフィヨルドの本格的なU字谷が見られる区間である。等高線は日本の五万分の一と同じ二〇メートル間隔だが、あまりに急斜面のところは線（主曲線）が描けなくて省略されている。一〇〇メートルごとの計曲線の間に四本あるはずの主曲線が一本しかないような急斜面もある。この場合、図上の一ミリで一〇〇メートル登ることになるので六〇度ぐらいだろうか。下から見上げると覆いかぶさるような角度だ。

地形図にディゲルネーセット Digerneset という文字があるが、これはディゲル崎である。ネーセ nese というのは鼻（英語のノーズ、ドイツ語のナーゼ）の意味で、地形図で周囲を見渡すと、これが付いた地名の場所は多い。日本の地名でも同様で、湖や海に少し突き出た地形によく「鼻」という呼称が用いられる。岬ほど大袈裟でない、少しの出っぱりである。

なお先へ行くと、左側の急斜面にへばり着くデヴィク Devik の小さな村を仰ぎ見る。小さなトンネルを抜けるとノールフィヨルドに突き出ている「鼻」が見えてきた（184頁地図）。クヴィーテネーセット Kviteneset である。小さな船着き場があった。この地名のすぐ北に305という数字があるが、これは水深である。ほんのわずか沖でこの数値は、小なりとはいえ、さすがにフィヨルドだ。

クヴィーテ鼻を回り込み、納屋つきの農家がまばらに見えてきたらヘステネスの村だ。ヘステというのは馬の意味だから「馬の鼻」のような地名なのだろうか。ヘステネスオイラ Hestenesöyra というところにフェリーが発着している。この村には少し上ったところにかわいい建物の小学校⚑があって、道路の右側には小さな工場☼もあった。木工所だろうか。

小さな川がフィヨルドに注いでいるが、地形図によれば、南方のちょっとした湖沼地帯から水を集めて小さな谷を作っていることがわかる。ヘステダーレン Hestedalen というのがその谷で、ダール（ダーレン）は谷である。ドイツ語ならデアンデルタールとかヴッパータ

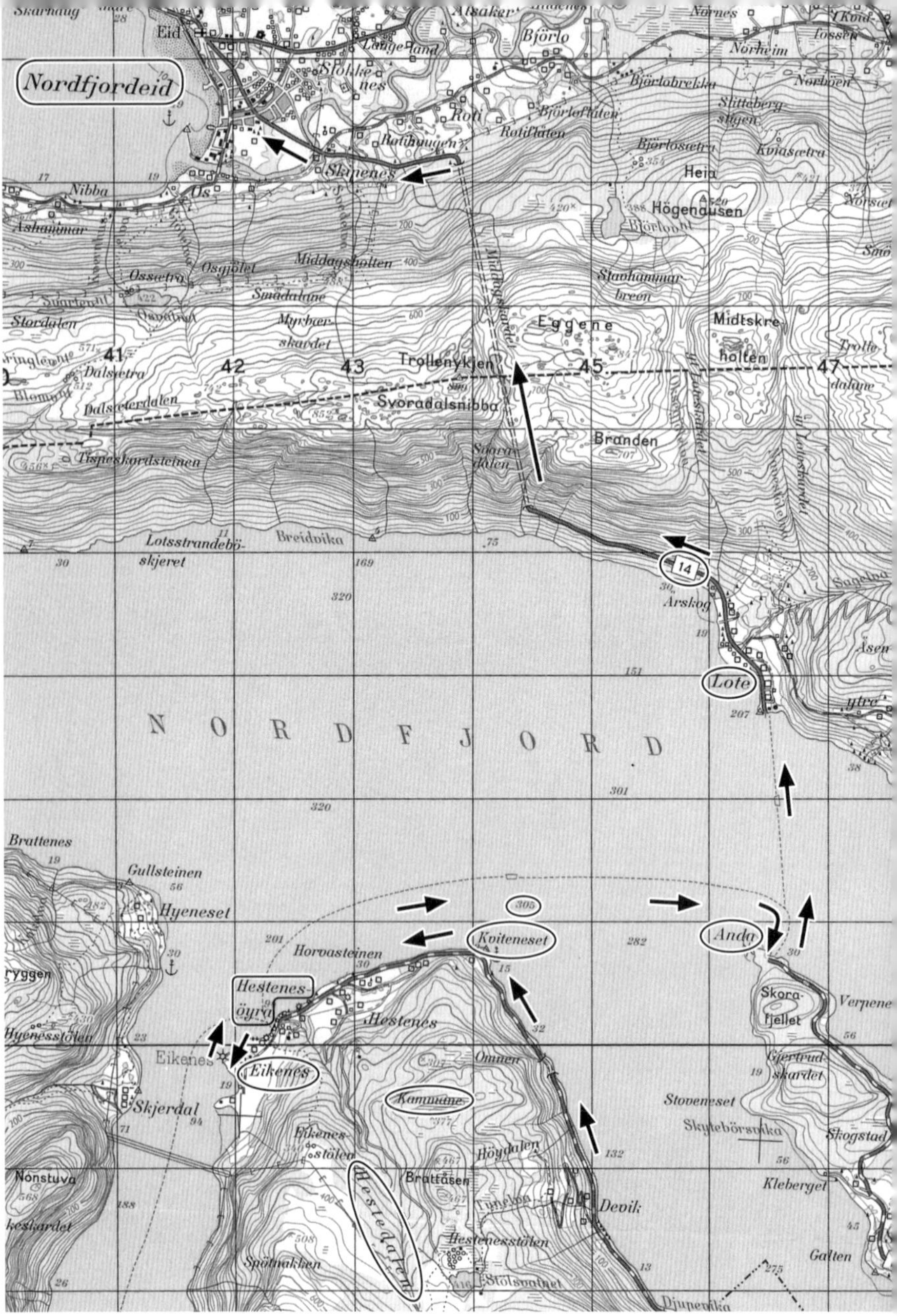

1:50,000 ノルウェー官製地形図「ノールフィヨルデイド」
Nordfjordeid Topografisk Kart, Blad 1218 I M711×0.79

ールのタールになる。

込み入った等高線

フェリーの時間まで一時間半もあるので、もう少し西の道路の終点まで行ってみた。終点はエイケネス Eikenes という地名のあるあたりだ。フェリー乗り場から六〇〇メートルほどのところである。岸辺には灯台✡があった。ここから南の方には、やはりノールフィヨルドの支湾であるヒエフィヨルドがずっと奥まっているが、こちらの左右の岸は実に険しい。地形図では一目瞭然だが、とにかく等高線が込み入っている。間隔が狭いというよりくっついて等高線どうしが密着して団子状になっている部分もある。にもかかわらず、西岸に比べれば少しは傾斜が緩い東岸には、送電線が岸に沿って架設されているのは立派だ。僻村に人を運ぶのはフェリーでもできるが、電気は電線で運ぶしかないのか、ということを実感する風景だった。

フェリーの時間が近づいてきたので乗り場へ戻った。交通量が少ないとはいえ、乗用車も数台が列を作って待っている。ヒエフィヨルドの南方から小さな船が近づいてきた。このフィヨルドの奥にあるヒエの村から来た船で、これから東五キロほどの地点の岬、アンダ Anda に立ち寄ってから北に向きを変え、ノールフィヨルドを渡ったローテ Lote までの運航だ。海といってもこれだけ内陸に入り込んでいると波は静かだ。

小さなフェリーに乗り込んだ。車は一階、人は二階である。静かなエンジンの音を上げて、船は舳先《へさき》をだんだん東に向けながら沖へ出ていく。グロッペンフィヨルドを渡り、五キロほどで二つのフィヨルドにはさまれた半島の先端、アンダに着いた。ここには人家があるわけではないが、昨日泊まったサンダネの村から国道14号を通って北へ向かう人と車のための渡し場である。

アンダでまた二台の車を載せた。五分ほど停泊した後、今度は北に向けてゆっくり進んでいく。ノールフィヨルドをここで渡るのである。渡った先の国道も14号だ。連絡船でいくつものフィヨルドを渡りながら進むルートなのである。フィヨルドの海岸線に沿って北上するもので、必然的にフィヨルドを渡るフェリーは不可欠になる。この国道14号、一九九〇年頃のノルウェーの道路地図で見たら国道1号に変わっていた。

対岸のローテまでは二キロと近い。本当に目前に対岸の山が連なっている。立ちはだかっているU字谷の壁は圧巻だ。それも相当に急斜面で、高さは八〇〇メートルを超えており、同じくらいの山の壁が東西にずっと続いている。

ローテの港に着いた。ここもわずかな平地の国道沿いに農家が少し集まった集落である。この壁を越えた町、ノールフィヨーレイド Nordfjordeid という町へ行くバスの時間が迫っているので乗ることにした。[1] バスは国道14号をそのまま北上するのだが、このU字谷の壁を三キロ弱の長いトンネルで抜けている。できたのはわりと新しそうだ。それではトンネル開通前の旧道はどこを通っていたのだろうか。地形図でそれらしき細道を探しても載っていない。もともとなかったのだろうか。彼らは船を友とする民族である。昔からフィヨルドからフィヨルドへ、下駄を突っかけるように船を操って移動してきたのではないだろうか。

トンネルの中で郡境を越えた。山の上の太い破線がそれだ。ほとんど人間の生活と隔絶したところであるせいか、その境界線は直線的である。その山上の地形は、壁のような急斜面とは対照的に比較的緩やかで、氷河の名残の小さな池が草原の中に散らばっている。短い春から夏にかけた時期には、あたり一帯が高山植物の花畑になるのだろう。

長いトンネルを抜けると、次のフィヨルドの谷に入った。ノールフィヨーレイドの町はもうすぐだ。この町は小さいフィヨルドの奥に位置しているので、その東側は珍しく少しばかり平地がある。バスは町の中心に入っていった。少し車も多くなったようだ。隣国スウェーデン製のボルボやソープ（サーブ）も多いが、日本車もけっこう走っているようだ。小さな教会の尖塔が見えてきた。レゴのブロックの家を思わせるきれいな家が建ち並ぶ町中を見ていたら、急にバスを降りたくなった。

【1】本文中に紹介したバス路線がそもそも存在するかどうか、未確認です。現地へ行きたい人はその点を覚悟してください。

カナダ
滝へ行かないナイアガラ紀行

世界的に有名な滝といえばナイアガラである。海外旅行など夢のまた夢のような時代にも、滝の横綱はナイアガラだった。どこかの温泉センターや遊園地にも「ナイアガラ」などという落差のある風呂やプールがあったような気もするし、群馬県の吹割《ふきわれ》の滝のように「日本のナイアガラ」などと呼ばれる滝も何か所かある。

この巨大な滝は、ケスタ地形において膨大な量の水が長年にわたって岩を削ったために出現したものである。いきなり「ケスタ」などという専門用語を出してしまったが、こういうことだ。

硬い地層と軟らかい地層が交互に重なっている土地が何らかの理由で全体に傾いて地表に現れた。そこを川が流れる際に、硬い地層はなかなか削れず、軟らかい地層は簡単に侵食されてしまう。ここに段差が生じ、滝ができるというわけだ。つまりクリームサンド・ビスケットのクリームの部分だけ幼児がなめたように侵食され、ビスケットの部分が残ってしまった。かくして上段のビスケットから下段のビスケットまでの間の段差を一気に水が落ちていく、という構造になっているのである。

さて、滝はアメリカとカナダの両国にまたがっているが、中央のゴート島の両側にアメリカ滝（幅約三〇〇メートル、落差約五〇メートル）、カナダ滝（幅約七〇〇メートル、落差約五〇メートル）として流れ落ちている。そこを流れる水の量は毎分平均一億七〇〇〇万リットルというとてつもないものだ。

これを発電に利用しない手はない、というのは近代を迎えた人たちの発想の当然の帰結である。発電所をいっぱい造り、たくさんの工場をこれで稼働させた。両岸にまたがるナイアガラフォールズ市では早い時期から化学や製紙工業、そして電力を食うアルミ精錬などが盛んだったそうだ。もちろん観光都市としての側面も大きく、古くから新婚旅行先の人気ナンバーワンを維持し、ハネムーン・シティなどとも呼ばれているそうだ。

さて、このナイアガラフォールズ市は国境のある滝の東西にまたがっている。アメリカ側はニューヨーク州、カナダ側はオンタリオ州である。国が別なのに同じナイアガラフォールズという市名なのは珍しい。人文地理学などでは「双子都市」などと称するようだ。ところが、この双子都市、調べてみたらもともとは違う名前だったことがわかった。まずアメリカ側ではマンチェスターとサスペンションブリッジ（吊橋村！）という二つの村が一八九二年に合併して成立したというし、カナダ側はといえば、こちらもクリフトンという寒村が一九〇四年に周辺のいくつかの町村と合併して誕生、これにやはりナイアガラフォールズ市と名づけたのだそうだ。カナダ滝の方が立派なのだから、アメリカに先にナイアガラ市の名を使われて面白くなかったカナダは、この際ウチも、ということだったのかもしれない。

ナイアガラの滝には年間二〇〇〇万人以上が訪れるというが、定番通りに観光バスなどに乗って観瀑しに行くのはシャクなので、滝以外の周辺地域を地形図片手に見て回ることにした。ナイアガラに来て、滝を見ないで帰る観光客はどれだけいるだろうか。日光に来て東照宮に行かない、あるいは金沢まで行って兼六園に足を踏み入れない人よりはるかに少ないパーセントのはずだ。

変電所が多い

一九九七年の夏、トロントのユニオン駅から急行列車で約二時間、列車はナイアガラフォールズ駅に到着した（193頁地図上Ⓐ）。駅を出ると、滝から二キロ以上も離れているのにすでにドウドウと滝の音が街中に満ちているのに驚いた。日本なら等々力《とどろき》とか轟《とどろき》などの地名が付いたかもしれない。しかしそんなことで驚いてはいけない。街の喧噪《けんそう》が今よりずっと静かだった二〇〇年ほど前には二〇キロも離れたオンタリオ湖にいてこの音が聞こえたというのだから。

駅からレンタサイクルで西へ向かうことにした。もちろん観光客のほとんどは南にある滝へ向かう。かなり大きな町の印象だが、ビルの間にいくつかの展望塔が見え隠れしているのはナイアガラならでは、である。地形図にルックアウト Lookout（193頁地図上Ⓑ）とあるのがそれで、巨大な滝の全貌を見渡すにはこんな塔に昇らなくてはいけないのだろう。地形図にある⦿印に併記されたタワーの高さを見ると一〇〇メートル級の数字がいくつも並んでいる。この滝の集客力の大きさの証拠だ。

ふと地形図を見たら、滝の南西には終端部がループ式になった袋小路の街路（クルドサック）が特徴的な住宅地が広がっている。この地区はフォールズ・ビュー Falls View という。「滝見台」である。洋の東西を問わず、地名の付け方には似た発想が珍しくない。ゆったりした敷地には芝生が青々と広がり、地元の化学薬品メーカーに勤める中産階級氏が庭の木陰で読書をしている。あるいは水撒きでもしているだろうか。

ついでながら、その滝見台の東にはジェネレイティング・ステーション Generating Station という表記が続いているが、これは変電所である。この滝の前後にはいくつも発電所や変電所が並んでいて壮観だ。

さて、この地形図で気になるのが、アメリカ側とカナダ側の地図の色合いの違いである。モノクロでわかりにくくて恐縮だが、左のカナダ側は赤ベタの道路と赤アミ（ピンク部分）の市街地という装いだ。ところがこれに対してアメリカ側（右側）の道路は黒い二条線である。その道路もすべてカナダより細く、文字もやたらに小さい。タネを明かせば、この地形図はカナダの官製で、アメリカの部分はアメリカの官製二万四〇〇〇分の一をそのまま縮小したものである。その上、カナダ部分は一九九〇年修正のものであるのに比べて、アメリカのは一九八〇年当時と、時間的にもナイアガラ並みの落差がある（発行は一九九六年）。

もっと子細に観察すると、カナダの地形図の高さ表示がメートルであるのに対して、アメリカはフィートなのである。ナイアガラ川の左右にある似た大きさの貯水池《リザヴォワ》Reservoir の水面の高さがカナダの一九〇ぐらいの数値（196頁地図）に対して、アメリカは±六五五（掲載範囲外）などと、かけ離れた値が載っているが、計算してみれば、どちらも似たような高さであることがわかる。

滝が作ったゴルジュ

駅から線路沿いに西へ歩き、大きな交差点を北へ向かい、市の中心から延びる大通りを北上した（193頁地図）。地形図では NIAGARA FALLS の「S」の字のすぐ右から来る通りだ。東側には滝からのナイアガラ川が何十メートルも下を流れているのだが、このあたりはフラットで、北米特有の一直線道路が真北に向かっている。

まもなくカナダ国鉄の線路を越えた。跨線橋《こせん》から東を望むと、線路の左側には引込線と材木置場《ランバーヤード》 Lumber Yard が広がっていた。先ほど降りたプラットホームも見える。その先の線路はナイアガラ川を渡ってアメリカへ入っていくはずだ。その橋は鉄道と道路が並行した

1:50,000 カナダ官製地形図「ナイアガラ」30 M/3 & 30 M/6 Niagara, Survey and Mapping Branch, Department of Energy, Mines and Resources, 1980×1.4

ひとつの橋のようで、ワールプール・ラピッズ・ブリッジ Whirlpool Rapids Bridge とある。その名も「渦巻急流橋」で、滝から落ちた水が狭いゴルジュ（深くえぐられた流れ）を形成している。カナダやアメリカの地形図がいいのは、このような急流にいかにもそれらしい線が絵のようにリアルに描き入れられていることだ。

さらに北上すると、通りはナイアガラ川の崖っぷちに突き当たった。正面は森だが、その先まっすぐ行けば崖を下って渦巻き The Whirlpool《ワールプール》に突入してしまう。ここは川がその方向を直角に転じるところで、激しい勢いで崖にぶつかった流水は渦を巻きながら強引に北東へ曲げられていく。この渦巻きの上にはロープウェイ（地形図では破線の表示）が張られていて、五〇メートルもの上空から渦巻きが見物できるようになっているそうだ。

さて、その突き当たりを左折、屈曲部を過ぎてさらに左折すると送電線が何本も上空を横切っている。水力発電所からの送電線だろう。道路は運河を渡るとカナダ国鉄の複線の線路に並行して進むようになるが、線路の向こうは下水処理場で、その南部一帯は化学薬品工場などが建ち並んだ工業地帯になっている。このあたりがクリフトン地区 Clifton で、ナイアガラフォールズ市の前身となった村のひとつである。

線路に沿ってずっと歩いていくと、踏切を渡ってきた道路と合流する（193頁地図上部）。ここから真北を目指す直線道路である（196頁地図）。また数え切れないほどの送電線をくぐった。地形図によれば東側にはやはり発電所や変電所が並んでいる（掲載範囲外）。先ほど、ナイアガラの滝の落差が発電に最適と述べたが、滝の直下に発電所を造るわけにもいかない。だから滝の手前でひそかに取水し、ナイアガラフォールズ市街の西側を水路で迂回させ、観光ポイントがあらかた終わった下流部の、観光客に見えない地点で一気に水を落として発電しているのである。これはカナダ側、アメリカ側ともに共通で、国境をなす川の東西に同じような貯水池があるのが面白い。なお、カナダ側にある電気マーク⚡（193頁地図上Ⓒ）は「電力関係施設」という地図記号だ。

　高速道路のような州道405号の上を橋で跨いで左に折れ、さらに一キロ少々まっすぐ西へ行くと急に下り坂になった。次の交差点で右折するとキャンプ場▲（196頁地図）があって、さらに下り続ける。この下りが実はナイアガラの滝を作り出したナイアガラ崖線（Niagara Escarpment＝硬い地層の縁）なのである。この崖線は東西にずっと続いていて、標高は崖下が一一〇メートル程度、崖の上が一八〇メートルほどになっている。今通った道は崖が少し緩い斜面になっているところにあり、昔からの街道のようだ。このことは、地形図上でもこの道だけ周囲の碁盤目道路と関係なくカーブしながら続いていることでわかる。ニューヨークの古道であるブロードウェイと似ている。

　一段下まで下りてくると、周囲に果樹園⁙が急に目立ってきた。旧道をさらに進むと落ち着いた家並みの中に「辻」と称したくなるような交差点があった。ここを左折する。こちらもやはり旧道で、緩やかにカーブを描きながら畑や森の中を続く静かな街道だ。

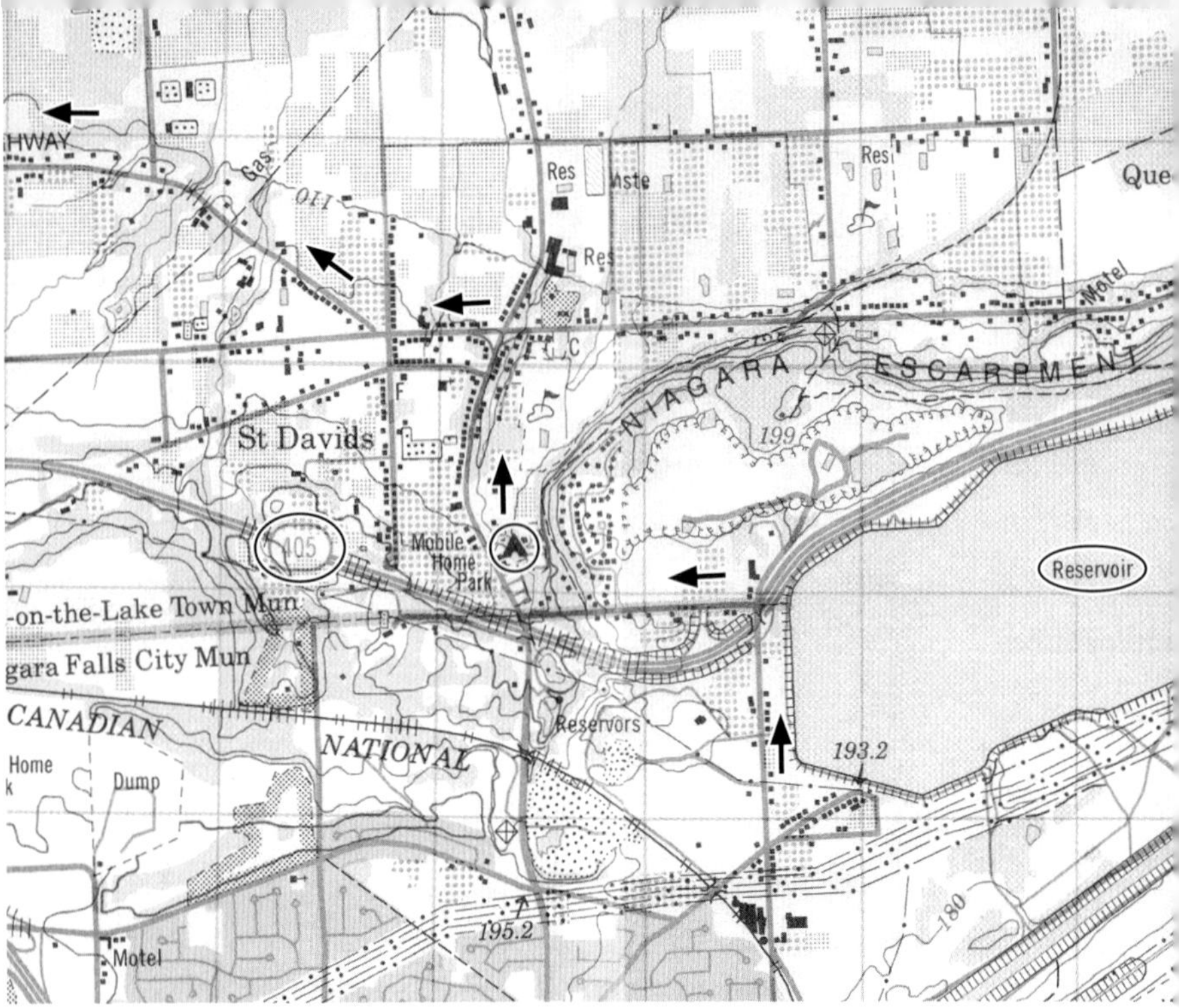

地図左側を南から北へ流れるのがウェランド運河。1:50,000 カナダ官製地形図「ナイアガラ」
30 M/3 & 30 M/6 Niagara, Survey and Mapping Branch, Department of Energy, Mines and Resources, 1980×1.29

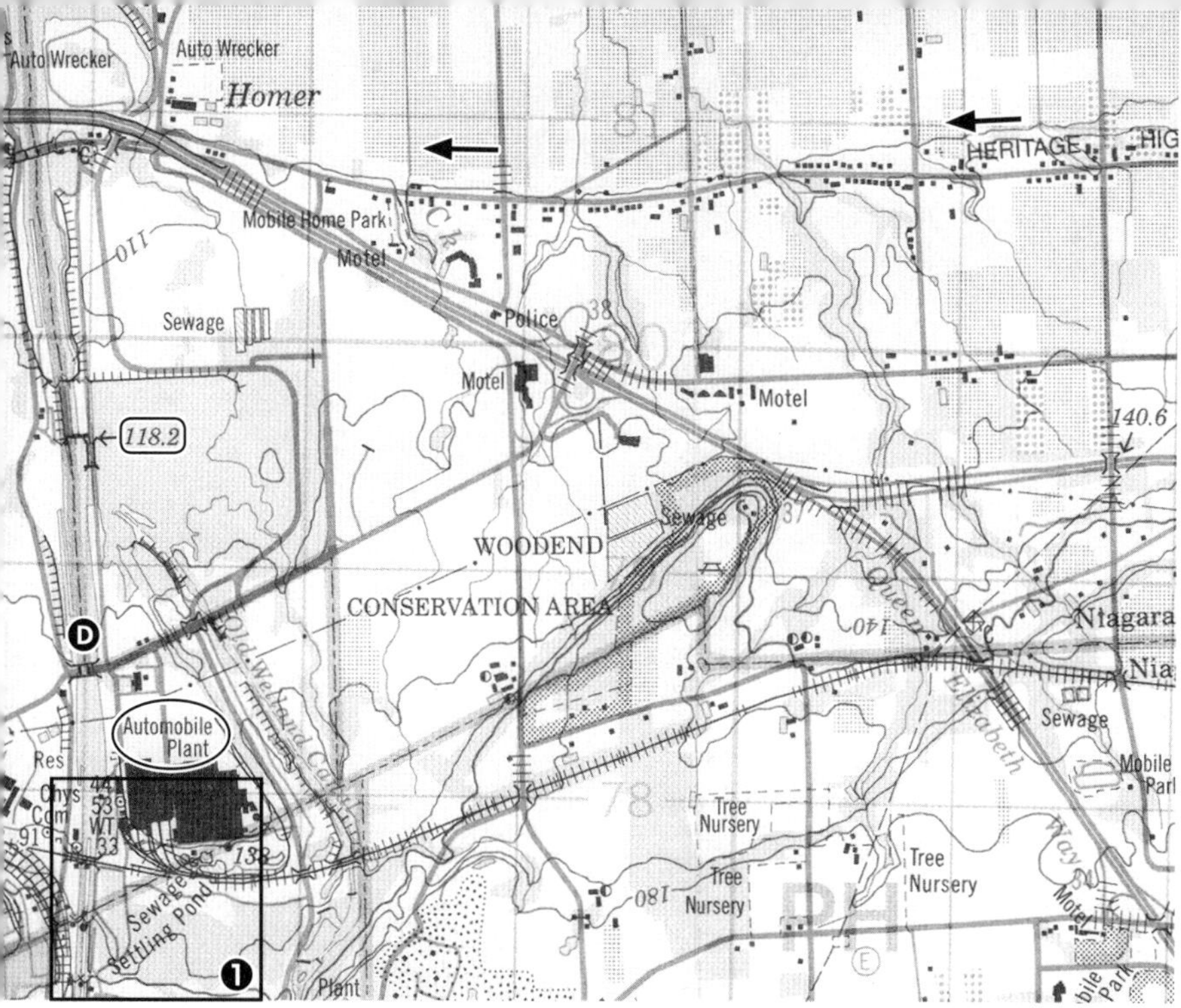

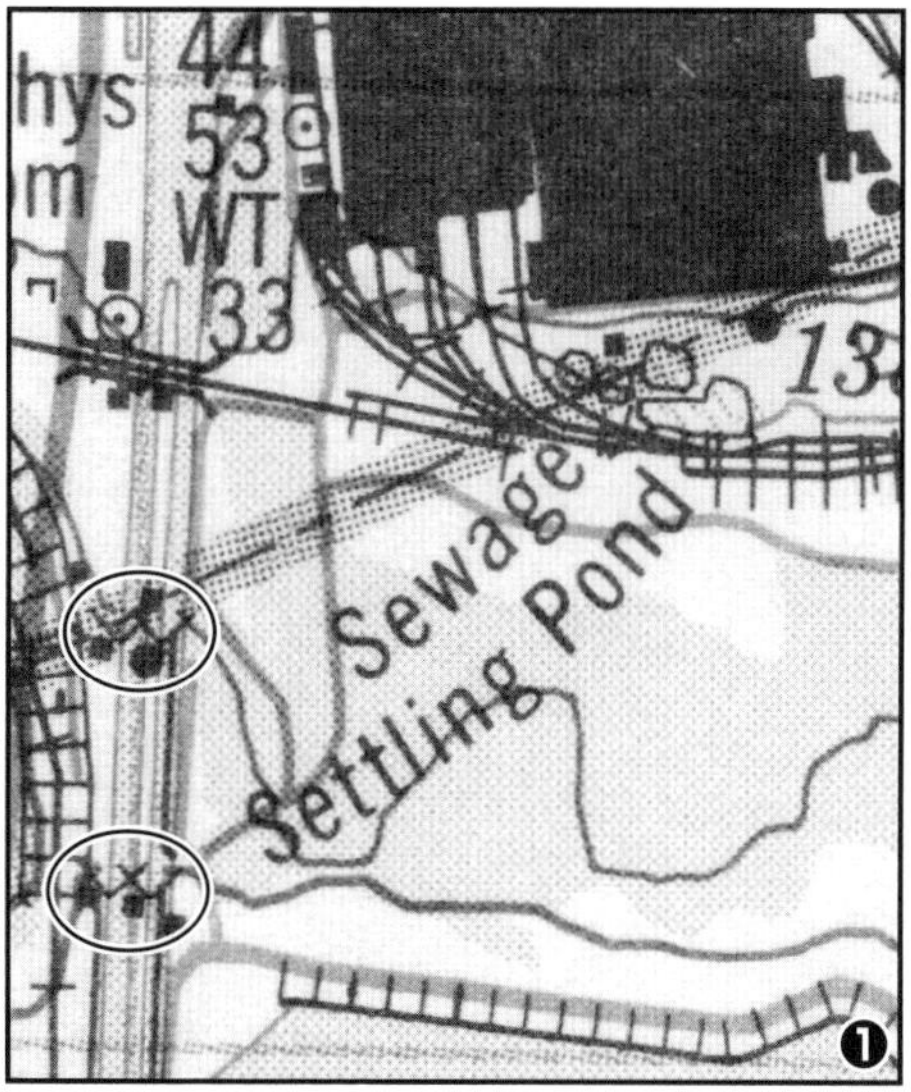

丸で囲んだのが閘門。実際の形と同様に、流れに対向している方に矢印が向いている(流水方向は南→北)。sewageは下水(汚水)、settling pondは沈澱池の意。

この道を六キロほど走ると高速道路が左から接近してくるが、これをくぐって少し行くと広い運河が姿を現した。これがウェランド運河だ。この運河は、きわめて多量の物資を日夜運んでいる五大湖航路(セントローレンス海路)の一部で、大型の貨物船も通過できるような施設が整っている。九九メートルもあるエリー湖とオンタリオ湖の間の標高差は立派な閘《こう》門《もん》(ロック)のついたこの水路で通過していくのである。地形図で見ると、高速道路から一・五キロ南の一一八・二メートルの標高点のところ、さらに二キロほど南に遡った自動車工場Automobile Plantの少し南にある運河の中の記号⌗がそれだ。

大西洋へ向かう貨物船

エリー湖からオンタリオ湖へ通じる水路は、昔はナイアガラ川一本で、すべての水があの滝を通っていたのだが、やがて水運の必要から運河が掘られ、さらに発電のための水路が開削された。かくして現在、滝の水と発電の水、それに航路用の水はそれぞれ別に流れているのである。世界的に有名な滝も「舞台裏」に回ってみると、いろいろと興味深いものがある。

ウェランド運河を渡るとセント・キャサリンズ市に入るのだが、この橋は可動橋⌶である(197頁地図上Ⓓ)。地形図にもちゃんと橋のまん中に二本線が入っていてそれがわかるが、つまり大きな船が通過する時に橋が跳ね上がるか、またはその中央部が持ち上がるなどして船を通す仕掛けだ。東京の勝鬨《かちどき》橋なども本来はそのような橋であった。

ふと北側を見ると、日本なら大きな港でないと見られないような巨大な貨物船が野原を走っているかのように、静かに近づいてきた。ウェランド運河の実力である。「ミネソタ州などの鉄鉱石やシカゴに集められた小麦がセントローレンス海路を通ってはるばる大西洋まで運ばれていくんですよ」という、高校の地理の授業で聞いた遠い話の風景が、今まさに目の前に繰り広げられていた。

スイス
チューリヒのレントゲン通りは廃線跡だった

スイスの首都はベルンだが、最大の都市といえばチューリヒである。もとはといえば古代ローマ時代の城砦《じょうさい》トゥーリクムが起源だが、ドイツからアルプスを越えて北イタリアへ向かう、ちょうど日本でいえば中山道のような幹線街道に面していたことから、古くからスイスの経済・金融の中心地として発達し、さらにゴットハルト鉄道が一八八二年にアルプスを抜けるゴットハルト・トンネルの区間を開通させてからは、ますますその重要性を増していった。フランス語圏スイスの中心ジュネーヴに対して、人口の七割を占めるドイツ語圏の中心でもある。

スイス最大といっても人口は二〇一四年一二月現在約四〇・五万人程度。とはいえ市域が日本より狭いので、実質的には五〇万～六〇万人都市の規模だが、周囲を丘陵に囲まれ、キュウリの形をしたチューリヒ湖の、ヘタの部分に位置するのがこの都市だ。東京からの直行便も到着するチューリヒ国際空港 Flughafen Zürich は湖と反対側、市の中心から北に一〇キロほど行ったクローテン KLOTEN という町にある。

空港のアクセス鉄道は便利だ。ヴィンタートゥールへ向かう幹線が一部バイパスして空港の下にもぐっており、国際列車やスイス各地へ向かう数々の特急にこの空港地下駅から乗ることができる。成田からまず成田エクスプレスや京成スカイライナーで東京へ出て、そこからおもむろに新幹線などに乗るのと比べるとずいぶん便利だ。

チューリヒ中央駅までは特急に乗ればわずか一〇分だが、たまたま来た近距離の普通電車に乗った。それでも所要時間は一二分と俊足だ。地下駅を出発した電車はオプフィコン Opfikon という町で地上に出て旧来の幹線に合流する（202頁地図）。さすが「大都市」チューリヒに近いだけあって、短い区間に目まぐるしく支線を合わせたり分岐させたりして複雑に線路が交錯する。

スイスでは車が他の欧州大陸国と同様に右側通行なのに、鉄道は左側通行だ（フランスなどでも同様）。ドイツからの直通列車などに乗ると、いつの間にか左側を走っているのでスイスに入ったことがわかる。エルリコン Oerlikon で再び支線が合流、小高い丘をくぐるトンネルを抜けるとチューリヒの市街だ。この小山はケーファーベルク Chäferberg、つまり「黄金虫山」である。市街図で見ると、この山の上には有名なスイス連邦工科大学（ETH）が鎮座しているのがわかる（202頁地図上Ⓐ）。

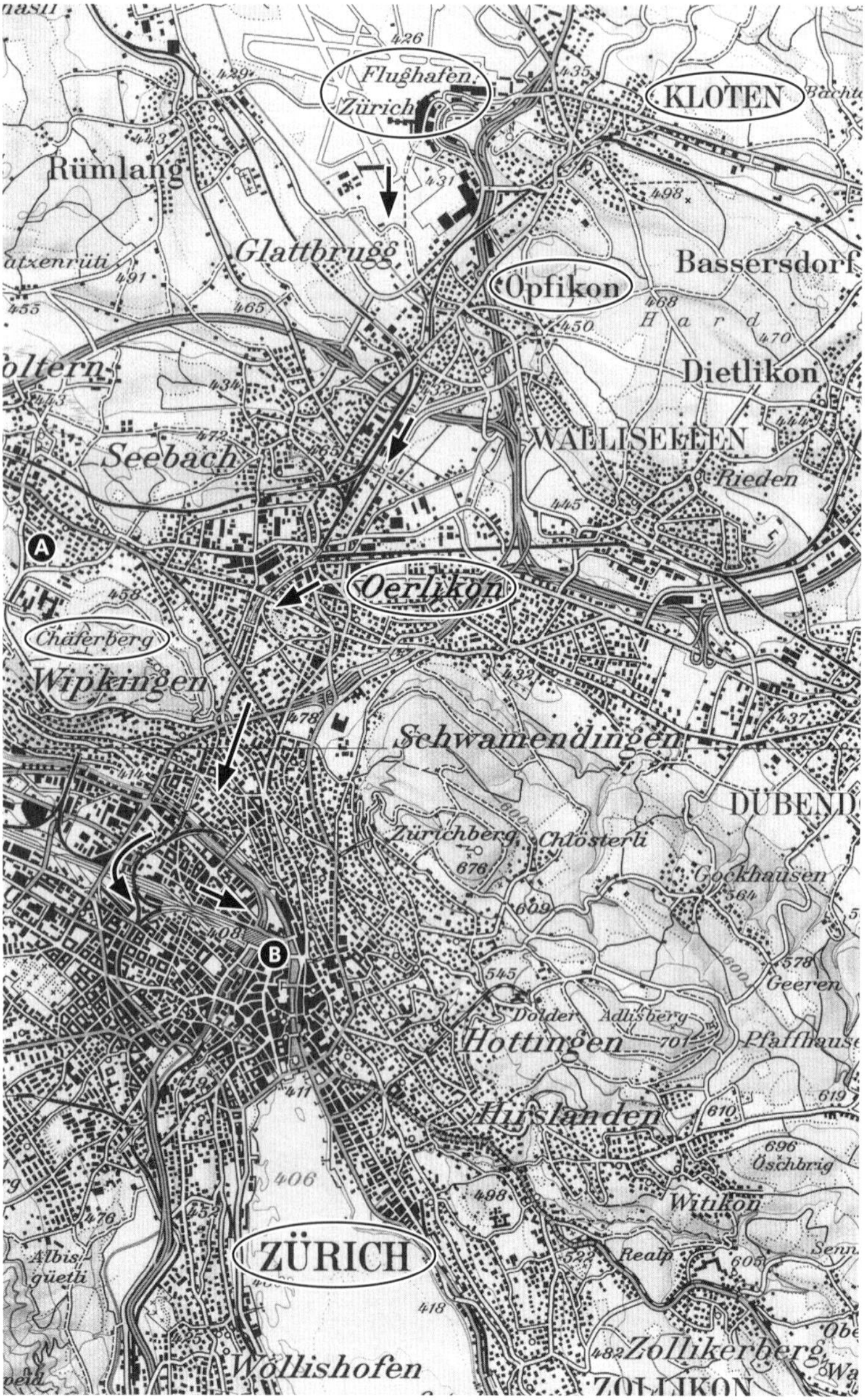

ある程度の広域を把握するのに便利な1:100,000地形図。鉄道の旅を想像するのに最適な縮尺（1㎝＝1㎞）で、ドイツやフランスにもある。1:100,000 スイス官製地形図 Zusammensetzung 103, Zürich- St. Gallen, Bundesamt für Landestopographie, 1984×1.34, Reproduced by permission of swisstopo（BA160078）

チューリヒ中央駅（202頁地図上Ⓑ）に進入する直前に、線路は半円を描くようにしてベルン方面からの何本もの線路をゆっくり跨ぎながら駅の構内に向かう。常磐線が日暮里《にっぽり》の直前に大きくカーブしながら入ってくるのに似ているな、と地図をよく見ると、半円の内側にいかにも昔は線路だったらしい道路が続いている。ここ最近、廃線跡歩きを日本国内でいくつもやってきた身には、このような道路が気になってしかたがない。市街図（209頁地図）で確かめると、この通りはレントゲン通りRöntgenstrasseという。あのX線写真のレントゲン博士を記念したものだろうか。この通りを南へ向かうと、いかにも自然に中央駅に進入しそうな入射角だ。

さて、チューリヒ中央駅で降りると、正面にまっすぐ延びるのが駅前通り《バーンホフシュトラーセ》Bahnhofstrasseである（204頁地図上矢印❶）。ガイドブックにも載っている市の目抜き通りだ。路面電車に乗ってもいいが、今日は晴れているので歩いてみよう。クルマを閉め出した、電車＋歩行者道路で、排ガスに包まれた雑踏でないのが嬉しい。線路の電車さえ気をつけていれば事故の心配もない。

左側の歩道を歩いた。こちらは偶数番地だ。周知の通り、ヨーロッパの都市の番地は通りの両側で奇数・偶数を分けているので、番地を頼りにある場所を訪ねる場合、片側だけ見ればいいので楽だ。ハルヴァーク Hallwag社の地図のデータを見ると、タバコ屋、薬局、靴屋

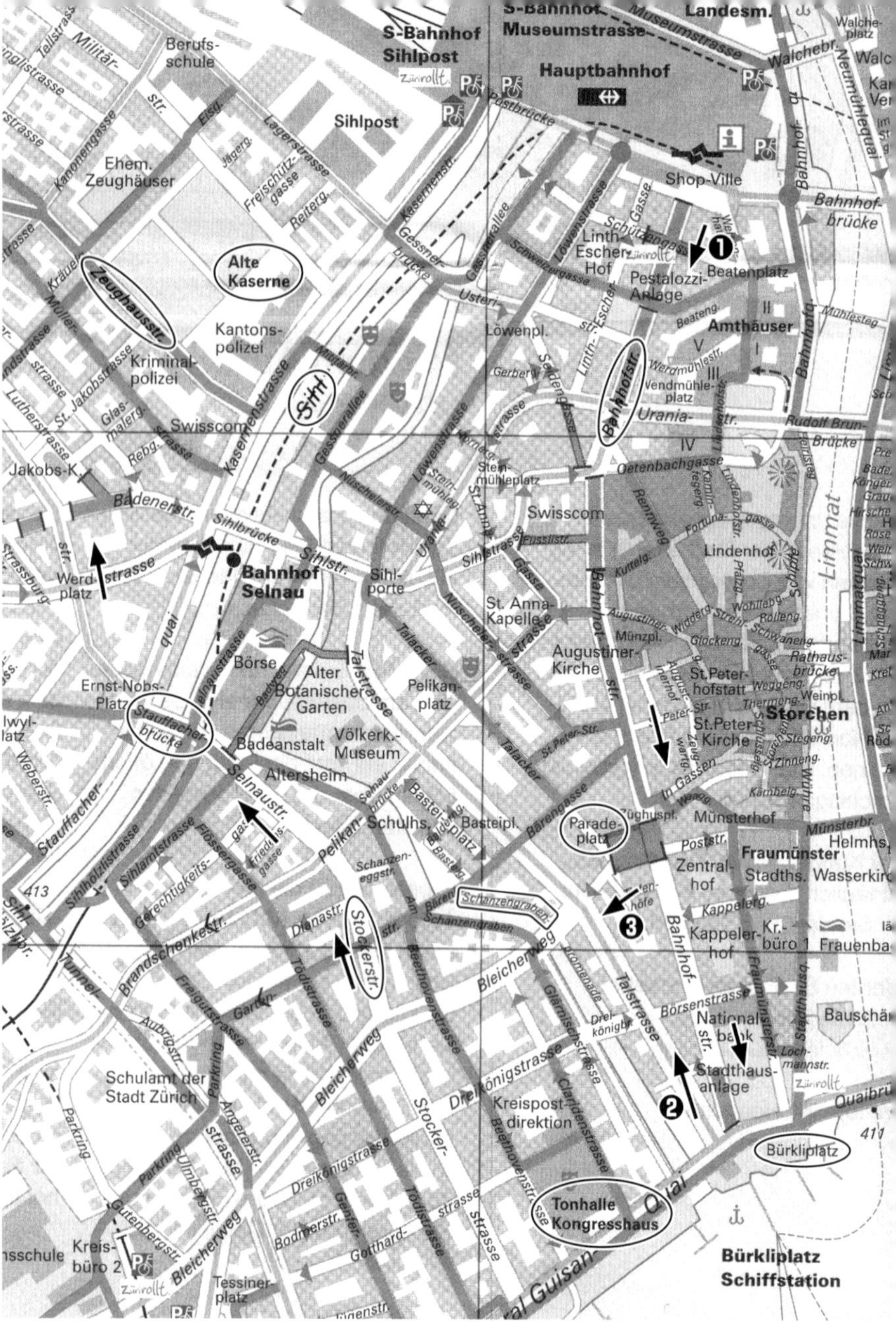

チューリヒ市土木局発行（ハルヴァーク社制作）のチューリヒ自転車地図
MAP Zürich mit Velo, Hallwag Kümmerly + Frey AG, 2011×1.02

などを過ぎるとクラブ・メッド（地中海クラブ）があって、また靴屋、眼鏡屋、宝石屋、書店、ナイフ屋、香水店と続く。高級店が多く、さすがにチューリヒの目抜き通りにふさわしい洗練された店構えは観賞するだけで楽しい。

１００番台から始まった番地はもう60番台だ。66番地にはまたまた靴屋。チューリヒ名産なのだろうか。そして60番地より南には宝石・時計店が目立つ。後で数えてみたら宝石・時計の店だけでこの全長一・三キロにおよぶ駅前通りに二三軒もあった。やはりスイスの中心都市だけはある。そのかわりにレストラン関係は六軒ほどと少ない。

やがて前方にチューリヒ湖の船着き場が見えてくると駅前通りも終点だ。船着き場の手前はビュルクリ広場 Bürkliplatz で、市電の線路が分岐している。ここを湖の岸に沿って西へ少し行くとトーンハレ Tonhalle がある。「トーンハレ」とは普通名詞で音楽ホールを意味するが、アムステルダムの名ホールの「コンセルトヘボウ」（コンサートホールの意）と同様、固有名詞として定着している名ホールだ。そういえば、駅前通りに掲示板があって、ちょうど今晩定期演奏会があることがわかった。開演は午後八時、今晩は安い席でチューリヒ・トーンハレ管弦楽団の演奏会を聴くことにしよう。

ビュルクリ広場からトーンハレに行く途中で濠を渡る。これはシャンツェングラーベン Schanzengraben という名の濠で、地図で見れば一目瞭然、旧市街を囲む五稜郭のような多角形の一部、市壁の濠の名残で、ここから駅のあたりまで、今でも幾何学的なジグザグが残っている。シャンツェというのはスキーのジャンプ台として知られているが、もともとは土塁を意味する。グラーベンが濠だから、文字通りの五稜郭の縁であることをその名が示しているのであった。

さて、横道にそれたが、気になる廃線跡類似物件のレントゲン通りへ行ってみようと思う。歩いてきた駅前通りをまっすぐ戻るのが早いのだが、それでは面白くないので、ビュルクリ広場にたまたま来た8番系統の市電に飛び乗った（204頁地図上矢印❷）。これは中央駅の西にある貨物駅の少し先まで行く系統で、パラーデ広場 Paradeplatz までは駅前通りを戻る形だが、ここからは西に転じて濠を渡り（同地図上矢印❸）、シュトッカー通り Stockerstrasse でさらに右折して新しい証券取引所を右に見てシール Sihl 川を渡る。このあたりは「チューリヒの兜町」と言われている、かどうかは知らないが、銀行や証券会社が目立った。蛇足ながら、私は「日本のウォール街」だの「東洋のナポリ」「日本のマッターホルン」みたいな言い方が嫌いだ。悔しいので、ついつい「イタリアの別府温泉」とか「スイスの奥多摩」みたいな言い回しをしてみたくなる。

この川は一キロほど上流へ行くと改修された護岸の上を東京の首都高のように高速道路3号線が走っている。この道路は南方のクール方面行きで、サンモリッツへ向かうのもここからだ。スイスは国土すべてが公園のようだ、などと形容されるが、これも面白くない。観光客が公園のようなところばかり回るのは当たり前である。スイスにだって人間が住んでいる以上、産廃処分場やエッチな一郭もあるに違いない。

　シール川をシュタウファッハー橋 Stauffacherbrücke で渡ると、銀行協会の高いビルのあるシュタウファッハーの交差点が見えてくる。ここは市電の六つもの系統が交錯しているので乗り降りが多く、ここを過ぎると車内が少し空いた。左手にはチューリヒ地方裁判所の入っている古い重厚な建物ベツィルクスゲボイデ Bezirks-gebäude が見え、進行方向にはヘルヴェティア広場 Helvetiaplatz がある（２０９頁地図）。私はここで降りて歩くことにした（同地図上矢印❹）。ちなみに「ヘルヴェティア」はスイスの古名で、紀元前一〇〇年頃に南西ドイツからスイスの地方に移住したケルト系の一部族の名前なのだそうだ。スイスの切手にはどこにも「スイス（独Schweiz・仏Suisse・伊Svizzeraなど）」の文字がないのをご存じだろうか。言語によって国名の表記が違うのだが、狭い切手のスペースに三～四言語併記をするのは大変ということもあって、このHelvetiaを記しているのだろう。

　このヘルヴェティア広場からラング通り Langstrasse を北北東へ向かうとＳＢＢ（スイス国鉄）の線路をくぐるガードがあり、その向こうから例のレントゲン通りが始まっているはずだ。その前にいくつかの道路と交差するが、最初は醸造人《ブラウアー》通り Brauerstrasse で、その先は武器庫《ツォイクハウス》通り Zeughausstrasse という名の通りになる。そして次の小さな路地が召使《ディーナー》い通り Dienerstrasse で、その次はツヴィングリ通り Zwinglistrasse だ。ツヴィングリは教科書にも出てくるチューリヒ出身の宗教改革者だが、このあたりで生まれたのかどうかは知らない。

ヨーロッパの通りの名は人名が非常に多いが、別にその地に縁があって付けられるとは限らないのである。むしろ関係ない方が圧倒的に多いようだ。

その次が軍隊通り《ミリテーア》 Militärstrasse だ。先ほどの武器庫通りと関係があるのかと地図を見たら、ちょうど東側に旧兵舎 Alte Kaserne があることがわかった。中央駅からも数百メートルしか離れていない。さすが国民皆兵の国、便利なところに兵舎がある。

国鉄のガードが間近に迫ってきた。その手前がラーガー通り Lagerstrasseだ。Lager《ラーガー》 も兵営という意味があるが、この場合は貨物駅が近いし「倉庫通り」の方が正しそうな気がする。ラガービールも倉庫で貯蔵した瓶詰めのビールの意である。

中央駅のすぐ西側なので線路が何本も錯綜しており、ガードも七〇メートルとかなり長かった。ちょっと夜の女性の一人歩きは危険だな、と思われる薄暗いガードを抜けると、いかにも駅裏といった風情の古い街並みが現れた。斜め左に延びているのがレントゲン通り（209頁地図上矢印❺）のはずだ。

見ると「Röntgenstrasse《レントゲンシュトラーセ》」と建物にプレートが貼り付けてある。少し歩いてみると、道路は緩く右にカーブしていて、やはり線路の雰囲気が非常に濃厚だ。

近くを歩いていたお爺さんに尋ねてみた。

「この通りに昔、汽車が走っていませんでしたか」

「そんなこと、どうして知ってるんだ。一〇〇年近くも昔の話だぞ」

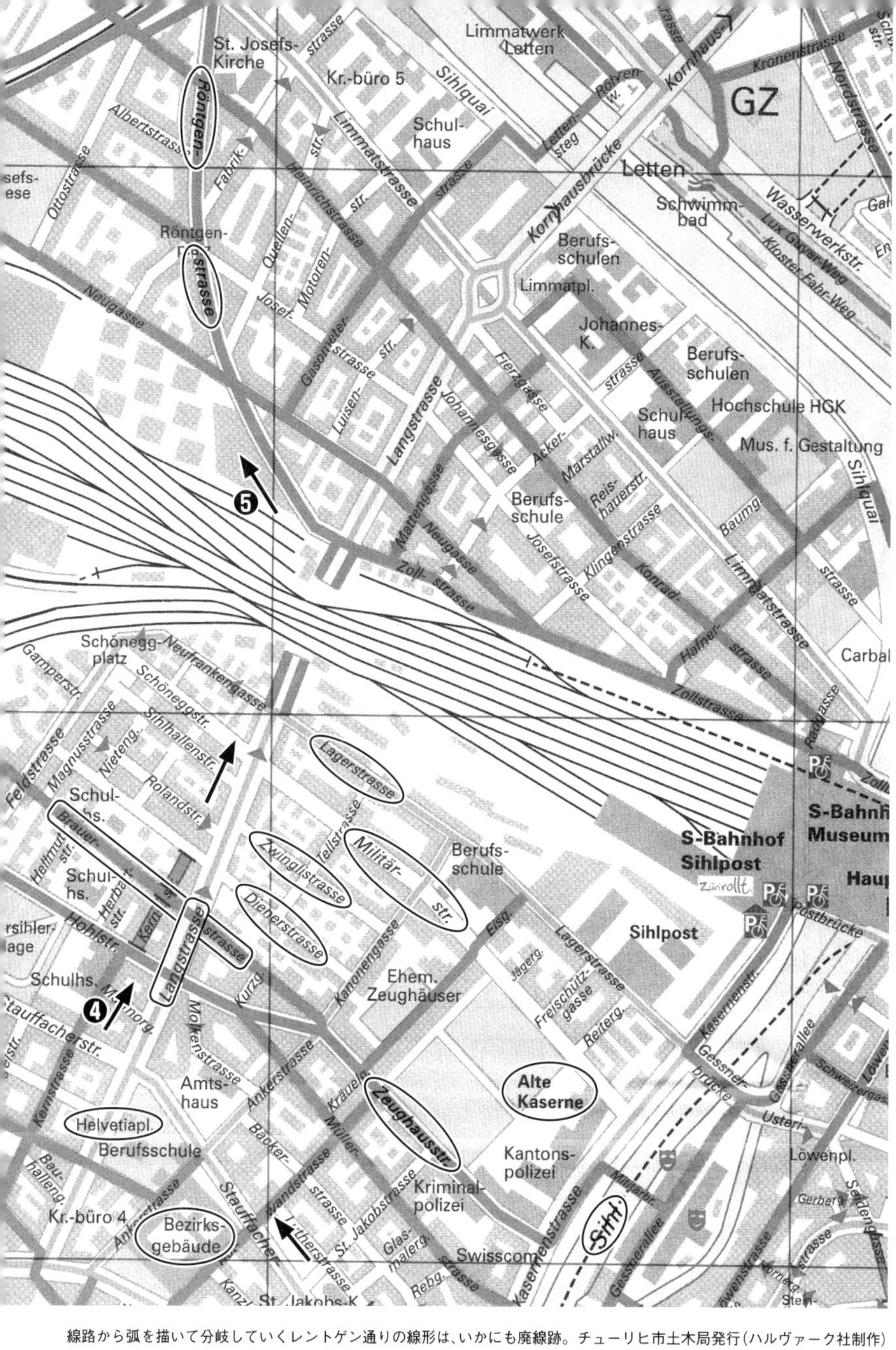

線路から弧を描いて分岐していくレントゲン通りの線形は、いかにも廃線跡。チューリヒ市土木局発行（ハルヴァーク社制作）のチューリヒ自転車地図　MAP Zürich mit Velo, Hallwag Kümmerly + Frey AG, 2011×1.1

「いや、カーブがそれらしくて……」

不審そうな顔をしながらも丁寧に教えてくれた。しかしどうしてレントゲン通りなのかはわからない、という。

帰国して、レントゲン通りのことを調べてみようと思っていた時、どこかでチューリヒの古地図を見たことがあるのを思い出した。そう、国内外の古地図の復刻版を多数出版している柏書房のカタログに載っていたのだった。これは一八七九年の古地図で、見るとまさにぴったり、レントゲン通りの場所に線路が黒々と記されていた。バンザイ、やはりそうだった。後でドイツの出版社ベデカーのガイドブック一九二〇年版を入手したが、そこではすでに廃線になっているから「廃線歴」は長い。

それはともかく、線路跡がレントゲン通りを称している理由を考えてみた。一見して普通の道路でも、レントゲン写真のような視線で凝視すれば廃線跡であることが浮かび上がってくるから。もちろん、これはまったくの想像ではあるが……。

イタリア

東リヴィエラは天まで続く葡萄畑だった

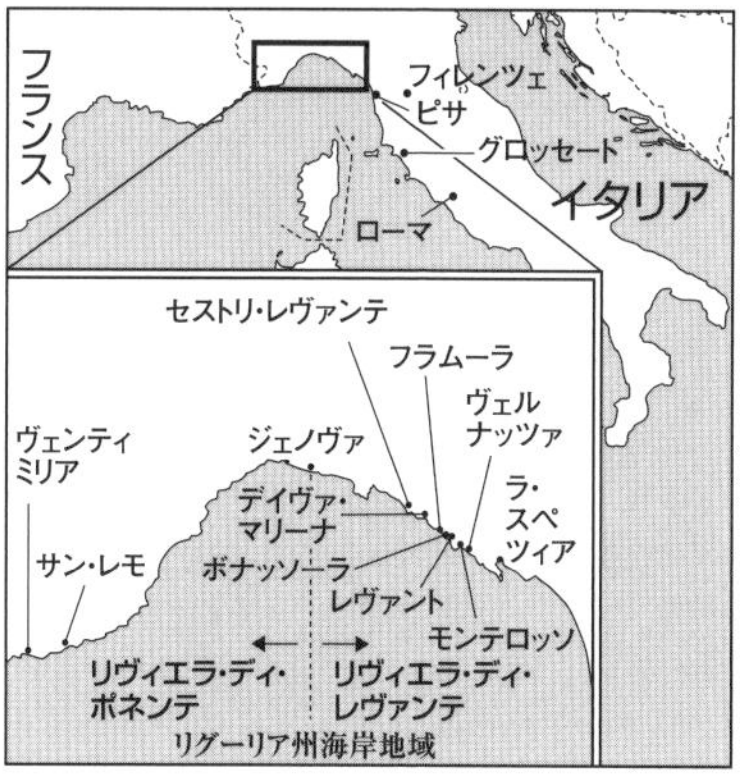

今回はイタリアのリグーリア州を訪ねる。この地名は日本ではあまり知られていないようだが、リヴィエラといえば誰でも、ああ、あそこかとわかるだろう。州都ジェノヴァを中心とする沿岸地域で、リヴィエラは「沿岸」を意味するイタリア語の普通名詞である。ただ、同じリヴィエラでもサン・レモなど著名な保養地が並ぶ西部（リヴィエラ・ディ・ポネンテ）ではなくて、リヴィエラ・ディ・レヴァンテ（東リヴィエラ）の方にしよう。東リヴィエラはアペニン山脈が海に向かって落ち込む険しい地形に特徴がある。

ジェノヴァからフィレンツェやローマへ向かう幹線鉄道がこのリヴィエラ・ディ・レヴァンテを通る。特急ならこの区間をたくさんのトンネルで、あっと言う間に通り過ぎてしまうが、ここを各駅停車＋歩きで訪ねてみよう。昔から海沿いの断崖に張り付いて走る鉄道のある地形図を見るのが好きだった私は、イタリアの地形図を陸軍（！）測量局から直接取り寄せた時にも、まっ先にこのイタリアの親不知《おやしらず》ともいうべき地域の五万分の一地形図「ラ・スペッツィア LA SPEZIA」を買ったほど思い入れが強い。この地形図の中にあるチンクェ・テレ CINQUE TERRE が目指す地域だ。チンクェ・テレとは英語の観光案内によればファイブ・ランズ、つまり五つの里という意味だそうだ。

漁村の細い道

イタリアを代表する港町のひとつ、ジェノヴァで特急の停まる駅を時刻表で見ると「ジェノヴァＰＰ」と略記されているジェノヴァ・ピアッツァ・プリンチペ駅と、その東隣のジェノヴァ・ブリニョーレ駅の二つである。このうち、西側にあるプリンチペ駅を八時ちょうどに出る各駅停車（列車番号１１２４１）に乗ることにしよう。軍港都市ラ・スペッツィア行きである。

ゆるりと発車した鈍行がいくつかのトンネルで市街地を抜けると、車窓右側に紺碧のリグーリア海が迫ってくる。もちろん地中海の一部だ。いつの間にか周囲は農村風景に変わり、赤いフィアットが列車を追い越していった。これが国道1号だ。イタリアの東海道、というわけではないが、リヴィエラとコートダジュールの境、つまり伊仏国境ヴェンティミリアからずっとリグーリア海に沿ってジェノヴァ、ピサ、グロッセートを通ってローマまでの重要幹線道路となっている。海の見える気持ちのよいルートだ。

途中、セストリ・レヴァンテまで国道1号、高速、鉄道と仲良く走っていたのが、この町から先は、あまりの海岸の険しさに国道1号も高速道路も山側へ逃げていく。ただ鉄道は急勾配で山に駆け登るわけにいかないので、しかたなく海にへばりつき、いくつものトンネルを穿って突き進むルートとなる。

駅とトンネルを繰り返しながらモネリア、デイヴァ・マリーナ、フラムーラと鈍行は小駅に律儀に止まっていく。駅のそばにはいつも海があって、白壁の家に洗濯物がまぶしい。漁船が微風にゆったりと揺れているのも見える。これが鈍行旅のよさだ。ますます険しくなっていく崖を串刺しにするように列車は走り、ボナッソーラ、レヴァント、モンテロッソなどの駅のある浦々はしんと静まっている。

長いトンネルを抜けたヴェルナッツァ Vernazza 駅でようやく五万分の一地形図「ラ・スペツィア」の図幅の範囲に入った。九時五六分。ジェノヴァを出ていつの間にか二時間近くが過ぎていた。ここで降りてみよう（215頁地図）。

急な斜面にへばりつくように色とりどりの古い家がひしめくこの漁村には、まともな道路が通じていない。地形図で見てもわかるように、実線＋破線の道路、凡例でいえば幅員三・五メートル未満の、古い言葉でいえば荷車道でしかない。日本の二万五〇〇〇分の一地形図ならおおむね黒の一本線、車はほとんどすれ違えない道幅である。

駅から西へ、漁港の方へ向かうと、古い教会があった。地形図でいえば、日本の水準点の

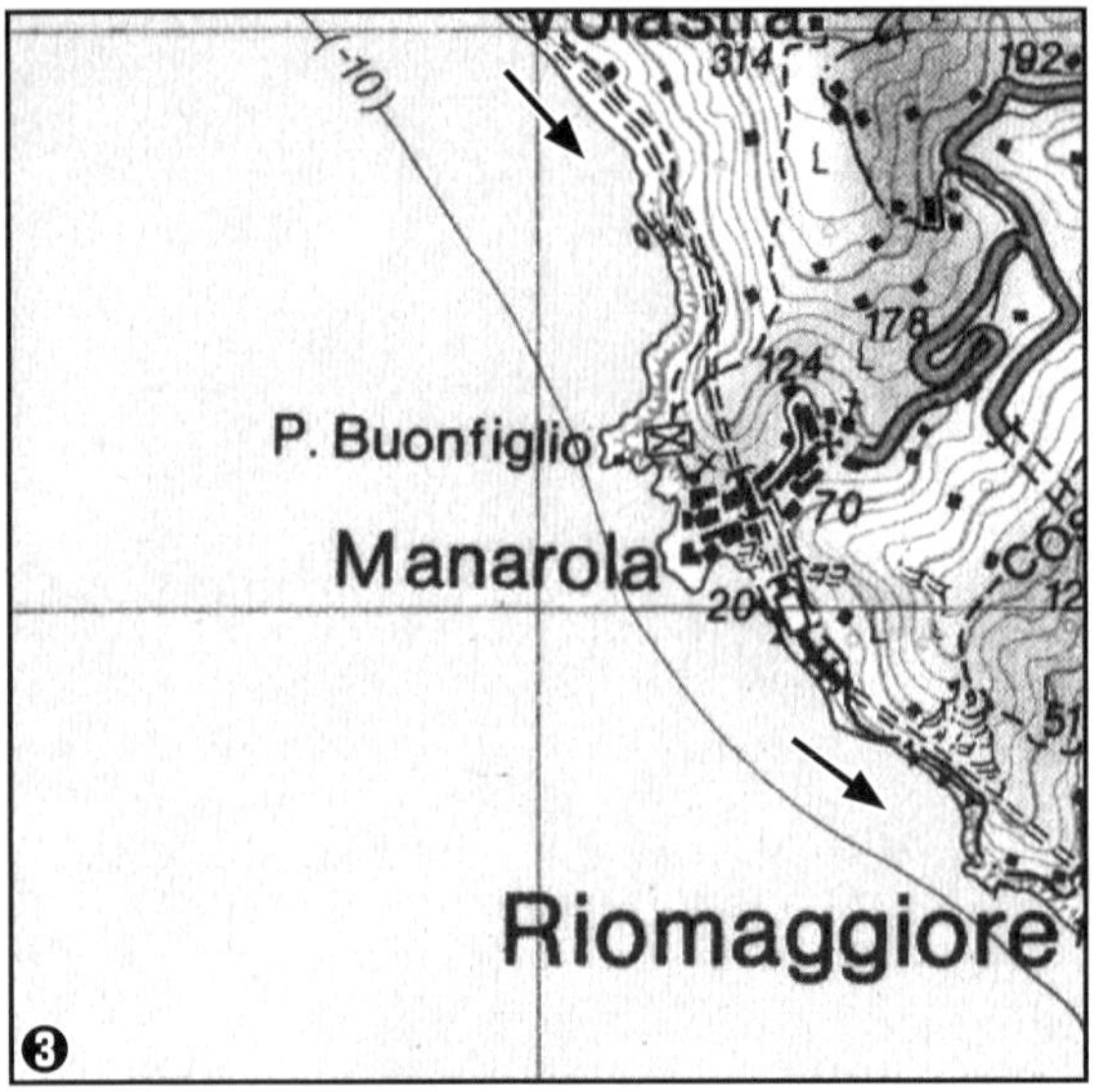

1:50,000 La Spezia, Istituto Geografico Militare×0.95

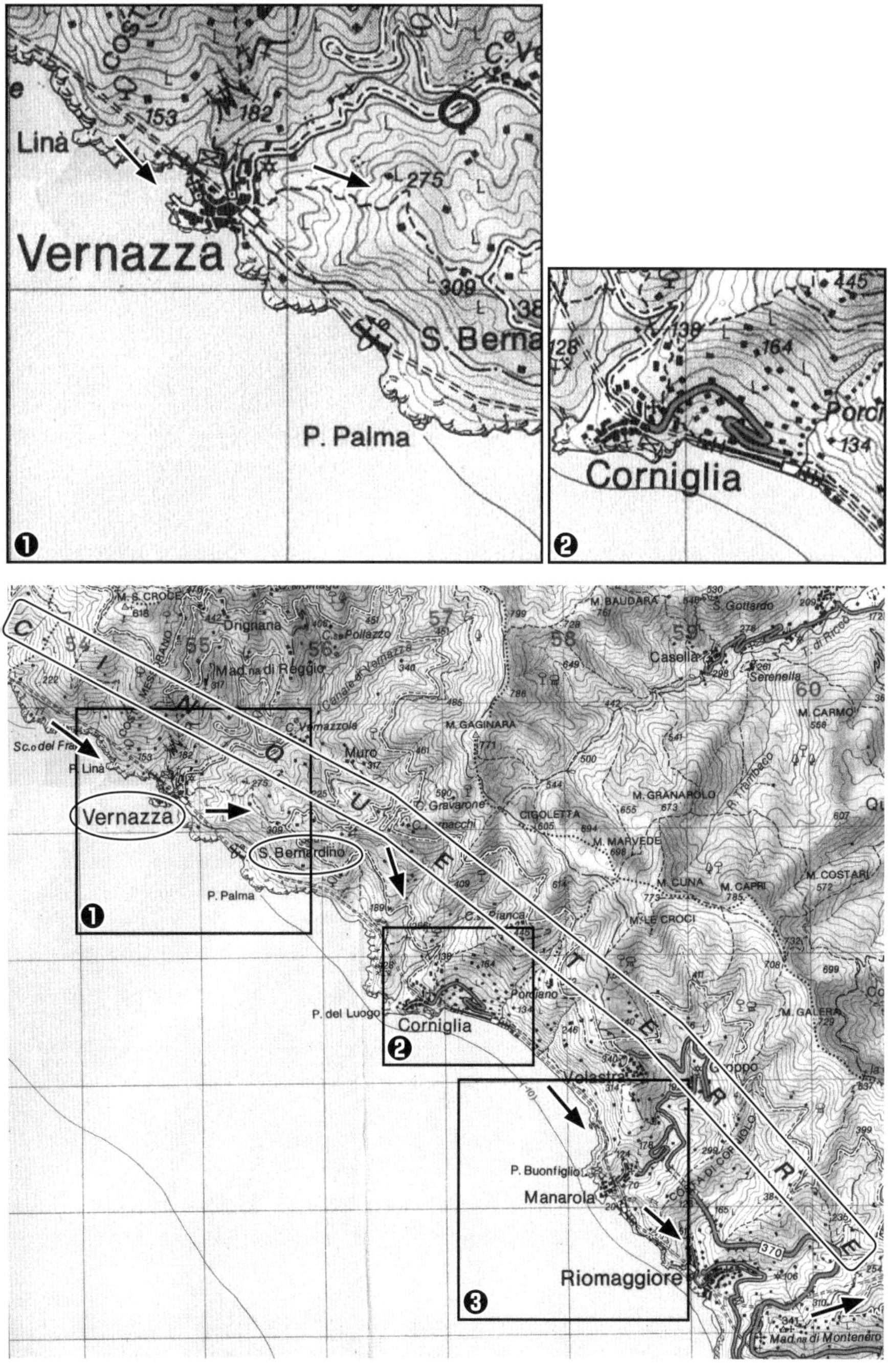

1:50,000 イタリア陸軍測量局地形図「ラ・スペツィア」Carta Topografica d'Italia, Foglio 248

ように黒点入りの四角（鐘楼の意）に十字が付いた線路際の記号がそれだ。もっと登ったところにある黒丸に十字架印はカトリック圏にはよくある、キリストの像が祀《まつ》ってある「祠」とでもいうべきもので、イタリア語では「タベルナコロ」と言う。なぜかお団子を供えたくなる響き。日本でいえば、田舎の道端によくある地蔵堂のようなものだろうか。昔むかしから、土地の人に大切にされているのがよくわかる。その西の海を見下ろす高台には墓地がある。長方形の中にひしゃげた×印がある記号⊠がそれだ。

　この地域は近代的交通手段に最近まで恵まれなかったこともあって、昔ながらの生活をよく残しているという。交通の発達は一方で文明の恩恵を容易にもたらす反面、その文明がもつ普遍性、裏返せば没個性を蔓延《まんえん》させる。そんな事情は多少の差はあれ、各国で共通したもののようだ。

葡萄の段々畑

　さて、この五万分の一地形図で私が気づいたのは、海沿いに森が少ないことだ。日本ではこんな地形の海岸なら、たとえば三陸などのリアス式海岸なら海まで森が迫っている。それがこの海岸には「森」がないのである。山のかなり上の方は森を示す緑色のアミがかかっているのに対して、海岸から標高三〇〇～五〇〇メートルぐらいのラインまでは樹木がなさそうなのである。

それでは地形図をもう一度よく見てみよう。L字形の記号、これがミソ。葡萄畑である。もちろんワインになる。イタリアは世界一、二を争うワイン王国で、この地域ではその名もズバリ「チンクェ・テレ」という白ワインが知られている、とガイドブックには出ていた。行ってみると、やっぱり急斜面に葡萄がびっしり植わっていた。「耕して天に至る」は信州姨捨《おばすて》の「田毎《たごと》の月」のようなアジアの専売特許ではない。そしてもうひとつよくある記号が、やはりご当地名産、オリーヴである。アンパンにワイングラスの脚《ステム》がついたような記号がそれだ。どこの地形図にも重要な名産には専用記号がある。これが地形図のお国ぶりの面白さだ。だからドイツの地形図にはオリーヴ畑記号はなくてもホップ畑の記号がちゃんとある。

通過交通の車がいないので、村は時間が止まったかのような静けさだ。村の唯一といえる近代交通機関の鉄道だけは、重要幹線だけあってインターシティ特急や、それより速いペンドリーノという高速特急電車がローマに向かって走り抜けていく。ただ、線路が地上に出るのはほんのわずかだから、それほど騒々しくはならないのである。かすかにガレリア（トンネル）の奥からゴーッという列車の響きが大きくなり、高速で地上に飛び出したかと思えば一瞬にして駅を通過、また闇の中へ消えていく。その瞬間だけ思い出したように時間が進む、という具合だ。特急の車内でぼんやりと窓の外を見ている人にはこの村の存在などないも同然だろう。それでもトンネルとトンネルの間のわずかな隙間の漁村には何百年という歴史があって、その素朴で敬虔《けいけん》な生活が連綿と続いている。そこを何の関わり合いもない何万という旅行者が通過していくのは、考えてみれば奇妙なことかもしれない。

多様な植生区分

次の村、コルニリア Corniglia に向けて海沿いの細い道を歩くことにしよう。まず駅を出て村と反対方向の葡萄畑が続く道を行く。見上げれば急斜面のずっと上の方まで段々の畑になっていて、そこをゆるゆると登っていける。トンネルの上を越えて少し歩くと、はるか下、七〇〜八〇メートルほどの場所にトンネルから出た複線の線路が見えた。ここでも鉄道が地上に出るのはほんの一五〇メートルほどで、また地中にもぐっていく。地形図を見ると、線路に沿って北西向きに矢印があり、それに丸一文字の記号㊀が重なっている。日本では見慣れない記号だが、矢印は鉄道の「電化区間」を示し、丸一文字は仮の小屋である。保線小屋だろうか。

まもなくサン・ベルナルディーノ地区 S. Bernardino に入る。農家が点々と散在する、やはりワインヤードとオリーヴ畑ののどかな風景だ。岩の白さがまぶしい。ここリグーリア州は大理石が名産である。葡萄畑にオリーヴ畑、白い岩壁に青い海。絵に描いたような地中海風景が眼下に広がっている。

コルニリアの村もやはり斜面に張り付いているが、駅が村の中心からちょっと離れていて、一キロ弱の、これは自動車が通れる道がついている。ただ、その「まともな道」は村と駅を結んでいるだけで、隣村などとの道路網とのつながりがないことが地形図からも読みとれる。

海に面したちょっとした高台に聳える教会を見ながらさらに歩いていけば、右手にトンネルを出た線路が見えてきた。まもなくコルニリアの駅だ。時刻表を見ると、ちょうど一二時三分のラ・スペツィア行きの鈍行列車がある。これに一駅だけ乗ることにしよう。次の駅は約二キロ先のマナローラ Manarola である。二キロとはいえ、この区間は細い歩道が海に沿ってあるだけで、車道は皆無だ。どうしてもコルニリアから車でマナローラ村へ出ようとすれば、一度先ほどのサン・ベルナルディーノまで戻り、さらに山の上の方へ九十九折りの道を標高五〇〇メートルほどまで上がり、今度は等高線沿いについている道を、途中で切れている国道370号の終点へ出て、これをまたさらにくねくねと下らねばならない。二〇万分の一道路地図の距離表示で確かめると一三キロ、鉄道距離の六・五倍だった。とにかく道路交通の不便なところなのである。

マナローラの駅の場所も村から少し離れた場所にあった。線路は村の中心部を通るのだが、あまりにも土地が狭すぎて駅を造る余地がなかったのだろう。村の中心を過ぎてトンネルを抜けたところに駅はあった。ここから村に通じる道は「一五分間のすばらしいプロムナード」としてミシュランのガイドブックにも紹介されている。それにしても、よくこんな山の迫った狭いわずかな入り江に人が住みついたものだ。村には西に岬が突き出ていて、その名をブオンフィリオ岬 P. Buonfiglio という。単純に辞書の意味をつなぐと「良い息子」だ。何か伝説でもあるのだろうか。養老の滝ならぬ漁師さんの孝行息子の話か。

次のリオマッジョーレ村 Riomaggiore は地形図でも少し大きめの字で表示されている。英語ならメジャーリヴァーつまり「大川」というこの村は、ラ・スペツィア方面からなら車でもわりと簡単に入れる。同書によれば「狭い谷に折り重なるように建てられた中世の面影をそのまま残した村で、層をなした岩壁の馬蹄形の入江の奥にしがみついている」そうで、読むだけで行ってみたくなってくる。

この先、海岸線は南東に向かって半島を成しており、ラ・スペツィアへ出る鉄道は海岸線につき合うと大幅に遠回りになってしまう。このあたりから海岸線はますます険しさを増すので、ついにここで進行方向を東に変えてトンネルに入るのだが、上下線別々のルートで、かなり離れて二本のトンネルが平行に掘られている。

さて、ここでイタリアの植生記号の多様性について。この国の地形図の特色といえば何といっても植生記号だ。それも日本の針葉樹林、広葉樹林などのような大まかな区分ではなく、松、杉など記号で樹種を次のように一一種類にも分けている。

・常緑樹―①モミ ②松 ③糸杉 ④ユーカリ ⑤常緑柏またはコルク樫《かし》

・落葉樹―⑥樫または楡《にれ》 ⑦栗 ⑧ブナ ⑨唐松（落葉松） ⑩ポプラ ⑪雑木林

リヴィエラの風景もさることながら、イタリアの地形図も実に味がある。列車は東に向きを変えた。ナポレオンの案に基づくという海軍工廠《こうしょう》のある軍都ラ・スペツィアはもうすぐだ。ここには海軍技術博物館があるのでちょっと覗いて、あとは急行列車でローマに向かうか……。ラ・スペツィアへ向かう長いトンネルを走る列車の轟音の中で、ガイドブックを見ながら考えるとしよう。

オーストリア

狭軌鉄道巡礼の旅

ウィーンのいくつかのターミナルのひとつ、西駅からはリンツやザルツブルク、国境を越えてドイツのミュンヘン方面へ頻繁に急行列車が走っている。

日本では元号が平成と変わった一九八九年五月のある日、ここから巡礼の聖地として知られるマリアツェル MARIAZELL へ行ってみることにした。日本のガイドブックには載っていないが、欧州ではけっこう有名らしい。この小さな町は一二世紀にベネディクト修道会によって開かれた由緒ある町だそうで、ここへ向かうマリアツェル鉄道もやはり多くの巡礼者たちの需要があって建設されたものなのだろう。香川県の金毘羅《こんぴら》さんへお参りするために敷設された高松琴平電鉄や島根県の出雲大社へ向かう一畑《いちばた》電車に似た性格といえそうだ。

筆者はクリスチャンではないから、要するに金毘羅さんへ普通の観光客がお参りするようなものだが、それより何より五万分の一地形図で、この狭軌鉄道がうねうねと山道をたどる、その線路の風情に惹かれたので、ここへ行くことを決めた次第である。

それではなぜ事前に狭軌鉄道であることがわかるかというと、この国の地形図の記号では標準軌と狭軌を区別しているからだ。具体的には狭軌鉄道が日本のJR線に似た記号▮でハタザオの間隔が広く、標準軌は黒い太線┃。線路幅の区別はオーストリアが、というよりもむしろ、世界のかなりの割合の国の地形図で行っている。だからこれを区別しない国の方が少数派なのである。日本の鉄道の記号区分は線路幅ではなくて、JRかその他の私鉄か、という「どこが経営しているか」で分類する世界的にも珍しいケースと言える。

マリアツェル鉄道に乗るためには、ウィーンからリンツ方面に六〇キロ、急行列車で四〇分ほど行ったサンクト・ペルテンで下車して乗り換える。マリアツェルはここから約八五キロ、約二時間半の道のりだ。表定時速（停車時間も含めた数値）三〇キロ少々のゆったりしたスピードである。ウィーン西駅発八時四〇分のインスブルック行きのインターシティ特急に乗った。ウィーンの森（「ウィーン山地」と訳した方が正確だが）を抜けて快走、しばらく丘陵を眺めるほどなくサンクト・ペルテンに着いてしまった。

一〇分の待ち合わせでマリアツェル行きの小さな電車に乗り換える。九時三〇分の定刻に発車し、こまめに小さな集落に作られた駅に停まっていく。途中、起点から一七番目のフラ

ンケンフェルス駅までは、緩やかな丘陵をドナウ川の支流のピーラッハ川に沿って遡ってい
く。駅といっても時刻表の駅名の後にHuと表示されたものが多い。これは駅員のいない「停
留所」で、日本のバス停やローカル線の無人駅と同じく、切符を車内で購入する小さな駅で
ある。この他に要注意なのが時刻表の各列車時刻の左にある×印で、これは乗降する客がい
なければワンマンバスのように通過してしまう。無人駅で降りるつもりの人は要注意だ。

眼下に見える線路

フランケンフェルス Frankenfels でいよいよ五万分の一「マリアツェル」の範囲に入った
（226頁地図）。オーストリアの地形図は比較的記号の数が多いので、ゆっくり移りゆく車
窓と地形図を睨み合わせていると楽しい。このへんは標高四五〇メートルほどで、二七三メ
ートルのサンクト・ペルテンからはすでに一八〇メートルぐらい登ってきている。それでも
四三キロも走ってこの高度差だから、ほとんど勾配はわからないくらい緩い。

フランケンフェルス駅を出た電車は車窓左側にナッタースバッハ Nattersbach の小さな流
れに沿って左右にカーブを描きながら進んでいく。左斜め前方の標高六四一メートルの小山
はニクスヘーレ Nixhöhle（水の精の洞穴）という謎めいた名前を持っている。国道に沿った
線路がやがて右に急カーブを描くと谷が少し開けてペルナロッテ Pernarotte という小さな
集落が見える。まん中には小さなチャペル㊀。ヨーロッパでは教会とチャペル（礼拝堂）は

たいてい記号が違う。オーストリアの教会は⛭だ。

すぐにボーディンク駅 Hst. Bödingを通過。この電車は日本でいえば「快速」のようで、このような小さな停留所は通過していく。時刻表と違って地形図にはHst.という略称（停留所《ハルテシュテレ》 Haltestelle の略）が用いられているが、ほぼHuと同じと考えていい。

さて、地形図表現上の細かいことをいえば、駅 Bahnhof（略称Bhf.）では駅舎が黒い四角▣で描かれていて駅の記号そのものも大きいのに対して、停留所の方は小さな四角□だけになっている。ちなみに、ドイツやスイス、オーストリアなどではこのように駅舎位置が示されているので、線路のどちら側にあるか、また長いホームのどの位置に駅舎があるかがわかって便利だ。日本も戦前の図式では二〇万分の一などでこの方法を採ったこともあるが、現在はただの長方形になったので判断できない。以前、ある地方の駅を目指して地形図を見ながら歩いた際、駅に通じる道だと信じて行ってみたら駅舎は反対側で、はるかに遠回りをした覚えがあるが、この記号があればそんな無駄足をしなくてすむ。

ボーディング駅を通過した電車は、すぐに道路と川を一緒に跨いで右岸にとりつくと、川の流れと一緒に曲がる半径一〇〇メートルほどのSカーブに車輪をきしませていく。やがて次のラウベンバッハミューレ駅 Bhf. Laubenbachmühle に到着した。標高五三三メートル。ここから先は電車の本数が六割ほどに減ってしまう。やはり谷のどんづまりに近い村だからである。

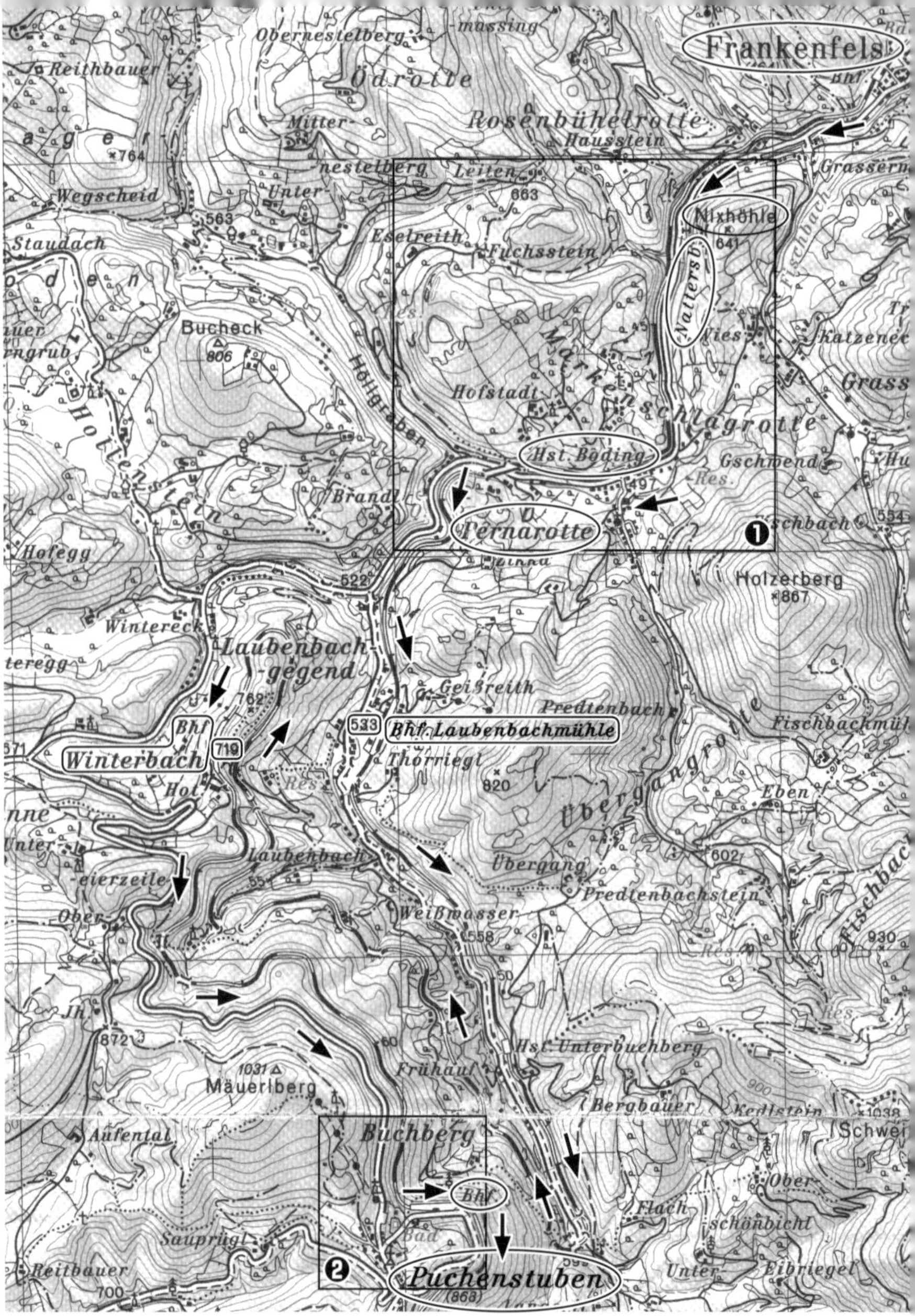

ダイナミックなつづら折り線形を描くマリアツェル線。27パーミルの最急勾配区間で、
アプト式などの「歯軌条」を使わずにこの勾配に抑えたために生じた線形である。
1:50,000 オーストリア官製地形図 Österreichische Karte 1:50,000, 72 (BMN 6810) Mariazell,
Bundesamt für Eich- und Vermessungswesen, 1987×1.25

erg
Leiten
663
Nixhöhle
elreith
Fuchsstein
641
Nattersb
Res.
45
Wies
Markenschlagro
Hofstadt
ben
Hst. Boding
Gschn
497
Res.
Pernarotte
1

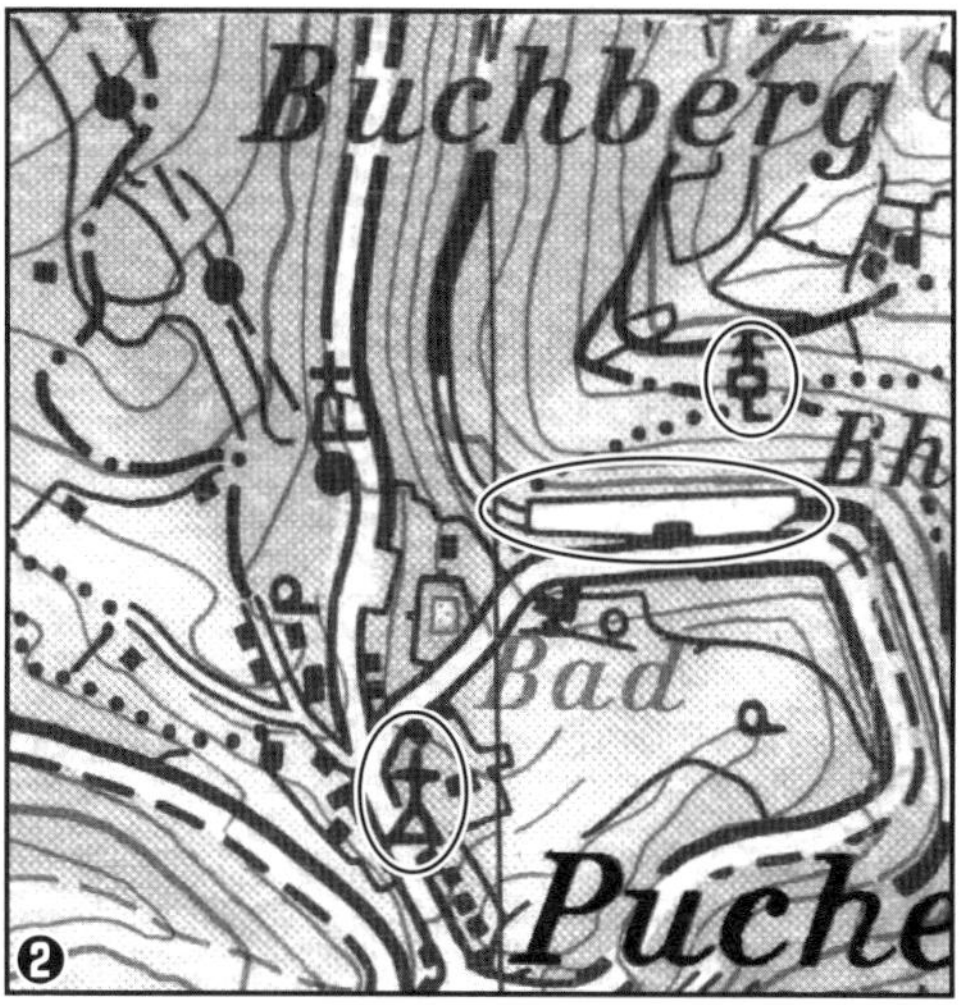
Buchberg
Bh
Bad
Puche
2

線路はここから本格的な峠越えになるが、地形図を見るとそれがよくわかる。谷に沿って南へしばらく進んだ線路は三キロほど奥まで行くとヘアピンカーブで北に転じ、ラウベンバッハミューレの村のすぐ近くの山の中腹まで戻ってきたかと思うと、今度は西側斜面にひるがえってまた南下を始める。そこにヴィンターバッハの駅 Bhf. Winterbach があるが、ここはラウベンバッハミューレの駅から直線距離で九〇〇メートルしか離れていないのに線路の延長はその一〇倍の九キロ、標高差は一九〇メートル近くもある。登山電車ではないので勾配を一〇〇〇分の二〇ほどに抑えてあるため、このような遠回りのルートとなったわけだ。

森の中を走るので、展望はそれほどきかないが、森の切れ目ごとに向こうの谷や、先ほど走ってきた線路が眼下に見えて面白い。鉄道ファンはこういう風景をことのほか喜ぶのである。鉄道模型をやる人の頭の中には、自分の電車を走らせるための山河のディオラマがふつふつと浮かび上がってくるに違いない。

急カーブと長い勾配区間を黙々と登っていく電車は一一時二〇分、峠の手前のプーヘンシュトゥーベン駅 Bhf. Puchenstuben に入る。地形図では駅 Bhf. の扱いなのだが、時刻表では Hu の印。以前は駅員のいる正式な駅だったのに、最近になって無人化されたのだろう。先進国の車社会におけるローカル鉄道の苦しい事情はどこも共通したものがある。ある程度の集落があるのに×印ということは、お客さんがまったくいないこともあるのだろうか。

駅の近くの集落には三角に十字架の立った記号⛪があるが、これは教会だ。凡例にある教会の記号は丸に十字架なのでおかしいと思うかもしれないが、これは「三角点を設置した教会」という記号なのだ。昔からヨーロッパでは測量の際に、よく目立つ教会に三角点を設置することが多かったのでこのような記号が生まれた。ついでながら塔の数が複数だと、この十字架が二本立った記号だ。つまりオーストリアの「教会記号」には、三角点のあるなし、塔の数が一本か複数か、それにチャペルの記号で、合わせて六種類もあることになる。

駅の北斜面を下がった場所にある樅の木マークに四角い札が付いた記号は何だろう。以前、この記号の表すビルドバウム Bildbaum という言葉を辞書で引いたが載っておらず、その意味を何人かのドイツ人に聞いても、なぜか不明だった。しかし状況から見て札の立っている、あるいは札の付けられた「名木」であるようだ。記号は針葉樹と広葉樹の二種類ある。このように、オーストリアの「地理院」も結構細かい記号の決め方をしている。その後ネットで調べてみたら、立派な額縁のある聖母マリアの絵が取り付けられた木の写真が載っていた。

路傍のキリスト像

記号にこだわって風景を描写しているとなかなか先に進まない。プーヘンシュトゥーベン村の標高（教会の三角点）は八六八メートルだが、ここから峠に向けて電車はさらに高度を上げていく（２３１頁地図）。森の中をゆっくり進むうち、ずっと小さな流れになったナッタースバッハ川を跨ぐとトンネルに入った。思えばこの路線、これだけの山中を進むのにトンネルがこれまでほとんどなかったが、今度のトンネルはちょっとした分水界を穿つもので、図上で測ってみると二三五〇メートルほどと、この線では最も長い。

トンネルの真上には旧街道が通っているようだ。日本の市町村界の記号のような一点鎖線の荷車道－・－がそれである。具体的には幅員一・五メートル程度の道だろうか。この国は道路記号の分類もきめ細かく、荷車道より細かい「歩道」にしても広いもの----（破線）と狭いもの……（点線）に分かれている。やはり、スイスから続くアルプスの山中に古くから人が住んできた国ならではの地図文化なのだろうか。これらを調査するのもまた大変そうだ。実際にハイキングなどに使う身としては実にありがたいが。

その峠の旧道だが、ヴェクシャイトホイスル Wegscheidhäusl の文字の左には、日本の記念碑の記号の上に十字架の立った記号†がある。これは「聖画像柱」というもので、ヨーロッパの田舎の写真集などで見かける、路傍のキリスト像だ。峠や道の分岐点によく立てられているようだが、日本の村はずれや峠に道祖神があるのと似ている。旅人を護ってくれる、ということなのだろうか。

また、その隣には建物がある。ヴェクシャイトホイスルとは道の分岐点にある小屋、つまり「追分小屋」ということだ。昔むかし、聖地マリアツェルを目指す巡礼たちがこの追分小屋でお茶でも飲んで一服したのだろうか。

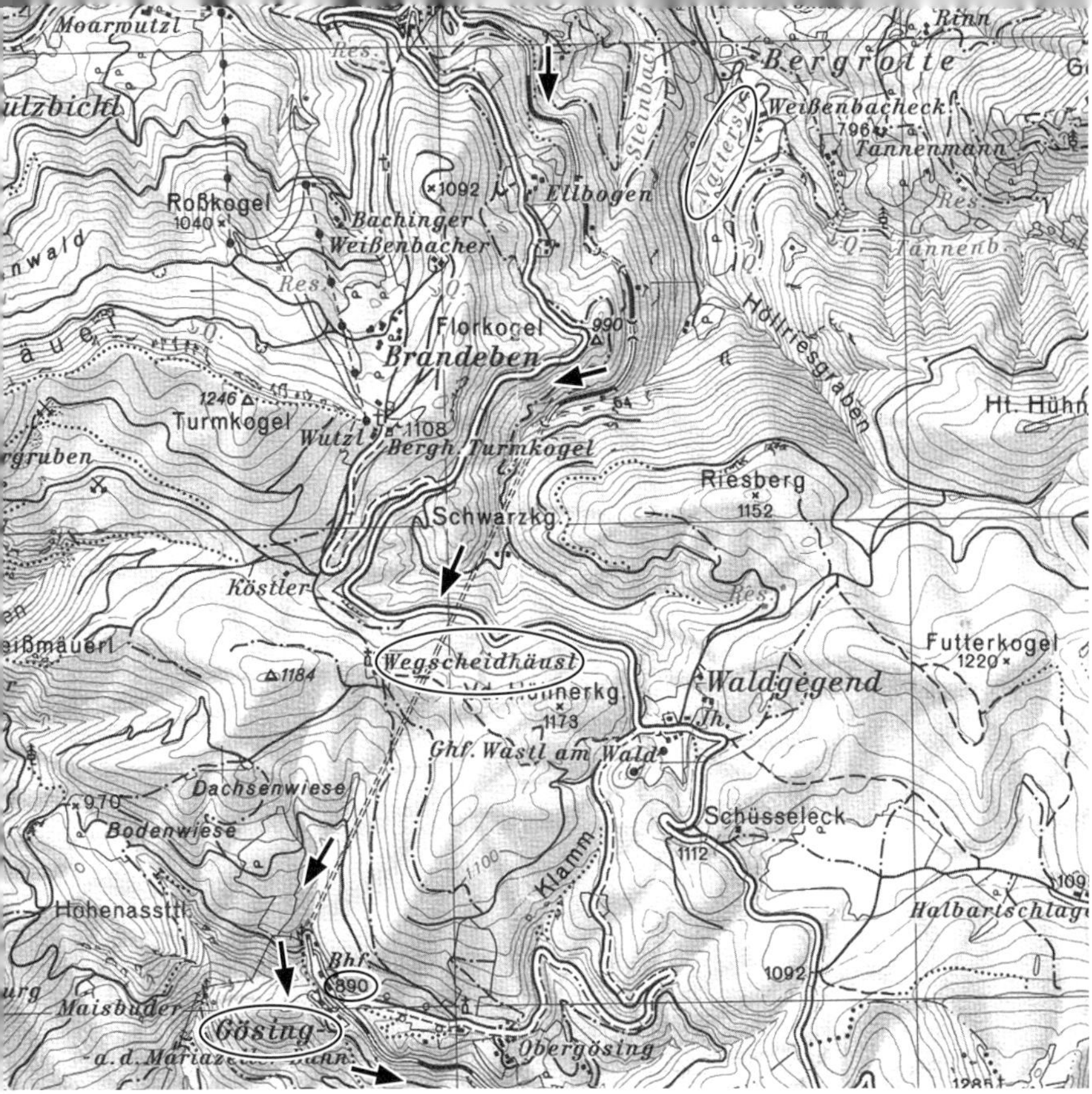

1:50,000 オーストリア官製地形図
Österreichische Karte 1:50,000, 72（BMN 6810）Mariazell,
Bundesamt für Eich- und Vermessungswesen, 1987×1.46

電車の方はここをトンネルで一気に抜けてすぐゲーシンク駅 Bhf. Gösing に着く。地形図にもあるように標高八九〇メートル、全線中で最も高い駅である。周りにはほとんど人家はないが、Huではない「正式な駅」だ。ここで上り列車と行き違う。通過道路がないので自動車も通らず、実に静かなところだ。233頁の地形図を見ると駅から南西に送電線が延びていて、Krw. と略記された水力発電所がある。送水管も見えるから、おそらくこの鉄道に電気を送るものだろう。

ゲーシンク駅を発車すると今度は下り勾配だ。東に向かって進むと地形図にヴァッサーロッホホイスル Wasserlochhäusl とある小屋を見下ろす形だ(実際には見えないが)。意味は「水穴小屋」で、小屋のすぐ下にはQの文字がある。これは湧水（Quelle《クヴェレ》の略）の記号で、なるほど文字通りだ。地形図をよく見るとこの記号はきわめて多く、登山やハイキングの際の貴重な水場データになっている。ここから湧き出た水は北流してドナウ川に注ぎ、はるばる黒海まで二〇〇〇キロ以上の旅をするわけだ。

その水を受けるべき、はるか下を流れるアンガーバッハ川 Angerbach の流れはまったく見えないが、だんだんに高度を下げて短いトンネルをいくつか過ぎるうちに標高八一八メートルのアナベルク駅 Bhf. Annaberg に着いた。所在地はライト Reith という集落だが、東に六キロほど行った保養地で知られるアナベルクの地名が採られている。日本でもよくあるパターンだ。

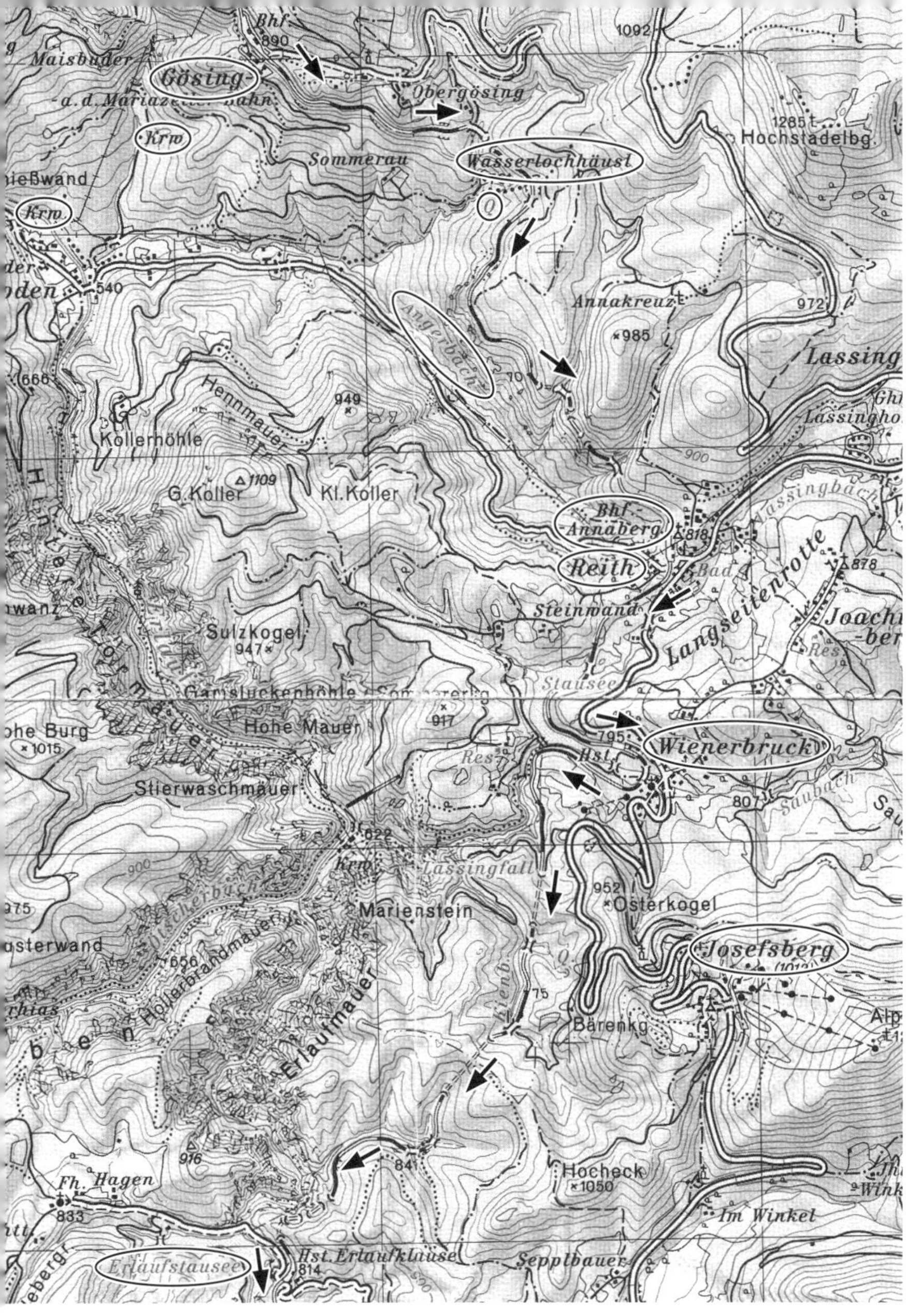

1:50,000 オーストリア官製地形図
Österreichische Karte 1:50,000, 72 (BMN 6810) Mariazell,
Bundesamt für Eich- und Vermessungswesen, 1987×1.47

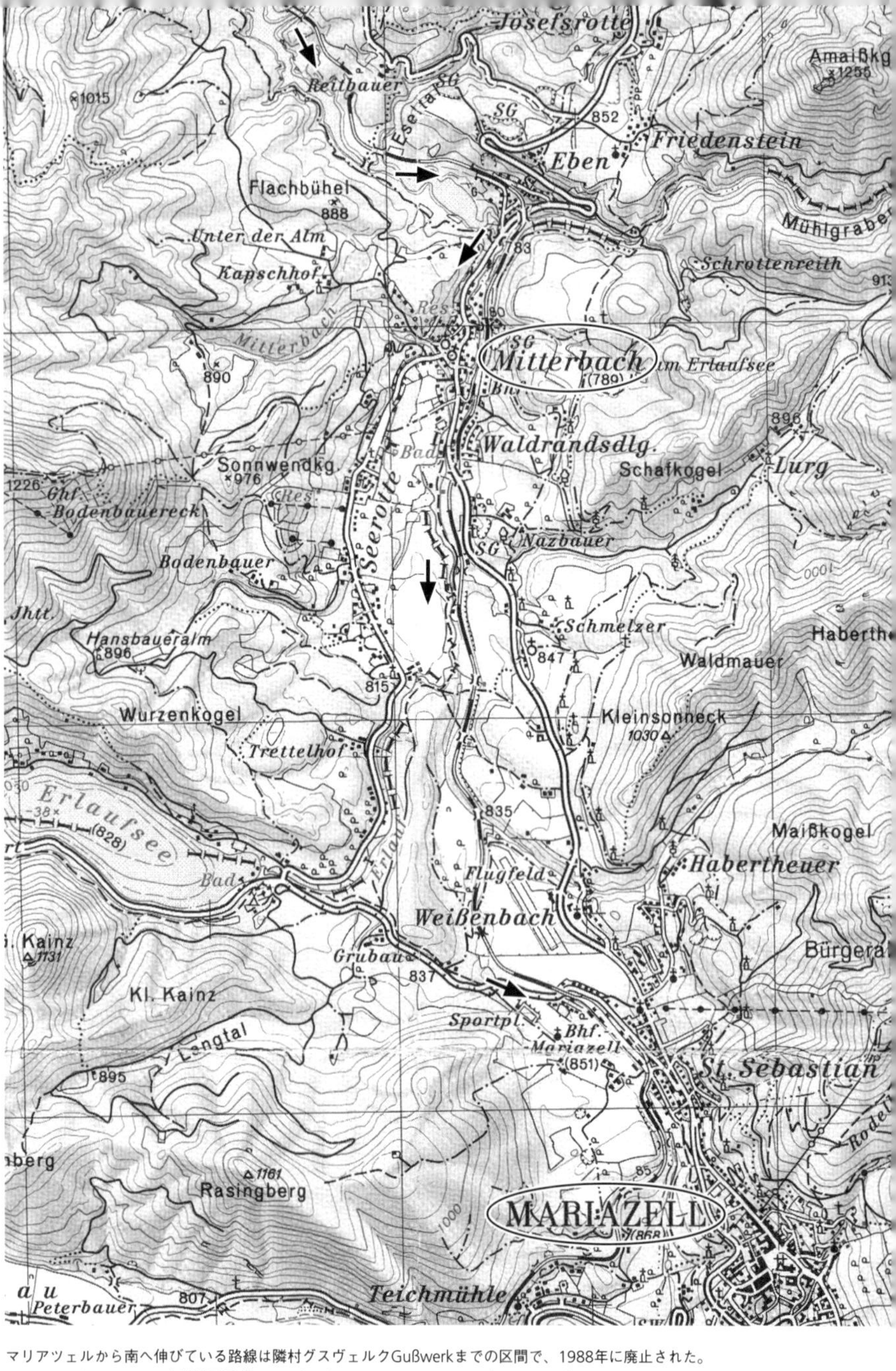

マリアツェルから南へ伸びている路線は隣村グスヴェルクGußwerkまでの区間で、1988年に廃止された。
1:50,000 オーストリア官製地形図 Österreichische Karte 1:50,000, 72（BMN 6810）Mariazell,
Bundesamt für Eich- und Vermessungswesen, 1987×1.47

人造湖

バスに乗り換える数人の客を降ろしてさらに空いた車内には、五月の風が気持ちよく吹き抜けていく。ここを発車してしばらくすると小さな人造湖の上を渡る。

さて、聖地が近くなってきた。二つの集落をつないだウィーナーブルック=ヨーゼフスベルク駅 Hst. Winerbruck=Josefsberg からは小さな山越えをするので少々トンネルが多くなる。エアラウフ川をせき止めた人造湖 Erlaufstausee を右に見ながら森の中を電車は軽快に下っていく。ミッターバッハ Mitterbach であたりが開け、人家も増えてきた（234頁地図）。細かい話だが村名の上にあるSGとは採石場または砂利採取場だ。この村には教会も二つある。また、村のまん中にはニーダーエスタライヒ州（下オーストリア州）とシュタイアーマルク州の境ーーがある。ここでは分水界が境界線ではないのだ。

次は終点、マリアツェル、マリアツェル、お忘れ物のないようご注意ください。というアナウンスで（いや、そんなこと言っていたかどうかわからないが）、列車は一番線に到着した。駅前には満願そば屋とかマリアツェル最中《もなか》の店が軒を連ねている……かどうかは、ご想像におまかせしよう。

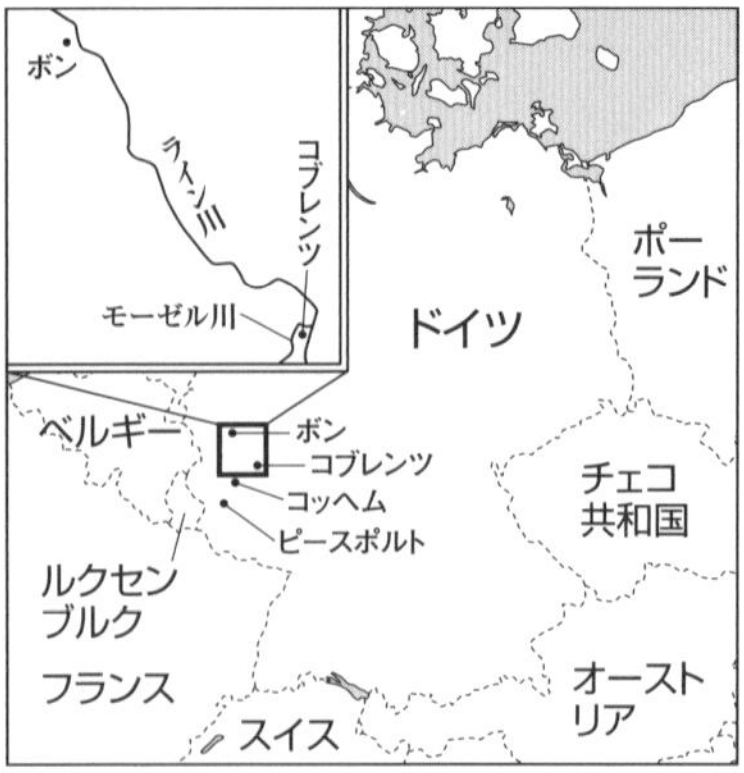

ドイツ

モーゼル川　鉄道とバスでワインの産地へ

ボンの朝日はもうずいぶん高い。小さなホテルで遅い朝食をとりながら今日の行程を考えている。しっかりと締まったブレートヒエン（丸い小型パン）にジャムをつけ、コーヒーを注ぐ。そうだ、今日はモーゼルへ行こう。ピースポルトという、いつか飲んだワインのラベルに記されていた地名を地形図で昨日たまたま見つけたからだ。

ヴィトリヒから乗るミンハイム行きのバスを調べると、朝の六時台の次は一二時二八分発までない。筋金入りのローカルバスである。その便に合わせて、ボン中央駅一〇時三一分発の急行列車に乗った。列車はライン川沿いをしばらく走ったあと、コブレンツからはモーゼル川の谷へ分け入る。列車の行先は国境を越えたルクセンブルクである。

コブレンツを出て、しばらく左側にずっとモーゼル Mosel の流れといくつかの古城を見ながらコッヘム COCHEM（２３７頁地図上

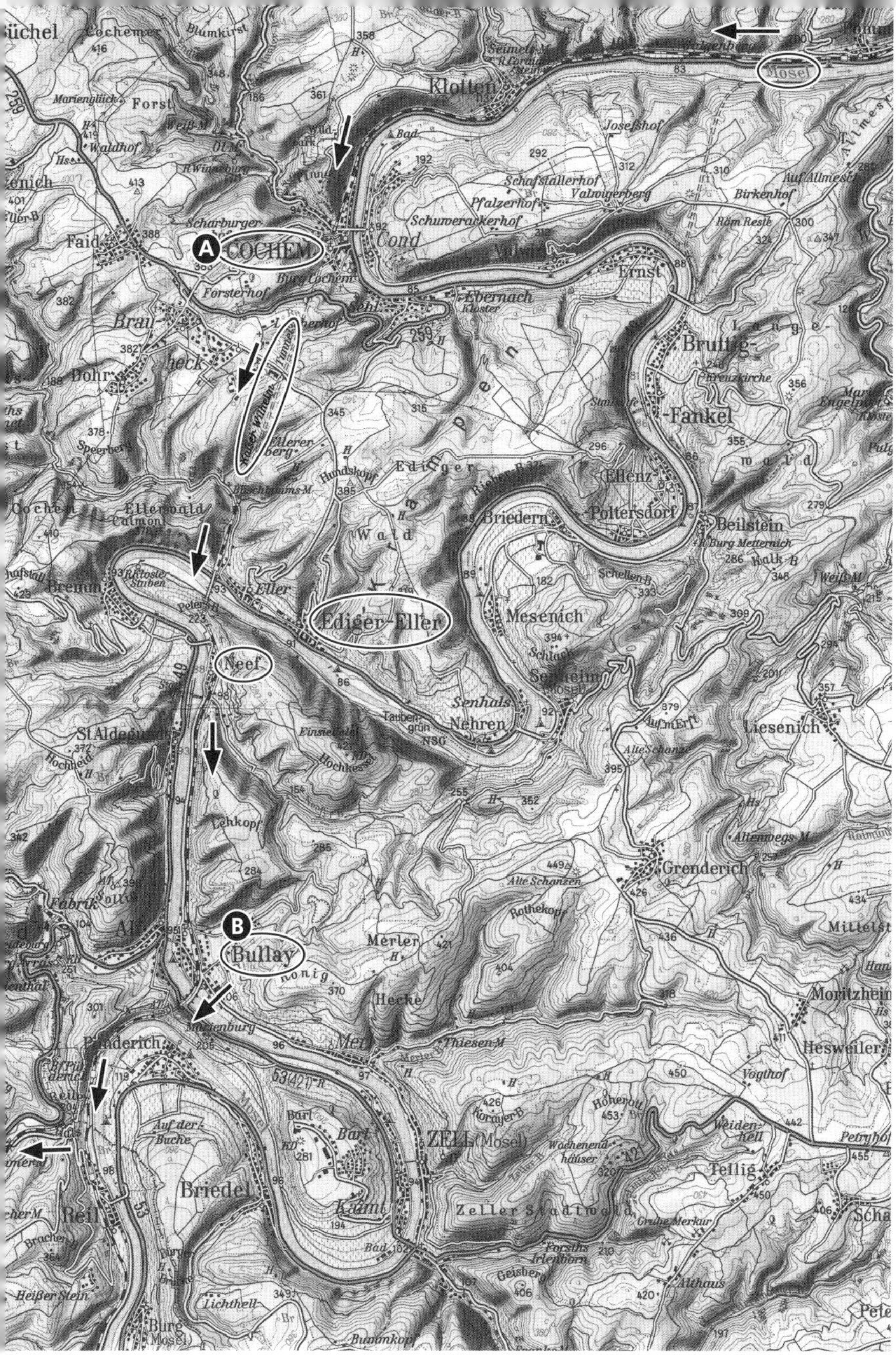

1:100,000 地形図「マイエン」Topographische Karte, Schummerungsausgabe C5906 Mayen, Landesvermessungsamt Rheinland-Pfalz, 1986×1.05

Ⓐ）に着いた。ここから上流のモーゼル川は蛇行がすごい。旧街道は忠実にその蛇行につき合うのだが、鉄道のほうはトンネルで近道をする。その最初がコッヘムを出て間もなくのカイザー・ヴィルヘルム・トンネル Kaiser Wilhelm Tunnel である。ヴィルヘルム皇帝の在位中に建設したのだろうか。そうなら明治維新前後といったところだ。全長約四キロ、当時としてはかなりの難工事だったかもしれない。

コッヘムを発車した列車は濃いグレーの瓦屋根が続く小さな旧市街を見ながらすぐ皇帝トンネルに入った。ここを二、三分で抜けると小さなエディガー＝エラー駅 Ediger-Eller を通過、いつの間にかずいぶん狭くなったモーゼルの谷を国道、川もろともひとつの鉄橋で越えてネーフ駅 Neef も通過する。両岸の斜面はずっと葡萄畑⁞⁞⁞。地図中で雨が降るようにびっしり縦線が並んでいるのがそれだ。

ブライ駅 Bullay（同地図上Ⓑ）を出た列車は、曲がりに曲がるモーゼルにつき合うのをやめて南西の台地上へ逃げていく。その逃げた先が私の降りる駅、ヴィトリヒ首駅（２４０頁地図上Ⓒ）である。この駅はヴィトリヒ WITTLICH 市郊外のヴェンガーオーア Wengerohr 地区にあって、以前は市の中心部までひと駅の支線が延びていた。ところがドイツ連邦鉄道（ＤＢ）も日本の国鉄のように民営化され、不採算路線のバス転換や第三セクター化をすすめてきた結果、このような小支線は廃止される傾向にある。

痛恨のミス

ヴィトリヒ首駅着、一二時一二分。定刻である。首駅と聞き慣れない訳をしたが、これをガイドブック流に「中央駅」とはできない。何しろこの駅は市街の「中央」から四キロも離れているのである。時刻表によるとミンハイム行きのバスは市中心部にあるバスセンターZOBが始発となっていて、この首駅を通るのは一二時二八分のはずだ。終点のミンハイムには四九分に着く。

待つこと二〇分、バスの来る気配がまったくない。手元のバス時刻表のコピー（240頁下図）をもう一度じっくり見直してみると、なんと運行日の記号を見落としていた。⑥の数字、つまり「土曜運転」である。ヨーロッパの時刻表での丸数字は、①月曜、②火曜……という具合にたいてい曜日を示している。慌てて次の便を確認すると幸運にも一時間後の一三時二九分のがあった。この便にはⒶの記号があるが、「土曜以外の平日」運転なので大丈夫。もうひとつのカマボコ型の記号◗は「乗車のみ」の意味で、逆向き◖は「降車のみ」。ヨーロッパの列車やバスのダイヤは運転日などが複雑なことが多いので、本当に要注意である。

一時間後、ほっとしてバスに乗り込むと次の停留所はヴェンガーオーア・ウンターフュールング（高架下）Wengerohr Unterführung。東京都田無市（現西東京市）の西武新宿線をくぐる「ガード下」バス停を思い出す。その次のプラッテン追分・学校前 Platten, Abzw Volksschule（240頁地図上Ⓓ）でベルンカステル方面へ行く国道50号と分かれると、あ

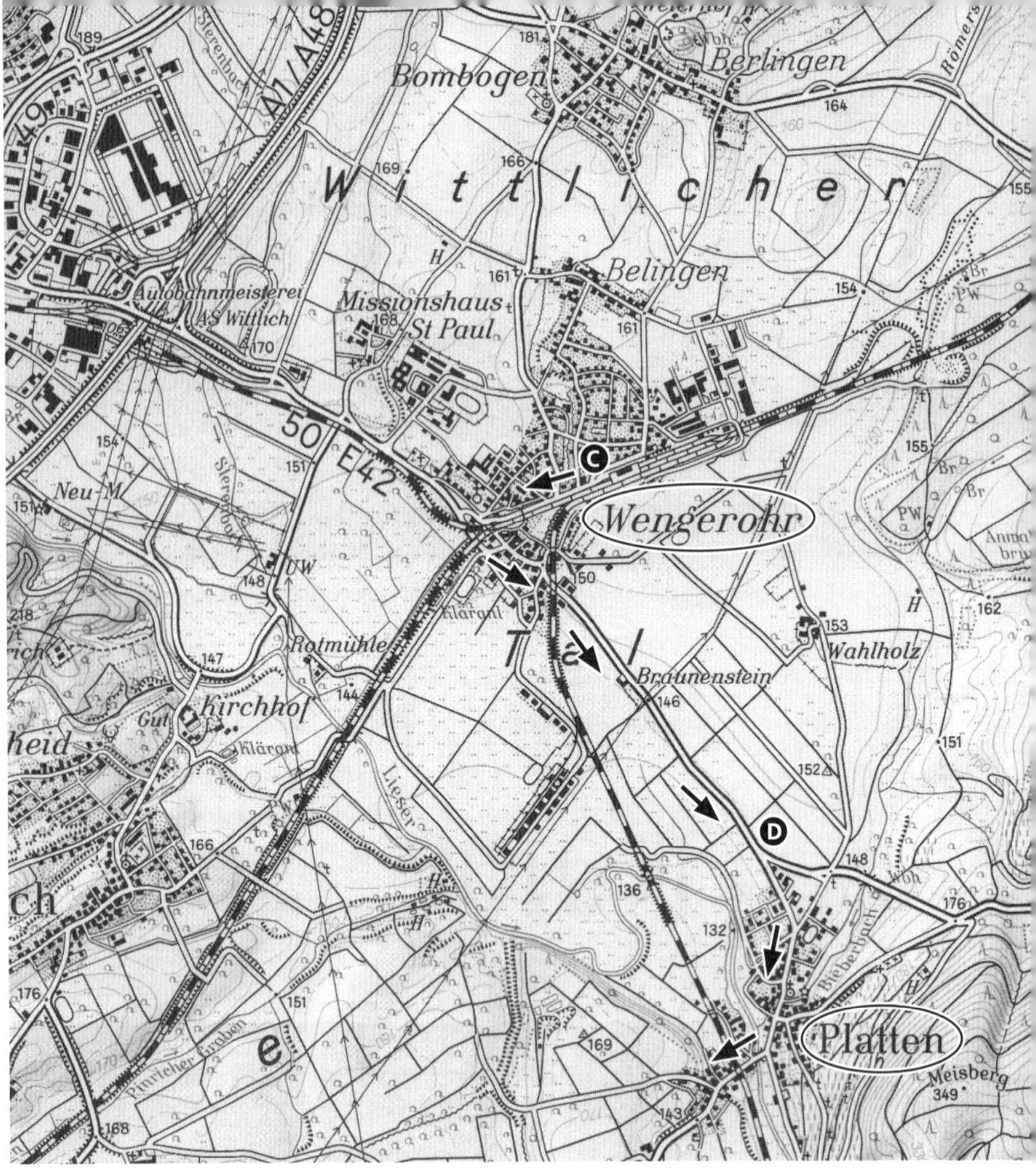

km	km	Fahrt		1053 [31]	1057 [32]
	0,0	**Wittlich** ZOB		⑥ 12 20	Ⓐ 13 21
	1,8	Wittlich Rudolf-Diesel-Straße		⌇ 12 21	⌇ 13 25
	2,8	× Abzw Altrich		⌇ 12 24	Ⓐ 13 26
	4,2	Wittlich Hbf	○	⑥ 12 26	⌇
		nach Koblenz		***12 46***	
		nach Trier		*12 42*	
		von Trier 620			⚒ *13 13*
		von Koblenz			***13 08***
	4,2	Wittlich Hbf		⑥ 12 28	Ⓐ◗ 13 29
	4,9	Wengerohr Unterführung		⌇ 12 30	⌇ 13 30
	7,6	Platten Gh Lorig		⌇ 12 34	⌇ 13 34
	11,2	Osann Bäckerei Gillen		⌇ 12 40	⌇ 13 40
	12,7	Monzel Gh Mosella		⌇ 12 42	⌇ 13 42
	13,7	Kesten Parkplatz		⌇ 12 44	⌇ 13 44
	16,0	× Minheim Staustufe		⌇ 12 47	⌇ 13 47
	18,2	Minheim Gesch Könen	○	⑥ 12 49	Ⓐ 13 49
11,2		Osann Bäckerei Gillen			
14,3		Noviand Kirche			
15,3		Maring			
16,7		Lieser Bf			
17,5		Lieser Gh Thanisch			
21,1		Kues Thanisch-Spitz			
21,4		Bernkastel-Kues Saarstraße			
21,6		Bernkastel-Kues Bf	○		
		Bernkastel Schulzentrum	○		

Weitere Haltestellen:

km 7,1 × Platten, Abzw Volksschule
9,5 × Osann, Kellerei Brösch
12,2 × Monzel, Raiffeisenbank
14,7 × Noviand, Zum Brauneberg
20,5 × Kues, Kardinalstraße

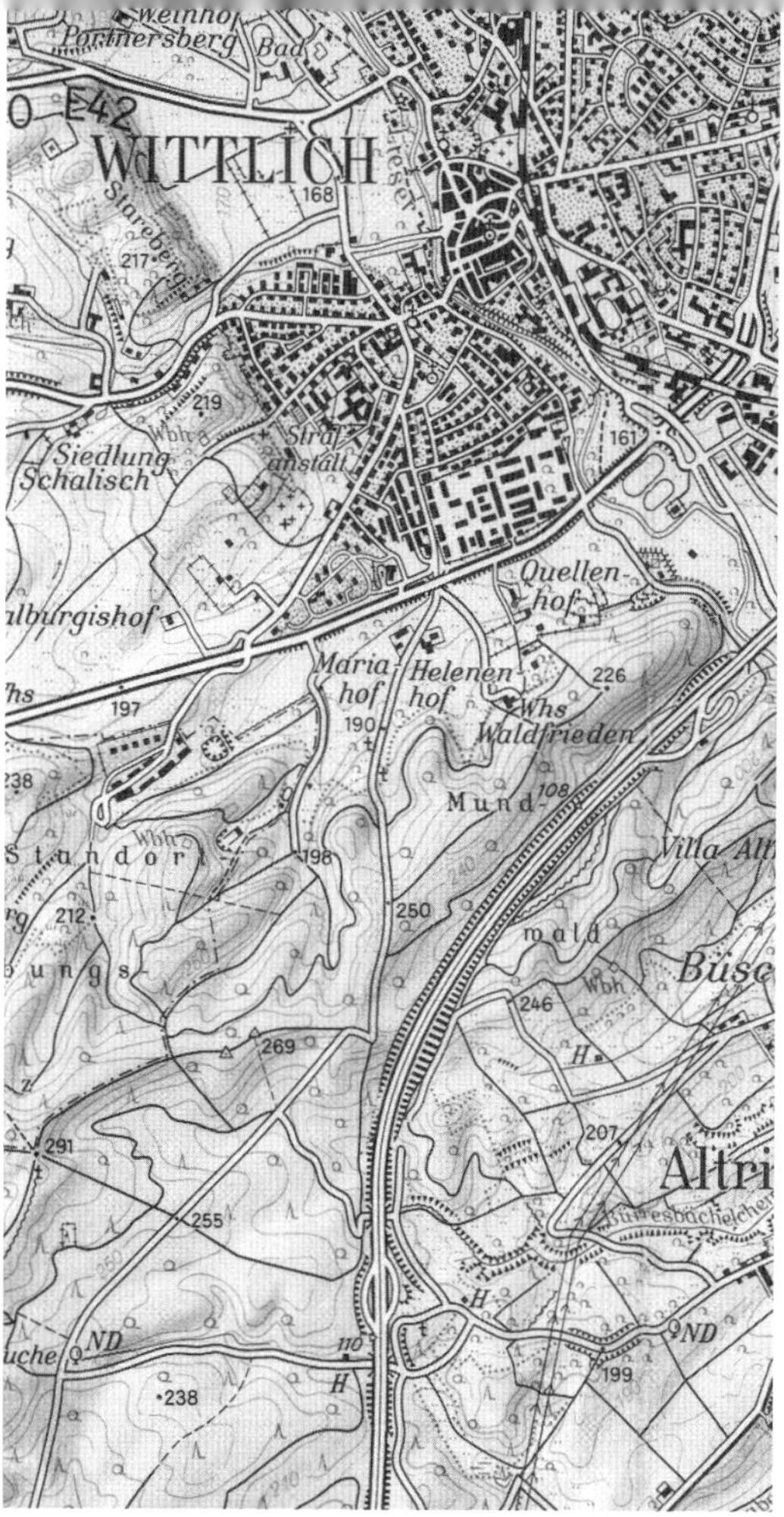

1:50,000地形図「ヴィトリヒ」
Topographische Karte, Schummerungsausgabe L6106 Wittlich, Landesvermessungsamt Rheinland-Pfalz, 1986×1.45（上）とドイツ連邦鉄道（旧DB、現ドイツ鉄道）総合バス時刻表1988年夏ダイヤ版（右頁下図）。

たりは牧場が続いていてなだらかな山並みが続く。典型的なドイツの田舎風景だ。

やがてプラッテン Platten の村に入る。小さな運動場を左に見ると、やがてガストハウス・ローリヒ前 Gh Lorig バス停（２４０頁時刻表）。昔ながらの村の宿である。もちろん小さなレストランもやっている。「本日の定食」は店の前の黒板に達筆に書かれていてまったく読めない。村の教会⊕が見えてきた。このあたりは昔ながらの細い通りで、青空の下、老人夫妻が散歩している。村のまん中を流れるビーバーバッハ Bieberbach という小川に架かる小さな橋を渡った。地図によれば橋のすぐ上流に水車✿があるらしい。この小さな川の水はベルンカステルの西のリーザー Lieser 村（掲載範囲外）でモーゼル川に注ぎ、ライン川からやがてはオランダの北海へと長い旅をする。

バスはY字路を南西に進んで橋を渡り、すぐ踏切。この路線はベルンカステルへ向かっているのだが、旅客営業はずいぶん前に廃止されている。ドイツでは地形図に「貨物のみ」と記された鉄道支線が数多くあるが、これらも事実上の廃線であることが多いようだ。バスはまったくスピードを落とすことなく踏切を通過してしまった。

しばらく走ると左手に大きな建物が見えてきた（２４３頁地図）。地図ではアム・ローゼンベルク Am Rosenberg という地名があるが、時刻表によればここはヴィトリヒＺＯＢ起点九・五キロのオーザン村ブレッシュ・ワイン醸造所 Osann, Kellerei Brösch となっている。ちなみに、この時刻表には本表に掲載されていない停留所の一覧が「その他のバス停」とし

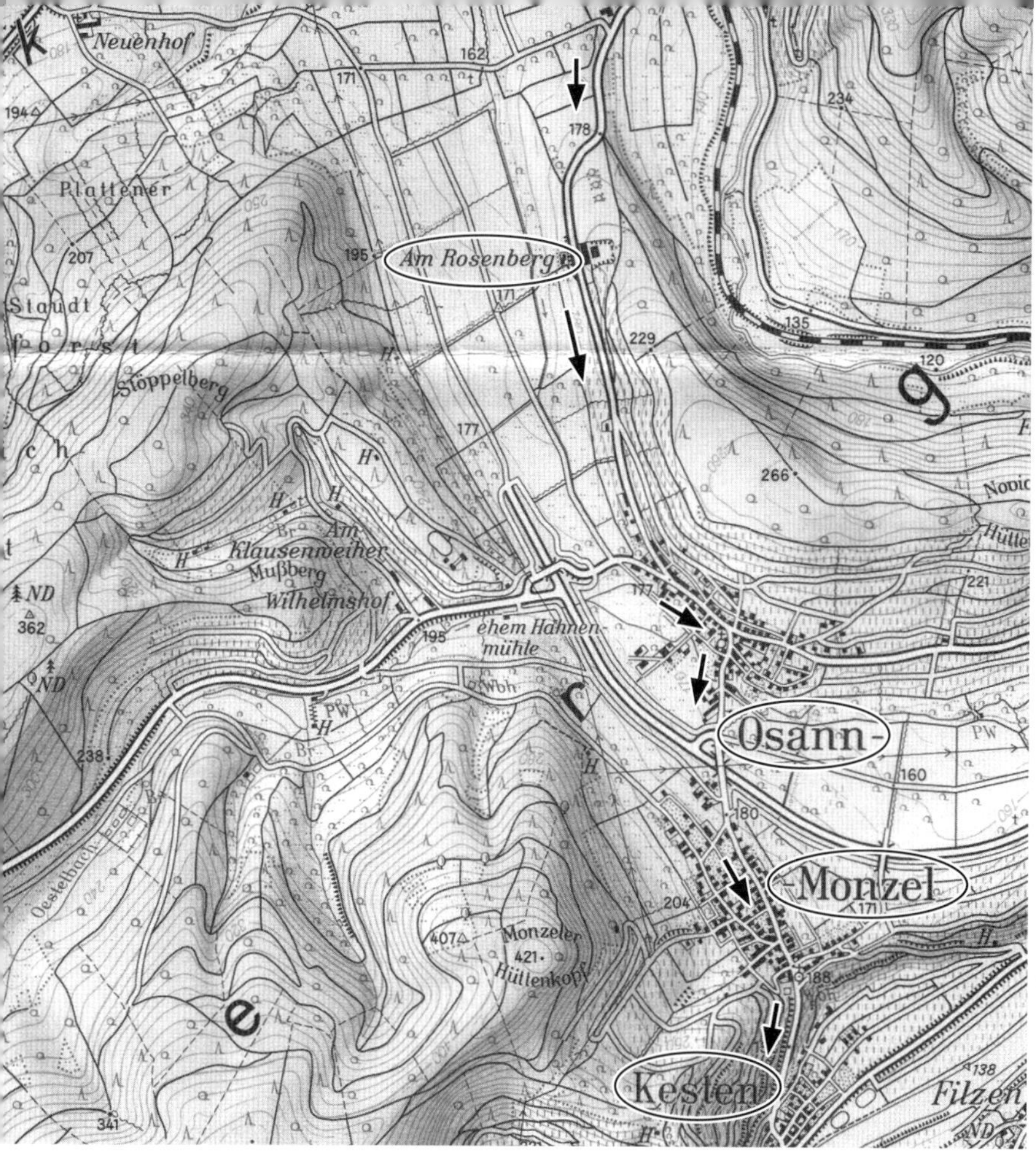

1:50,000地形図「ヴィトリヒ」
Topographische Karte, Schummerungsausgabe L6106 Wittlich,
Landesvermessungsamt Rheinland-Pfalz, 1986×1.27

て欄外に距離入りで記されていて便利だ。時間があれば試飲でもさせてもらいたいところだが、バスが滅多に来ないところだし、今日はやめておこう。

ほどなくオーザン Osann の村に入る。地形図でオーザンの後にハイフンがあり、その南のモンツェル Monzel 村の頭にまたハイフンがあるのは、この二つの村が合体したひとつの自治体「オーザン=モンツェル村」であることを示している。ドイツでは二つの村が合併すると地名を二つ重ねる場合が多く、これは結婚した人が夫と妻の姓をハイフンでつなげて、たとえばハンス・マイアー=シュルツのように名乗るのに似ている。

オーザンは北側に南傾斜の葡萄畑を背負った落ち着いた小さな村で、街道がバイパスで抜けているので静かだ。村の中心はオーザン・ベッケライ（パン屋）・ギレン Osann Bäckerei Gillen の停留所。バイパスを跨ぐとすぐ隣接するモンツェルの村に入り、ライファイゼン銀行 Raiffeisenbank、モゼラ旅館 Gh Mosella の停留所に相次いで止まっていく。乗客にはやはりお年寄りが多い。ドイツの人口ピラミッドは頭でっかち（つまり老齢人口が多い）で、とりわけ地方では老人が目立つ。

村はずれまで来たところで、突然あたりが開けた。モーゼル川が一望のもとである（245頁地図）。その見晴らしのいい一等地に村の教会が立っている。バスはここから一キロ弱の間に標高一八八メートルから一一二メートルまで一気に南斜面の葡萄畑の中の道を下る。下ったところがケステン Kesten の村。先ほど降りてきた斜面を背中に、モーゼルの流れを

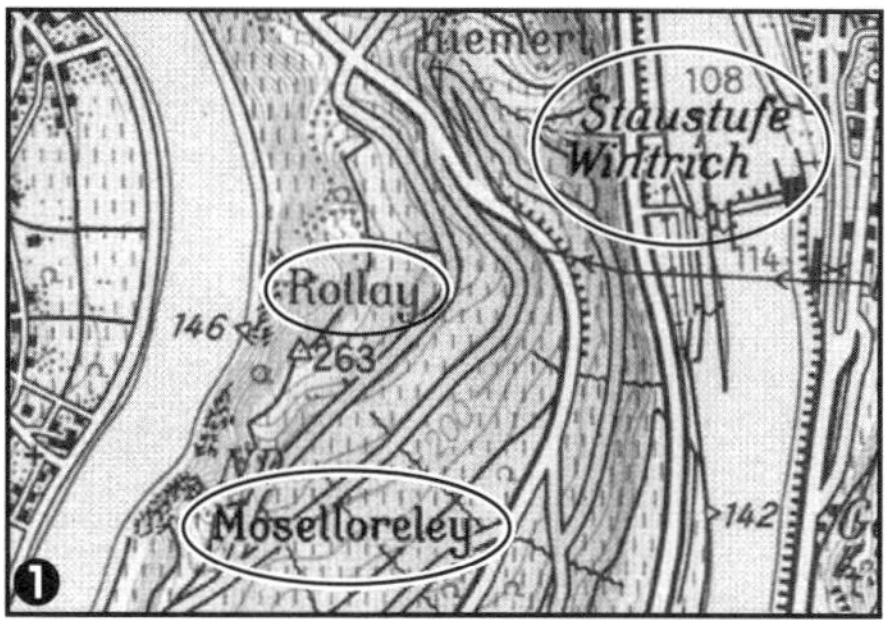

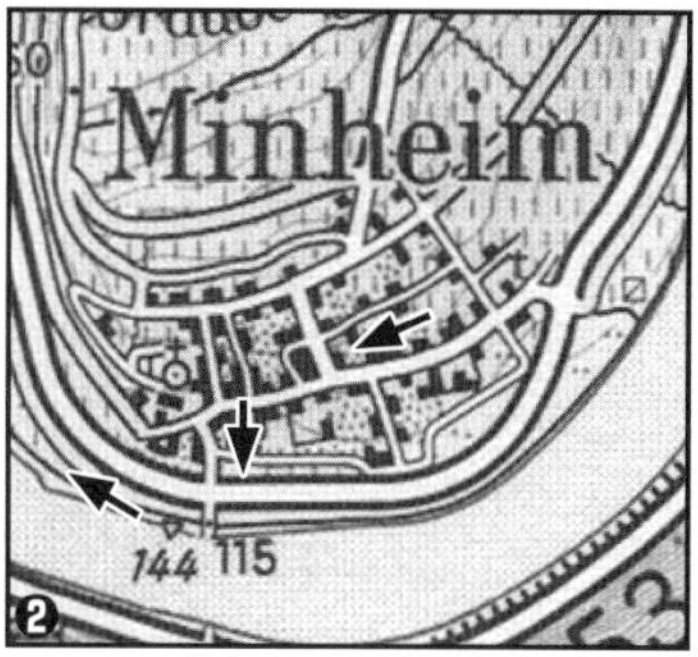

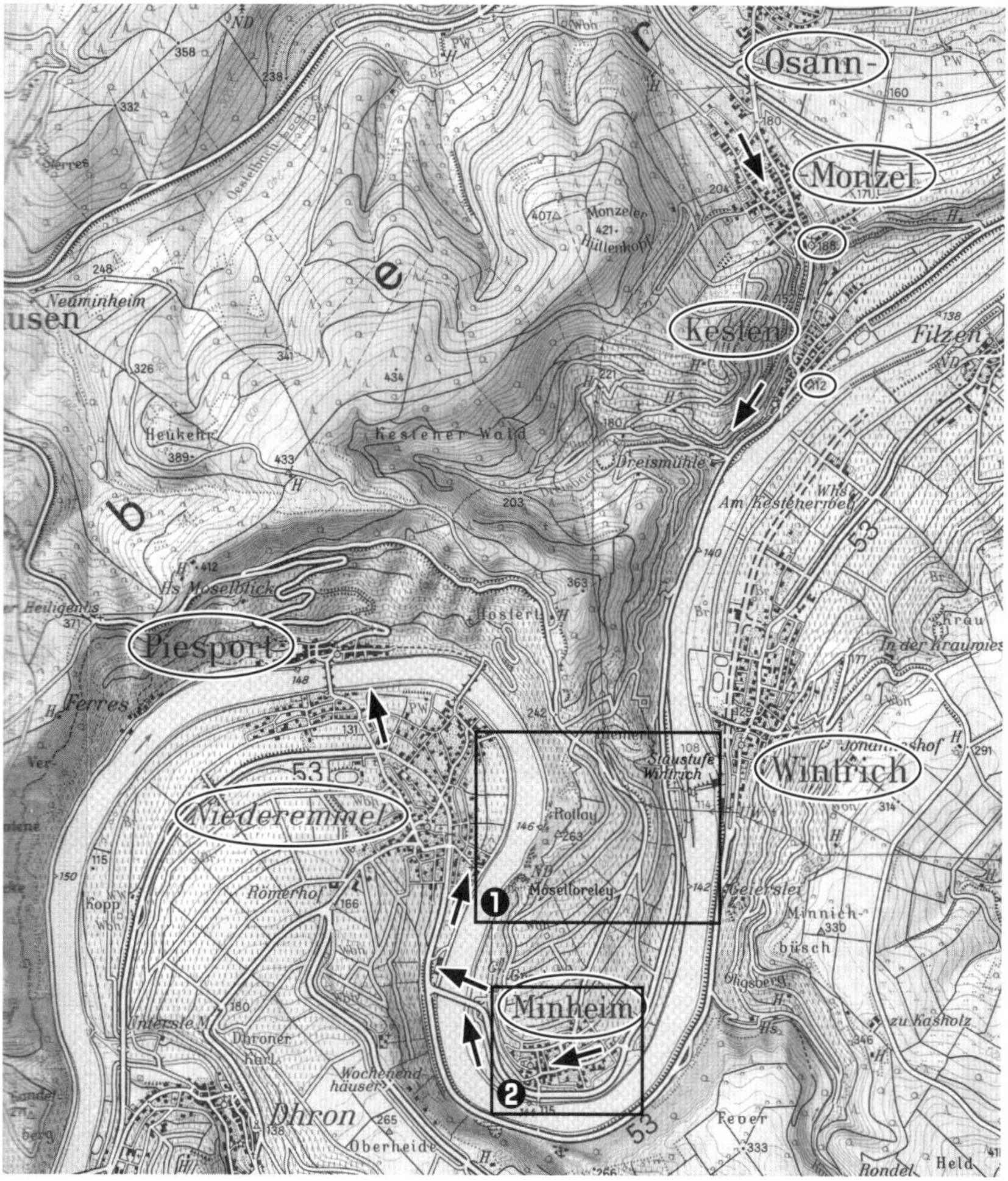

1:50,000 地形図「ヴィトリヒ」Topographische Karte, Schummerungsausgabe L6106 Wittlich, Landesvermessungsamt Rheinland-Pfalz, 1986×0.93

前に見ながら、対岸に広がるなだらかな葡萄畑の丘を望む桃源郷のような景観だ。

このあとバスはモーゼル川に沿った道路をミンハイム Minheim までずっと南下するが、途中にあるバス停がミンハイム・シュタウシュトゥーフェ Minheim Staustufe、つまり堰である。モーゼルのような河川交通の盛んな川では堰に閘門が併設されている。地形図では川の中に堰堤の印とその脇に∧型を二つ重ねた閘門の記号♯が並んでいて、シュタウシュトゥーフェ・ヴィトリヒ Staustufe Wintrich という文字が記されている。バス停はミンハイムを冠しているが、同じものだ。閘門とは、要するに二つの水門の間のハコに船を入れ、水を満たしたり抜いたりして落差のある水路に船を通す装置で、これによって船でも山越えができるようになった。単純にして偉大な発明である。

ちなみに地形図では閘門の前後にある数字（108と114）が水面の標高で、ここでは川下側が一〇八メートル、川上が一一四メートル、つまり六メートルの落差があることを示している。モーゼル川にはこのような閘門がいくつもあり、だいたい二十数キロに一か所ほどの割合で設置されている。ここまで人の手が加えられて階段状になっていると、川というよりは運河のようでもある。

日本なら「袋」が付く地名

ほどなくバスはミンハイムの村に入る。ここはモーゼル川の蛇行が袋状になった内側で、ちょっと小高い葡萄畑の丘に立ってみれば、その蛇行がぐるりと見渡せて面白い景観だ。日本なら「池袋」のように袋という字が用いられる地形である。わずか数人となった乗客とともに終点のケーネン商店前Gesch Könenに降り立った。

ここからは地形図を見ながら上流の方向に歩くとしよう。村の北方の左岸を地図で見るとモーゼルローレライMoselloreleyの文字。その北、標高二六三メートルの三角点のそばにはロートライRotlayというのもある。どうやらライン川の有名な観光地にあやかった雰囲気だが、なるほどここも等高線の間隔がつまっていて相当な急斜面であることがわかる。蛇行する川の勢いでどんどん崖が削られたのだろう。ちなみにこのライLey・Layは岩壁を意味する古語で、ローレライは「待ち伏せ岩」だそうだ。このモーゼル川のロートライのほうは「赤岩」ということになるだろうか。きっと何か伝説でもあるに違いない。

村の西からニーダーエンメルNiederemmelへ渡るモーゼル川の比較的新しい橋を渡って右岸に移った。ここでは川の両側が見渡す限りの葡萄畑。やがては白ワインとなり、緑のビンに詰められ、世界中に運ばれていくわけだ。一キロも歩くとニーダーエンメルの村である。地形図ではこの地名はイタリック（斜体）になっているから、隣接する市町村の中の一地区ということがわかる。ピースポルトPiesportの村域に含まれるのだろうか。

風景にすっかり溶け込んだ村の風景を眺めながら、古い鉄橋でモーゼルを渡るとようやくお目当てのピースポルトの村である。村は北側にかなりの急斜面を背負っていて、ドイツ鉄道モーゼル本線やアウトバーンに通じる道はその斜面を九十九折《つづら》りで登っていく。一気に二〇〇メートルの高度をかせいで振り返ればモーゼル川ははるか眼下でダイナミックに曲流しているはずだ。

さて、それではどこかの店で林檎でも買ってお昼にしよう。ワイン醸造所のラベルで知っていただけのこの村の小さな教会。その前庭のベンチで林檎をかじる贅沢。どこからともなくモーゼル・ワイン特有の甘い香りが漂ってきて、ふと京都・伏見の町を思い出した。古都の板壁の映像と清酒のそこはかとない香りはセットになって記憶に残っている。さて、これからどこへ行こうか……。

あとがき

本書は、かつて人気を博した地図雑誌『ラパン：羅盤』の創刊号から「見てきたような地図旅行」と題して一八回にわたって連載したものに加筆修正を加え、それに集英社の『kotoba』第二二号で書いた「アプト式鉄道と草軽電鉄を乗り継いで北軽へ」を併せたものだ。

『ラパン』の創刊は平成七（一九九五）年一一月で、連載の最後が同一一年七月であるから、初回から数えれば、すでに二一年も経ってしまったことになる。まさに光陰矢の如し。私もまだ三〇代半ばの若さであったが、読み返してみて意外なほど違和感がなかったのは、この二〇年あまりで自分の中身があまり進歩していないからかもしれない。

さて、この連載の紀行には二種類ある。ひとつが戦前や高度成長期といった国内の過去を取り上げたもので、旧版地形図を見ながらあれこれ想像して書いた。思えばこの少し前から戦前の旧版地形図の蒐集にはまり込んでおり、小遣いの相当額を購入に費やしていたものである。

そしてもうひとつが、自分がまだ行ったことのない海外の地域。以前勤務していた出版社では楽譜の輸入通販担当だったので外国書籍の輸入は慣れており、地図や時刻表なども同じ調子で取り寄せていた。まず各国の測量局にカタログを請求してはもっぱら官製地形図を取り寄せ、小包が家に届くたびに小躍りして開封していたものである。それからは至福の時で、まだ見たことのない風景を、地形図から勝手に想像して楽しんでいた。

私はデジタル関係に疎く、仕事にインターネットを利用し始めたのが平成一二（二〇〇〇）年と遅かったので、この連載の執筆にあたってネットの情報は使っていない。外国の様子を調べる手段といえば、手元にある資料か図書館へ行ってあれこれ調べるか、という状況であった。今では外国の隅々まで、グーグルのストリートビューを使えば誰でも簡単に実際の風景が見られるから、まさに世の中は激変したものである。

当時行ったことのある外国といえば、ドイツ、オーストリアほか数か国程度のもので、海外旅行の経験は乏しかった。その後もそれほど多くの国を訪ねたわけではないが、チューリヒやモーゼル川は実際に訪れる機会があり、あらためて読み返してみると、その記述は実態とそれほどかけ離れてはいない気がする。

笑ってしまったのは、モーゼル川の記述で、バスの運行期日を見落としていたくだり。平成二五（二〇一三）年にモーゼル河畔のベルンカステルを実際に訪ねた際に、見事に同じ失敗をしたからである。その時は連載のことなど忘れていたが、ノルウェー人グループと私がバス停でいくら待っても来ないので「どうしたんでしょうね？」などと話しながら、再度停留場の表示を見たら、やはり運転する曜日の記述を見落としていたのに気づき、彼らとともに大型タクシーで目的地へ向かったものである。途中は本書で描写したような葡萄畑が続いていたけれど、無人ヘリコプターが農薬を散布していたのは想定外であった。今ではドローンが撒いているだろうか。

国内編の特例である「二〇三八年択捉島紀行」は、ラパン連載時は「二〇一八年……」だった。近未来のつもりで書いた話が早くも二年後に迫っている。とてもこんな紀行が実現しそうな雰囲気ではないので、本書ではさらに「二〇年延長」してしまった。二〇三八年といえば私も七九歳になるから生きているかどうか微妙であるが、それまで気長に「ピロシキ蕎麦」の実現を待つことにしようか。

なお「ラングドックの潟めぐり」で使用した一〇万分の一地形図だけは拙宅をいくら探しても見当たらず、新しいものを改めて個人輸入した。ところが表現内容が旧版より簡略化されているので、なかなか風景が思い浮かばなくなっている。これはフランスだけの話ではなく日本でもドイツでも、紙地図が急速に売れなくなっている影響だろうか。それともデジタルで何でもわかってしまう世の中だから、地形図の記号で懸命にわかりやすく抽象化して伝えようとするモチベーションが下がっているのかもしれない。思えば一八世紀頃から、欧州を中心に地形図は世の中の発展とともに描写能力を進化させてきた。限られたスペースにさまざまな情報をわかりやすく詰め込む技術は高いレベルに達しており、自然のみならず人文的側面も含めたその土地の広義の「風景」が読めるようになっている。これを眺めないのは実にもったいないことではないか。外国でも過去でもいいから「図に描かれた土地の風景」が見える地図が、今後も健在であることを祈らずにはいられない。

それにしても、こんな私の勝手な「空想物語」を発掘して単行本にしようと思いつき、企画会議で見事に通してしまった集英社インターナショナルの薬師寺達郎さんには、末筆ながら感謝するところ大である。再読してみたら、実は私も思いのほか楽しむことができた。

主な引用・参考文献

『旅窓に学ぶ 東日本篇』ダイヤモンド社、一九三六年
『大日本地名辞書 北海道・樺太・琉球・台湾』吉田東伍著、冨山房、一九〇二年（一九三九年発行の再版より引用）
『NHK人間大学 景観から歴史を読む 地図を解く楽しみ』足利健亮著、NHK出版、一九九七年
『蜘蛛の糸・杜子春・トロッコ 他十七篇』芥川竜之介著、岩波文庫、一九九〇年
『大歩行』マイルズ・モーランド著、竹林卓訳、新潮社、一九九七年
『南仏プロヴァンスの12か月』ピーター・メイル著、池央耿訳、河出書房新社、一九九三年
『アジアの鉄道』和久田康雄・廣田良輔編、吉井書店、一九九〇年
『コンパクト世界地名語源辞典』蟻川明男著、古今書院、一九九〇年
『世界の地名ハンドブック』辻原康夫編、三省堂、一九九五年
『新編タゴール詩集』ラビンドラナート・タゴール著、山室静訳、彌生書房、一九六六年

［初出］『ラパン：羅盤』一九九五年一一月号〜一九九九年七月号
『kotoba』二〇一六年冬号
「空想紀行 アプト式鉄道と草軽電鉄を乗り継いで北軽へ」

本書掲載の日本地図は、国土地理院長の承認を得て、同院発行の30万分1集成図、20万分1帝国図、５万分1地形図、２万５千分1地形図及び1万分1地形図を複製したものである。（承認番号　平27情複、第１１０２号）

第三者がこれをさらに複製する場合には、国土地理院長の承認が必要である。

ただし、以下の地図は除く。
26頁の北方領土地図。65頁の小田原〜熱海地図。
93頁、95頁、96〜97頁の日本地図センター複製の地図。